アイデアは図で考えろ!

Visualize your ideas with eight diagrams.

アーロン・ズー
Aaron Z. Zhu
電通 / クリエーティブ・ディレクター

CROSSMEDIA PUBLISHING

アイデアとは、

ロジックである。

アイデアの9割以上は

「セオリーのインプット」

と

「ロジカルなアウトプット」

によって生まれる。

時代や世の中の流れは、
常に変化し、
企業には「創造する能力」
が問われている。

しかし、未来は、
人間が予測できるほど、
単純なものではない。

だからこそ、
「面白いアイデア」
に加えて、

「狂っているように見えるアイデア」
が必要だ。

あとは**未知**へ踏み出す

「勇気」があればいい。

↓

自分のアイデアが事業になれば、

あなたは**リーダー**であり、

創設者だ。

↘

ビジネスにおける

アイデアづくりは

「ワクワクする冒険」

に変わる。

人間は誰もが
クリエイティブだ。
アイデアが
出せない人はいない。

アイデアを考えられない人は、
センスがないのではなく、
たいていは
方法を間違えているだけだ。

本書では、
アイデアを考えるための
クリエイティブ思考や
ビジネスセオリーを
図にして解説している。

本書を読んだら、
とりあえず
実践して欲しい。

そこから、
目の前の仕事、
あなたの**キャリア**は
変わり始めるだろう。

あとは己の

「才能」

を身震いするほどに
沸騰させ、

時間を忘れるくらい

「もがき楽しむ」

だけだ。

〈はじめに〉

アイデアが「ビジネスパーソン」と「サラリーマン」を分ける

私はかつてアメリカ空軍ROTC（予備役将校訓練部隊）第60支部に所属していた。

これはアメリカ空軍が各大学に設置した空軍将校を養成するための訓練課程のことで、本部はコロラド州コロラドスプリングズにあり、空軍士官学校として知られている。

当時はROTCを卒業したら、軍の少尉として４年間の軍歴に就くことも考えていたが、民間企業でビジネスをしたい気持ちが強くなり、大学３年の時に除隊した。

ROTCにいた時、空軍将校に口酸っぱく言われたことがある。**サイバースペース（デジタル領域）は、陸、海、空、宇宙に続く「第５の戦場」**であり、やがてその波は確実に民間企業にも押し寄せてくるということだった。

その言葉もあってか、私は大学を卒業した後、大手IT企業に就職することにした。テクノロジーのノウハウがあれば、どこの業界に転身しても大丈夫だと思ったからだ。

そして案の定、各国間でのIT戦争は過激化していき、私がいるクリエイティブの世界にもデジタルの波はやってきた。いつしかデジタル・クリエイティブ領域という職種も確立している。

毎日仕事をしているといろいろな人に会う。その中には「なんとなくいつも疲れている」独特なオーラを醸し出している人たちがいる。

もちろん他の国にも疲れている人はたくさんいるし、私自身も仕事で疲労困憊なことはよくある。最初は何かの思い違いかと考えたが、日々その人たちを観察しているうちに、1つの共通点にたどり着いた。

皆、仕事に対して「受動的」だったのだ。給与をもらい、決められた仕事を深く考えず「受け身」で淡々とこなしている。彼らは日本の終身雇用制度が生んだ産物だ。

終身雇用という制度に甘んじ、いつしか考えることをやめ、チャレンジすることを放棄した結果、世間でいわれている「働かないおじさん」化している。

これは勉強にも言えることで、ただ単に丸暗記するだけで勉強を工夫できない生徒の成績はある程度のところで伸び悩む。

もちろん短期的な定期テストにはそれで対応できるかもしれないが、本質的な思考力を必要とする試験では良い点数は取れない。むしろ常に能動的に戦術を考えるスポーツに明け暮れている生徒の方が、高い思考力を持ち合わせている場合が多い。

また「働かないおじさん」は、少しでもルーティンから外れた意見に対しては思考停止に陥り、「できない」発言を連発する。

日本には「空気を読む」という言葉があるが、私からしたらそれは典型的な「思考停止ボタン」だ。

仕事ができる若手からしたら、こういう人から指示を受けるのは屈辱以外の何ものでもないだろう。彼らは企業の生産性そのものを下げるだけでなく、会社がせっかく採用した優秀な人材の流出にも見事に加担している。

それに対して、給与をもらっている人の中でも、自分の得意不得意をきちんと把握し、新しいことへのチャレンジを怠らず、高いコミュニケーション能力をもって、活力に満ち溢れている人たちがいる。

彼らは仕事に対して非常に**「能動的」**だ。

私はその人たちを「ビジネスパーソン」と呼んでいる。実業家であっても、経営者であっても、組織に属して給与をもらっていても、彼ら彼女らは総じて「ビジネスパーソン」だ。

自ら仕事をつくり、周囲も巻き込んで「事業」を「開発」できるリーダーなのだ。

どんな「受動的」な仕事でも「能動的」に動くことはできる。

例えば、物流倉庫の管理の仕事は一見、受動的な仕事のようだが、季節ごとに売れる商品とそうでない商品を把握できる最前線だ。

売れない商品にはどんな課題があるのか、それを自社の強みでどう解決すれば良いのか、それを能動的に考えられる人も立派な「ビジネスパーソン」なのだ。どんな仕事も能動的に考えることはできる。

そのような人こそ、これからの日本に一番必要な「力」だと私は思う。

もし、これを読んでいるあなたが**「サラリーマンのままでいたいサラリーマン」なら、今すぐにこの本を閉じることを勧める。**読んでも時間の無駄でしかないからだ。

もし、あなたが「ビジネスパーソンになりたいサラリーマン」または「今まで以上に何かを学びたいビジネスパーソン」だとしたら、それは非常にウェルカムだ。どうぞ最後まで読んで、日々の仕事に少しでも取り入れて欲しい。

私はクリエイティブ・ディレクター（以下、CD）という肩書きで仕事をしている。一般的にCDと言うとコマーシャルやキャンペーンなどを手掛けているイメージが強いかもしれないが、それはそれで合っている。コピーライターやアートディレクターを経てCDになる人もいれば、プランナーを経てCDになる人もいる。

どの領域を専門とするかは、そのCDの経験によって違う。私はその中でも新規事業開発をメインにしているCDだ。大企業からベンチャー、スタートアップ企業まで幅広いクライアントをサポートさせてもらっている。

従来のクリエイティブの仕事では、企業の広告宣伝部からのオファーで広告の仕事をさせてもらっているが、新規事業開発を基本としたクリエイティブ・ディレクションは、直接経営者と一緒に事業をつくっていくところから始まることが多い。

どんなビジネスをするのか、それを実行するにあたっての事業計画、さらには企業全体のブランディングなど、全部ひっくるめてハンズオンでやっていくのが新規事業開発でのクリエイティブ・ディレクションなのだ。

その中での広告（コマーシャルをつくったり、広告コピーを書いたりする）の仕事は一部分でしかなく、社内でも私のようなポジションは珍しい。

私はアメリカ空軍ROTC（予備役将校訓練部隊）を経て、大手IT企業の営業、外資スタートアップ企業の社外顧問を経験、さらにはビジネススクールでMBA（経営学修士）を取得し、電通に中途で入社した。

入社後はクリエイター登用試験に合格した後、新規事業開発のクリエイターとして今のポジションにいる。要するに組織づくりや事業開発の経験が長かったということもあり、従来のクリエイティブだけではなくビジネスをつくるところからやっているのだ。

いろんな経営者や企業と新規事業開発をしていく中で、やはり**「クリエイティビティ」は、全てのビジネスパーソンにとって必要不可欠な要素**だと感じている。

それは業界や職種に関係なく、今ある仕事を大きく成長させるタネになる。テクノロジーの発達によって、今や業界の線引きが日に日に難しくなりつつある。

大企業は今まで以上に新しい価値を創出していくことが求め

られ、中小企業は新しい領域で事業を大きく成長させられる可能性が高まりつつある。

海外のスタートアップ企業を見渡しても、わずか数年で大企業と肩を並べるくらいの成長を遂げているイノベーティブな企業も少なくない。

もちろんマーケットの変化についていけない企業は、どんな大手であっても容赦なく滅びてしまう。そもそも創業20年後の企業生存率は0.3%しかない。

ビジネス基盤が類似していても、その上にあるクリエイティビティは、常にアップデートが必要なのだ。時価総額240兆円で世界一のアップル社を例に出すと、当時のヒット商品iPodの中身がほとんど日本製だったのは有名な話だ。

なぜ日本企業がiPodを思いつくことができなかったのか、なぜiPodだけがあんなにヒットしたのか。その根本は**「クリエイティビティ」**に尽きる。

少し極端な言い方かもしれないが、これからの時代に必要なのは、全てのビジネスパーソンが事業をつくれるクリエイターであることだ。

日頃、能動的に仕事をしていれば、ある程度はそれに近づけると私は思う。「ビジネスパーソン」と「サラリーマン」を分けるもの、それこそが**「アイデア」というクリエイティビティ**なのだ。

では、能動的に仕事をするには何が必要なのか。それは**ビジネスをつくるセオリーをインプットし、クリエイティブ思考で考え抜く力**だ。仕事柄よく聞かれるのが「ビジネスや広告をつくるのって、やっぱりセンスがいるんですか？」という質問だが、答えは「ノー」だ。

広告の仕事、強いて言えばビジネスをつくる仕事、その**9割以上はロジック**だ。まずはセオリーをしっかりインプットし、ロジックを元にしてアウトプットしていく。それが良いアイデアへの気づきやイノベーションをつくる源だと私は思う。

私自身も最初からアイデアを出せるような人間ではなかった。軍隊の訓練部隊にいたのだから、容易に想像はつくだろう。

部隊を除隊し、大学を卒業した後は民間企業を何社か経験した。当時はビジネスの仕組みも分からず、ただ営業として与えられたノルマと地味に闘っていた。

現場では改善すべきものがあったにもかかわらず、誰もそれに異を唱えない文化の企業もあった。副社長が視察に来るからと言って、普段は決して使わない商品カタログを「各自デスクの上に並べておくように」と周知するとんでもない管理職もいた。

今思えば、受動的に働くことへの恐怖を覚えたのはその時だったのかもしれない。その後、私はベンチャー企業や外資スタートアップ企業といった能動的に動けなければ即、戦力外の世界に飛び込んだ。読者の中で大企業から新興企業に転職した経験のある人がいれば分かると思うが、誕生して間もない企業はジャングルだ。

そこに確かな社内ルールなどの秩序はないも同然。正論を振りかざすよりも実行あるのみで、何をするにしても能動的に動けなければ即、試合終了だ。

そのような世界を良しとするかはさて置き、どんな大企業もこのような創成期があって今に至っているわけだが、つまるところアイデアをビジネスに変える原点はこういうところにあるわけで、私は誰でも能動的に働けることをこの身をもって実感した。

本書では「図」を通して、アイデアを生み出すための「クリエイティブ思考」からビジネスに必要な「事業開発のセオリー」までを詳しく解説している。

これまでにもクリエイティブに特化した書籍や新規事業のハウツー本はたくさんあったが、この2つが合わさった本は多くない。

そのどちらにも関わりがない仕事をしている人にも、大いに役立つ内容だと思う。

これまでIT企業、外資スタートアップ企業、クリエイティブと、いろいろな経験をさせてもらったおかげで、今こうして原稿を書き進められている。これを読んでくれた方々が、普段の仕事や将来のキャリアにおいて、新しいビジネスの開発に少しでも役立ててもらえたら、それ以上に幸いなことはない。

2021年　吉日

［アイデアは図で考えろ! 目次］

第2章
アイデアを結果に変える、すごい図

第 3 章

アイデアは、どのように考えればいいのか?

第4章 アイデアという仮説をビジネスに変える

第5章 アイデアで、自分のキャリアを切りひらけ!

第 1 章

ビジネスに活かせる、クリエイティブ思考

クリエイティブ思考とは何か？

そもそもクリエイティブ思考とは何だろう。

日本語に訳すと「想像性、創造力」になるのだが、私としては**「まだこの世にない、新しい価値を考える力」**だと思う。

例えば、売り上げが落ち込み続けている野菜・生鮮食品店を継いだ孫がいるとしよう。近所には大型スーパーやコンビニが立ち並ぶ中、このお店の未来はほぼ絶望的と言える。

しかしその孫は野菜・生鮮食品店の強みである流通力を活かし、新鮮な果物を仕入れ、それを迫力のある厚みの断面をウリとした「今までになかった新しいフルーツサンド」を開発した。

ある程度の消費者がそのようなフルーツサンドを食べたいと思っていること、競合である大型スーパーやコンビニにそのような商品がないことが前提になるが、このアイデアもクリエイティブ思考が生んだ立派な新しい価値だ。

自社である野菜・生鮮食品店の強みと消費者であるお客様の要望、さらには競合である大型スーパーやコンビニの商品ラインナップを把握しているからこそできる話だ。

必要な情報を把握し、アイデアを生み出し、**「まだこの世にない、新しい価値」**を考えるのが、本書で伝えるクリエイティブ思考である。

「アイデア」の9割以上はロジック

マーク・ザッカーバーグ氏がつくったフェイスブックの前身であるフェイスマッシュ(Facemash)は「大学内の魅力的な友人とマッチングしたい」という**ミクロなゴール**から始まった。

人は同じように「この商品をもっと多くの人に知ってもらいたい」というミクロなものから「この会社のビジョンはこうしたい」といったマクロなものまで、それぞれゴールを持っている。

「クリエイティブ思考」で、その目指しているゴールを実現することができるし、多くのビジネスパーソンは潜在的にその力を持っていると確信している。

「アイデアはセンスがある人しか出せないものだ」などと言う人がいるが、これは大きな間違いだ。

アイデアの9割以上は**「セオリーのインプット」**と**「ロジカルなアウトプット」**によって生まれる。それは決して「思いつき」や「たまたま当たった」ということではない。

そんなことをしていたら、10社ある内9社は失敗してしまうからだ。

セオリーって何の？　ロジックってどのような？　と戸惑うかもしれないが、本書はこの2つをマスターできるようなストーリーになっているので、安心して読み進んでいって欲しい。

事業開発を手掛けているクリエイターとしての見解になるが、アイデアには大きく３つのポイントがある。

①ターゲットは決まっているか

②他にない新しい視点か

③心が動くか

まず「ターゲット」設定はビジネスをする上では欠かせないので、決まっている場合が多い。

２つ目の「他にない新しい視点」は少し難易度が上がる。その商品の強みやコンセプト、さらに他社の過去事例からどんな視点で事業開発をすれば良いかなどを考える。

そして３つ目は「心が動くか」だ。ビジネスにおけるアイデアは９割がロジックだが、残り１割は「感動」なのだ。感動と言っても驚きなのか、発見なのか、それとも納得なのか、いろいろあるが、**心が動くことでその商品やサービスを受け入れる。**

世間で認識されている「クリエイティブはセンスがないとダメ」は、この３つ目の「心が動く」または２つ目の「新しい視点」がそう誤解させているのかもしれないが、図を使って考えることでよりアイデアが出やすくなるだろう。

「狂っているように見えるアイデア」と「勇気」でビジネスを動かせ!

私が最近携わった案件の1つにCLIEN(クリエン)がある。渋谷区医師会と地域との取り組みとして、グッドデザイン賞2021、第2回厚生労働省「上手な医療のかかり方アワード」医政局長賞をいただいたのだが、これは2020年の新型コロナウイルスによる感染拡大の最中、渋谷区医師会に実装した「クリニック予約・デジタル問診票システム」だ。

いまだに地域医療で当たり前だった手書きの問診票をデジタル化し、医師会レベルで各クリニックの予約をできるようにしたサービスだ。また各クリニックで予約患者データの分析もできるため、地域医療のデジタル化という意味ではコロナ禍ならではの案件だったと言える。

また他の国での医療系の事例で面白かったものとして、母子手帳を持たない国の先住民にブレスレットを配り、受けた予防接種に応じてブレスレットの石の色を変えることで、どの予防接種を受けたかが一目で分かる施策など、社会課題をテクノロジーやアイデアで解決するクリエイティブ案件は多々ある。

そしてこれらに共通することは**「なるほど、その手があったか！」**という新しい視点だ。つまり、明らかに課題の解決になる「良いアイデア」と今までになかった新しい発想としての「面白いアイデア」の組み合わせがクリエイティビティと言える。

一方で事業開発はどうだろうか。ここではスタートアップをメインとしたイノベーティブな事業開発を指すのだが、これを講義などで学生に尋ねると「クリエイティブと同じでは？」と答えてくれる場合が多々ある。

もちろん「ノー」だ。よく考えてみて欲しい。

イノベーティブなアイデアは、競争しない方が成功しやすい。

なぜならマーケットが合理的であれば、急成長できるような機会は頭が良くて資金力がある企業に狩り尽くされているはずだ。

動きが素早いGAFAのような企業なら秒で買収するか、潰してくるだろう。国内で最初に電子決済をスタートしたオリガミが資金ショートによって、タダ同然でメルペイに買収された事例はまだ記憶に新しい。

だが、いくつかのスタートアップ企業はそうした巨人たちをすり抜けて事業開発に成功している。優れたアイデアを実行し、急成長を遂げているのだ。

では、なぜ巨人たちはその大きな機会に気づけなかったのか。それこそが事業開発が持つ強みである**「不合理なアイデア」**だからなのだ。つまり、悪いように見えるアイデア、または狂ったように見えるアイデアが事業開発には必要なのだ。

クリエイティビティ

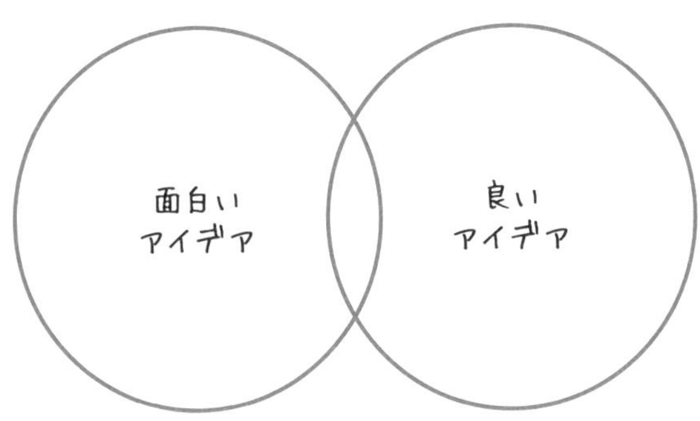

事業開発

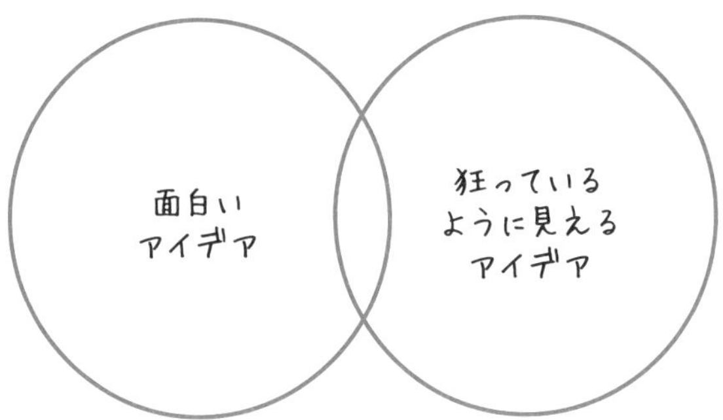

例えば、Airbnbがそれだ。自分の家にアカの他人を泊めるという一見、狂ったアイデアに「え、正気？」と思った投資家はたくさんいたため、ほとんどの投資は見送られた。しかし、ふたを開けてみれば創業８年で評価額３兆円を超える企業となったのは周知の事実だ。

もし、このアイデアをホテル業界の人が思いついたとしても、おそらく実行はできなかったと思う。まず上司に理解してもらえないし、それを突破できても経営層は嫌がるだろう。

なぜなら、そのビジネスで既存のホテル業のビジネスモデルを壊しかねないからだ。

そう、これこそが**「イノベーションのジレンマ」**であり、Airbnbは**「破壊的イノベーション」**と言える。

つまり、クリエイティビティと事業開発とでは「面白いアイデア」という共通点はあるものの、従来のクリエイティブ思考では明確に「良いアイデア」であることが前提だが、事業開発では**一見「狂ったアイデア」**でなければならない。

なぜなら「良いアイデア」だけでは生き残れないからだ。

先ほどのCLIEN（クリエン）のような案件は、コロナ禍での差し迫った状況での取り組みなので、課題の解決ができる「良いアイデア」、地域の医師会レベルが主導した今までになかった「面白いアイデア」ではあったものの、事業開発としてバズるかもしれない「狂っているように見えるアイデア」ではなかったと言える。

ただ、地域医師会というクライアントの属性も、考慮しなければいけない。

また海外での予防接種のためのブレスレットのアイデアは、思いついたクリエイターに拍手したいくらい素晴らしいクリエイティブだったと心底思うが、これも一見、狂ったアイデアではないのは確かだ。

素晴らしいアイデアだからと言って、それがビジネスとして成り立つかはまた別問題なのだ。

このクリエイティビティと事業開発の塩梅こそが、事業開発を専門としているクリエイターの悩みでもある。

一見、悪く思える狂ったアイデアに賛同してくれる経営者またはクライアントがどれほどいるのか、これはきっと本書を読んでいる皆さんも経験している、または今後経験することかもしれない。

ペイパル(PayPal)の創業者であるピーター・ティール(Peter Thiel)は、**不合理なアイデアを選択することを「賛成する人がほとんどいない大切な真実」**だと言っている。

総じて日本人は、組織に順従する傾向が強い民族だ。それは時として法律をも超え、大きな企業犯罪を招いてしまうこともある。そこまで言わなくても、それが企業の存続に関わることは大いにあるだろう。

だからこそ、集団で間違って信じている幻想を見抜き、そこに異論を唱えられる勇気が事業開発には必要なのだ。

事業開発は「面白いアイデア」と「狂っているように見えるアイデア」と少しの「勇気」で成り立つものだと私は思う。

補足として、ほとんどの狂っているように見えるアイデアは、ただ単に狂っているだけのアイデアが多いので、そこは注意した方が良い。

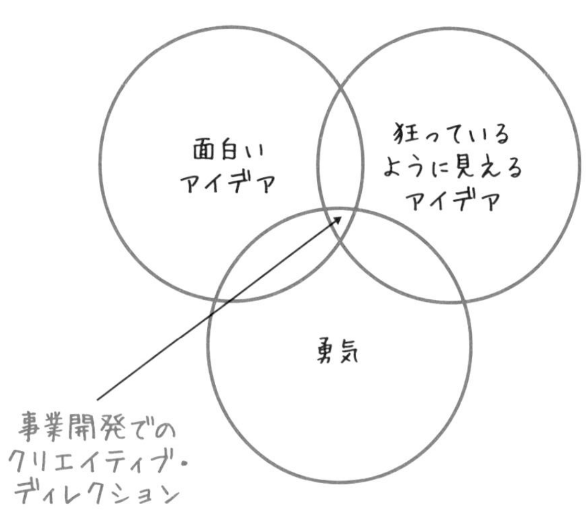

なぜアイデアは「図」で考えるべきなのか？

あなたは、良いアイデアを出さないと死んでしまう「背水の陣」のようなシチュエーションを経験したことはあるだろうか。たぶん普段のビジネスにおいて、そのような状況はあまりないと思う。

私は仕事柄、それを日常茶飯事にしているのだが、人間は考える行為を極限まですると思考停止のような状態になる。頭はポカーンと何も考えられないくらいボーッとする。そして身体は全然疲れていないのにもかかわらず、脳みそだけが幽体離脱したかのような感覚になる。

そんな極限状態を幾度も経験する中で、**アイデアを考える時は、図を描くことが重要であると分かってきた。**

時々「上手くアイデアを考えられない」といったような相談があるが、実際にグループワークでその人たちが考えているところを観察すると２つの特徴がある。

①ただ頭の中だけで考えている

②文字や文章をスマホやパソコンに打ち込んでいる

きっとあなたの身のまわりでも思い当たる節があるに違いない。確かに関連キーワードを広げるという意味では、単語などを文字で書き出すこと自体は正しい。

例えば「温泉」という単語に関連するものとして、疲労回復、硫黄、箱根、源泉などの発想を広げる訓練はスタートアップ企業などの研修でも行われている。

では具体的にそれらのキーワードは温泉とどう関係するのか、というような**関連性やそこからアイデアを膨らませていく作業は、図で描くのが最も有効だ。**頭の中で考えたことを具現化するには「描く」という行為は必須条件だろう。

さらに人間の脳みそは、文字を見ると間違い探し、つまり校閲する機能が働くため、全体を俯瞰したり、仕組みを組み立てたりする作業は、図で描き出した方が具体的なアイデアが出しやすいのだ。

文字 → 間違い探し、校閲
図 → イメージの具現化

鉛筆などで紙に描くか、デジタルペンでタブレット端末に描くかはそれぞれの好みがあると思うが、できれば紙に描いて欲しい。その方がより全体の構造を理解しやすくなるからだ。

有名な話として、ノルウェーにあるスタヴァンゲル大学のアン・マンゲン准教授らが行った実験がある。研究チームは学生に短編小説を読んでもらい、その際半分は電子書籍で、残り半分は紙の本で読んでもらった。

その結果、紙の本で読んだ学生の方が、電子書籍で読んだ学生よりも小説の時系列を正しく理解できていたのだ。理由は2つある。

1つ目は、電子書籍で読むと脳みそは斜め読みをするということだ。そのため読み飛ばしや拾い読みをしがちになるため、実際の電子書籍の画面でデジタル読字をすると、人間の目はF字型やジグザグに動くことになる。

文章全体をサッと見て、興味のある単語の部分前後だけをじっくり読むので、大雑把な理解はできるが、順番を覚えることが難しくなるのだ。

2つ目の理由は、電子書籍だと物理的・空間的な位置と内容を結びつけて記憶することができないということだ。「たしか120ページのところに○○が書いてあったような」という曖昧な記憶は、紙の本であれば読み返したり、紙の厚さで把握したりすることが可能だが、電子書籍のような平面的な画面では不可能だ。

そういう意味では、**インプットもアウトプットも脳みそだけでなく「手」そのものとの共同作業**と言える。

ビジネスシーンにおいても、アイデアのプロセスを理解するのはとても大事なことだ。ましてや自分のアイデアがどの角度から考えられたのか、それに至った経緯や順序を他人に説明できなければ意味がない。

だからこそ、紙に描いて、脳みそだけではなく、**自分の「手」とも一緒に考えて欲しい。ビジネスでのイノベーションはそこから始まるのだ。**

アイデアを考えられない人は、センスがないのではなく、たいていはアイデアを出すための方法を間違えている。「図を描く」ことは、良いアイデアを出す上では欠かせない方法の1つだ。

では、次章から日頃からアイデアを出したり、ビジネスをつくったりするうえで必要なセオリーを型にした図について話していこう。

第 2 章

アイデアを
結果に変える、
すごい図

［❶成長型］アイデアの全体図を把握する

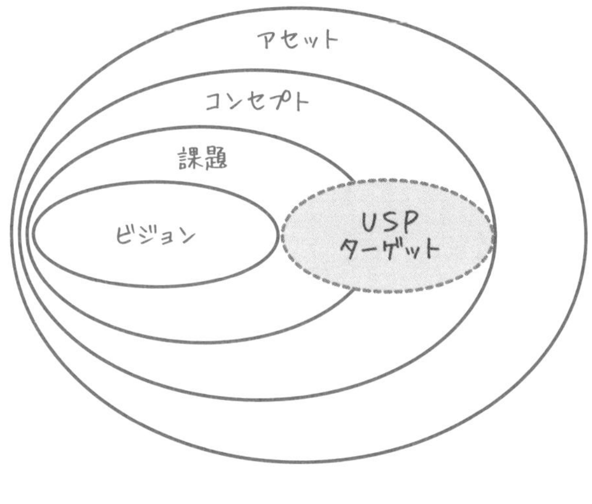

アイデアを生むためのセオリーとして、まず「成長型」がある。

単発の「面白いアイデア」「良いアイデア」または「狂っているように見えるアイデア」が生まれても、なかなか実現しないのは、ビジネスにつなげるまでの**全体像**が見えていないからだ。そこでこの図を基に考えることでアイデアは生まれやすくなる。

考える順番としてはこうだ。

フェーズ1　どんなビジョンを持ってビジネスをするのか

フェーズ2　想定するメンバーに どんなアセット(資産/能力)があるのか

フェーズ3　あなたのビジョンを実現するためには、どんな課題があるのか

フェーズ4　その課題を解決するためのコンセプトは何なのか

フェーズ5　自社の「USP(強み)」を活かしたサービス/商品は何なのか

この成長型を私は「切り株バズ論/完成形(Stump-Buzz Model/final Phase)」と呼んでいる。なぜ「バズる」の「バズ」が名前に入っているか、なぜ完成形と呼んでいるのかも含めて、詳細は後で話すとして、事業の基礎を形づくるこの型は、いろいろなシーンで使える。

この成長型を基にしたアイデアと仮説を検証していくのだ。また課題やアセットは複数あっても構わないが、**ビジョンだけは１つに絞った方がいい。**

なぜなら1998年の『ジャーナル・オブ・アプライド・サイコロジー』に掲載された論文によれば、優れたビジョンには6つ特徴があるため、1つに統一させた方が合理的だと述べられている。

①簡潔であること（組織内で浸透しやすいため）
②明快であること（記憶に残りやすくするため）
③ある程度は抽象的であること
（メンバーが各々で解釈しやすいため）
④チャレンジングであること
⑤未来志向であること
⑥ぶれないこと

SUMMARY

成長型の概要

切り株バズ論／完成形をベースにビジョン、アセット、課題、コンセプト、USP（Unique Selling Proposition ／自社が持つ独自の強み）を活かしたサービス／商品の順で事業を決めよう。

ポイント

切り株バズ論／完成形は常に成長している。課題やアセットなどが複数になることもあるが、ビジョンは大雑把に1つにすること。

［❷比較型］立ち位置を認識し、方向性を明確にする

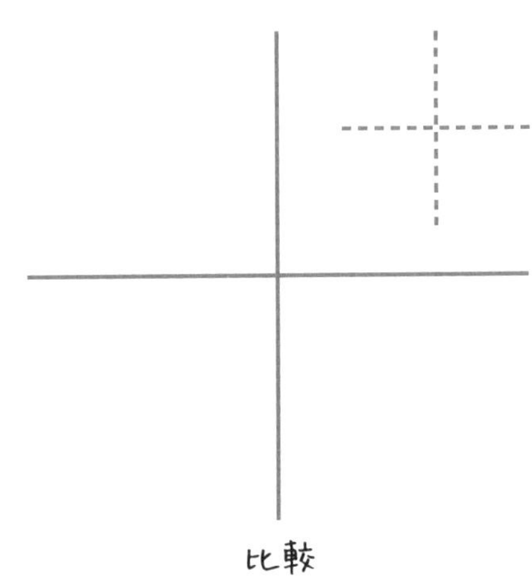

次は比較型だ。AとB、またはそれ以上のものを比較する時に用いる手法だ。

それぞれの「立ち位置を認識」または「方向性を明確」にするために使う。

立ち位置を認識する場合、使うのは中央の十字線だけで良い。ビジネスで似たような競合サービスや商品がたくさんある中、自社のサービスや商品の強みを見つけるために用いる。

立ち位置が分かれば、戦略も練りやすいし、改善点も見つけやすい。

例えば、市場での成長性、顧客満足度、値段などがそれにあたる。もちろん全ての切り口を比較していては一長一短があって優劣がつけられない。そのため、特に重要視するものに絞って比較すると分かりやすい。

中央の十字線だけを使う時は、縦線と横線のそれぞれに矢印をつけるとより分かりやすい。

比較の軸に定性と定量がある時は、縦線を定性の軸、横線を定量の軸にすると良い。例えば、デザイン性を縦線、価格を横線にして比較するのだ。

また重要視するものは「縦線であれば上」に、「横線であれば右」にした方が良い。こうすることによって、横線から上が注目しやすい領域となるからだ。

もし縦線と横線で重要視するものに順列をつける場合は、縦線の上を最も重要視して設定しよう。

あとは比較対象を配置すれば、除外しても大丈夫なものと明らかに競合するサービスや商品が明確になる。重要視するものを縦軸の上、横軸の右に設定したことで、右上の領域が特に重要になっているのが分かるだろう。

軸の書き方

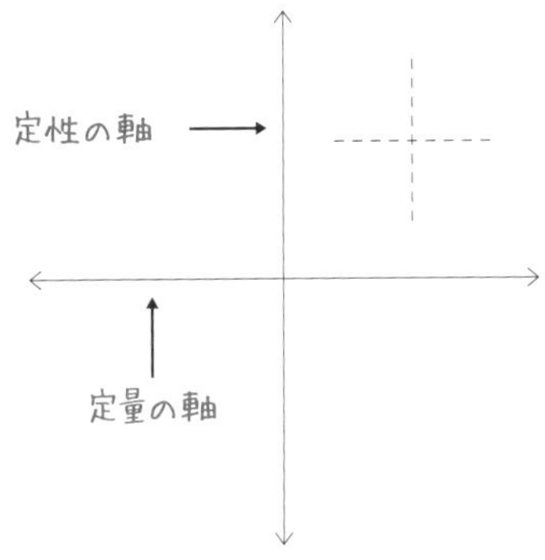

比較対象を明確にする

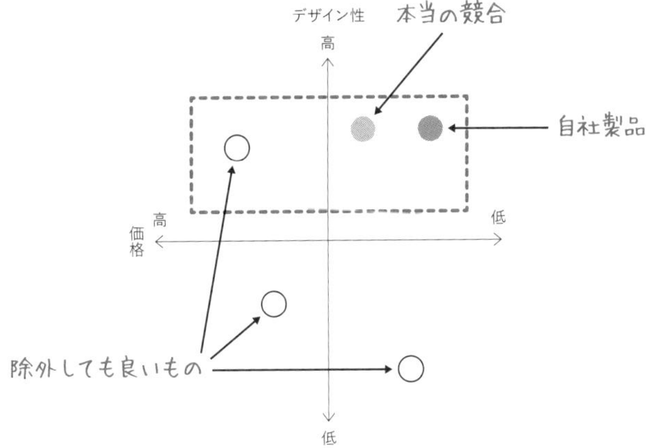

ここで気づいた人もいるかもしれない。比較型の全体図の右上にだけ、点線で書かれた十字があったと思うが、この特に重要な右上の領域だけを使って「**方向性を明確**」にする図が描けるのだ。

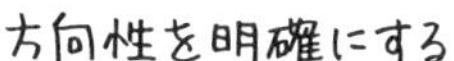

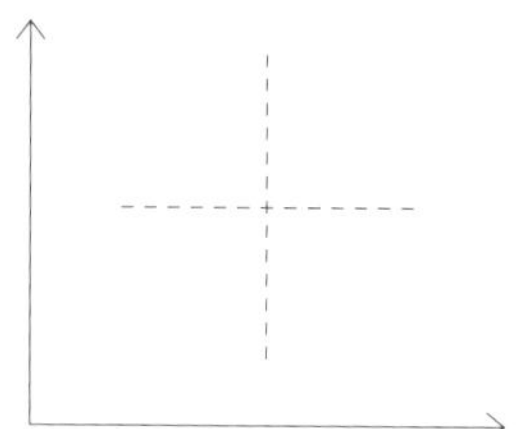

SUMMARY

比較型の概要

軸を決めて比較することで、①立ち位置の認識　②方向性の明確化が可能になる。

ポイント

縦線は定性の軸、横線は定量の軸。重要視するものは、縦線では上に、横線では右に。縦線と横線で順列をつける場合は、縦線の上を最も重要視して設定する。

[❸分解型]
自分たちの強みを見つける

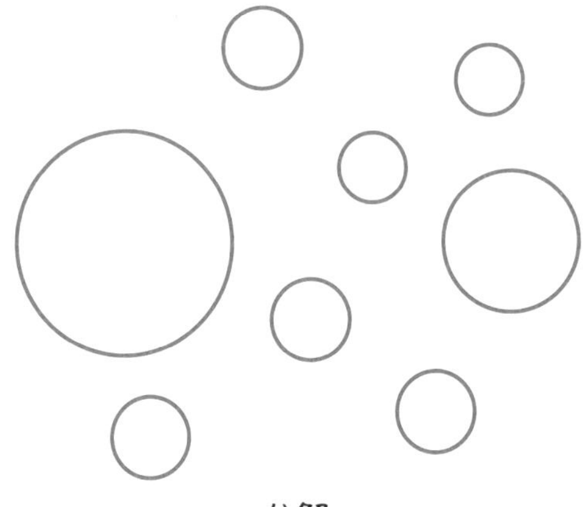

分解型はブランディングを考える上で非常に重要な型だ。

同じ東南アジアの工場から出荷された服にもかかわらず、銀座で売られているものと、スーパーマーケットの衣服コーナーで売られているものとでは、価格は大きく異なる。

世界屈指のマーケティング・コンサルタントであるアル・ライズ（Al Ries）氏と娘のローラ・ライズ（Laura Ries）氏は『ブランディング22の法則』の中で、独自の理論を展開している。

メイド・イン・ジャパンが絶好調だった頃、各メーカーは他社よりも良い商品の開発に必死になっていた。それが自社のアピールにもつながるし、商品の売れ行きにも大いに影響した。

ところがライズ親子は、この概念を大きな間違いだと言っている。結論から言えば、**ブランド力は焦点の広がりに反比例するため、それぞれの要素に分解させる必要がある**のだ。

かつてリーバイスは自社製品を女性用、子供用、下着、スーツ、水着、さらにはアクセサリーにも広げたことがある。その結果、一時的に売り上げは伸びたが、消費者はリーバイスのブランドイメージが把握できなくなり、やがて売り上げは減少の一途をたどった。

それに対し、アメリカの実業家・フレッド・デルーカ（Fred DeLuca）氏は、外皮が硬いパンを縦に切り、その中に野菜やサラミなどを入れたサンドイッチをつくり、サブマリン・サンドイッチと名付けた。

そう、あの有名な「サブウェイ/SUBWAY」の始まりだ。デルーカはサブマリン・サンドイッチだけを売る店として、消費者の脳内に刻まれた。

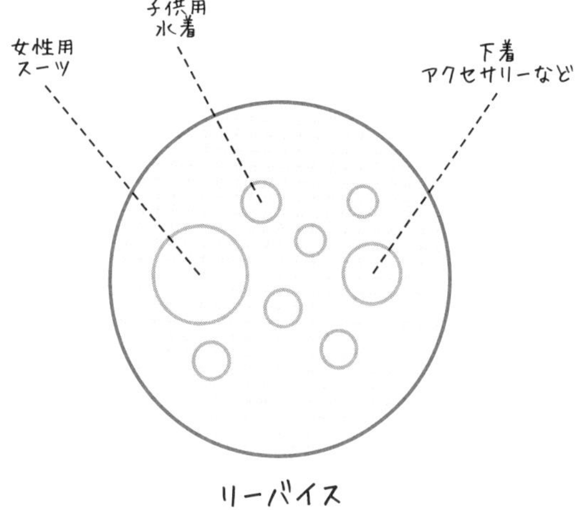
子供用
水着
女性用
スーツ
下着
アクセサリーなど
リーバイス

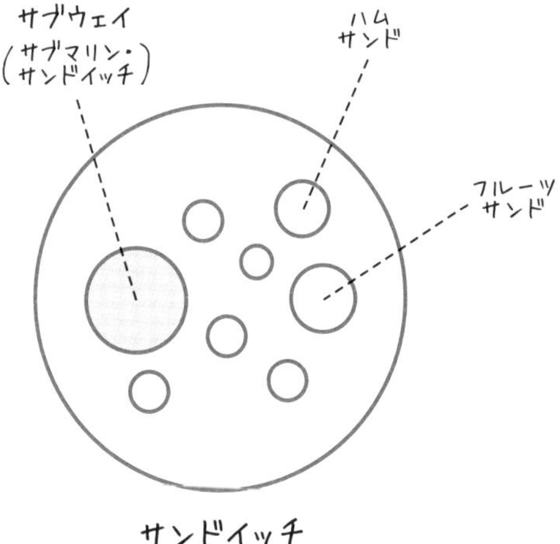
サブウェイ
（サブマリン・
サンドイッチ）
ハム
サンド
フルーツ
サンド
サンドイッチ

そもそもブランドという言葉の語源は、牧場で自分の牛を区別するためにつけた焼き印のことだ。そして**人間の脳みそはとても怠け者で、考えること自体を面倒くさがる。**

いかに**シンプルに記憶させるか**、そのためにはエッセンスをなるべく分解して考えることが重要になってくる。

売れているラーメン店のメニューはシンプルで種類が少ないが、そうでないレストランはメニューの数で客を集めようと頑張るが、利益率は大して上がらないと言えば分かりやすいだろう。

逆に1つの商品に絞って売れば、効率性も上がり低コストで高品質なものができるようになる。

同じラーメンでも醤油、塩、味噌、豚骨のように味で分解したり、函館、仙台、横浜、福岡のように地域で分解したりすることもできる。

また「函館の味噌ラーメン」といった具合に、それぞれのカテゴリーで分解したものを組み合わせることで、さらに商品やサービスをシンプル化することができるのだ。

以前ヨーロッパで爆発的に売れた、「油をほとんど使わないからあげ器」があったが、その技術は10年以上も前に日本のメーカーがとっくに電子レンジに搭載した機能だった。

なぜそのようなことが起こったのか。これは日本企業によくあるケースなのだが、技術者が一方的にいろんな機能を1つの商品に全て集約してしまう。

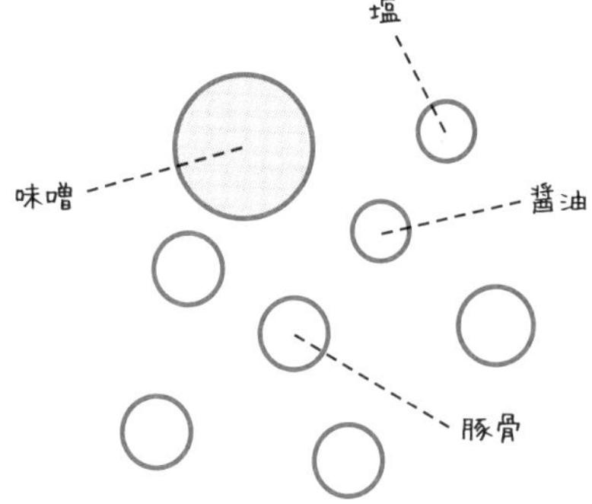

「味」で分解する

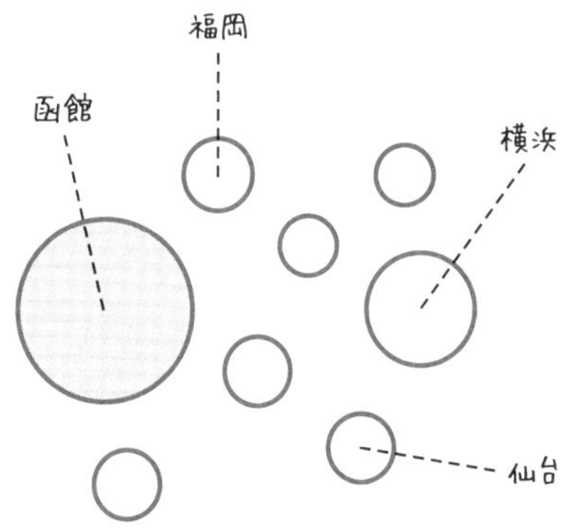

「地域」で分解する

良かれと思ってのことだろうが、その商品を丁寧に説明してくれる人がいないと理解するのが大変だ。

日本の製品は「高品質で低価格」と言うが、そういうものに限ってそれなりの値段はするし、一度価格競争に入ってしまえば薄利多売になり、利益率は下がる一方だ。

昔と違って、今の家電量販店では基本的に社員はワンフロアに１名しか待機しておらず、その他のセールスマンは業務委託がほとんどで、商品を手取り足取り説明してくれる人が減ってきている。

技術者の**自己満足で詰め込んだその宝箱を使いこなせる消費者はどれほどいるだろうか。**

さらに数々の大手メーカーを分析しても、これまでにちゃんとしたマーケティングをする部署は存在しなかった。あっても名ばかりで商品の価格やBEP（損益分岐点）などを算出するだけの部署に過ぎない。

唯一、現場の営業マンが顧客ニーズを吸い上げるしか方法はなく、もちろんそれでは機能するはずがない。営業マンの質によって顧客ニーズの収集に差が出るし、企業が大きければ大きいほどそれを統括する部署は必須になってくる。現に日本企業でのCMO（Chief Marketing Officer）の在任期間は、先進国の中でも圧倒的に短い。ビジネスが多様化する時代だからこそ、１つひとつのエッセンスを分解し、シンプルなサービスや商品設計をしていく必要が出てくるのだ。

SUMMARY

分解型の概要

カテゴリーなどのエッセンスをシンプルに考える。
リーバイスの失敗体験、サブウェイの成功体験。

ポイント

ブランドの語源は、牧場で自分の牛を区別するためにつけた焼き印。いかにシンプルに記憶させるか、エッセンスをなるべく分解して考えること。

Chapter 2

[❹解釈型] 物事を深掘りする

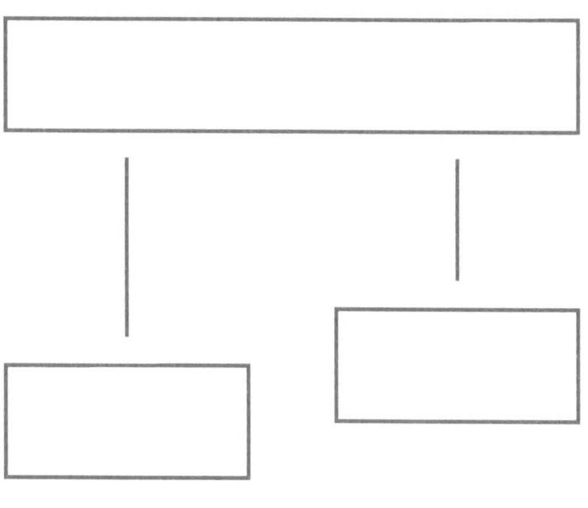

物事を考える時、細かいエッセンスに分解するだけでは足りない場合もある。そこで役立つのが「解釈型」だ。

これは**個々のエッセンス同士に「なぜ」「どうして」の因果関係を見つける**のが目的だ。ダイソンの掃除機が売れている理由は何なのか、○○家具の業績が低迷した原因は何なのか。それは決して1つではないはずだ。考えられるエッセンスを分解して、因果関係を明らかにすることで事業の改善ができる。

例えばダイソンであれば、「デザインが良い」の理由は、一流デザイナーを起用したからなのかもしれない。「技術が新しい」であれば、吸引力が落ちない事実や広告のキャッチコピーが良かったからなのかもしれない。

機能がシンプルなのは、突き詰めて考えればカスタマーサポートが充実しているから、顧客ニーズが他社よりも把握できている可能性もある。また創業者であるダイソン氏がメディアに露出して自身の想いを伝えていることで、企業イメージの向上につながっていることも、理由の1つに考えられる。

分解したそれぞれのエッセンスを解釈し、**因果関係を明確にすることで、自社の改善点が見えてくる**のだ。

逆に業績が低迷した家具メーカーが現れた場合はその理由も見つけることができる。それが53ページの図だ。流通ルートが原因でターゲット層と実際の価格に乖離があった、あるいは顧客ニーズに合った価格設定がされていない可能性もある。

そのターゲット層に好まれないデザインになっていないか、企業内部の不祥事でイメージの悪化も業績不振の一因かもしれない。であれば、自社のマーケティング強化や流通ルートの見直し、また組織力の強化にも力を入れた方が良い。ネガティブな事例を解釈することで、自社経営の予防措置にもつながるのだ。

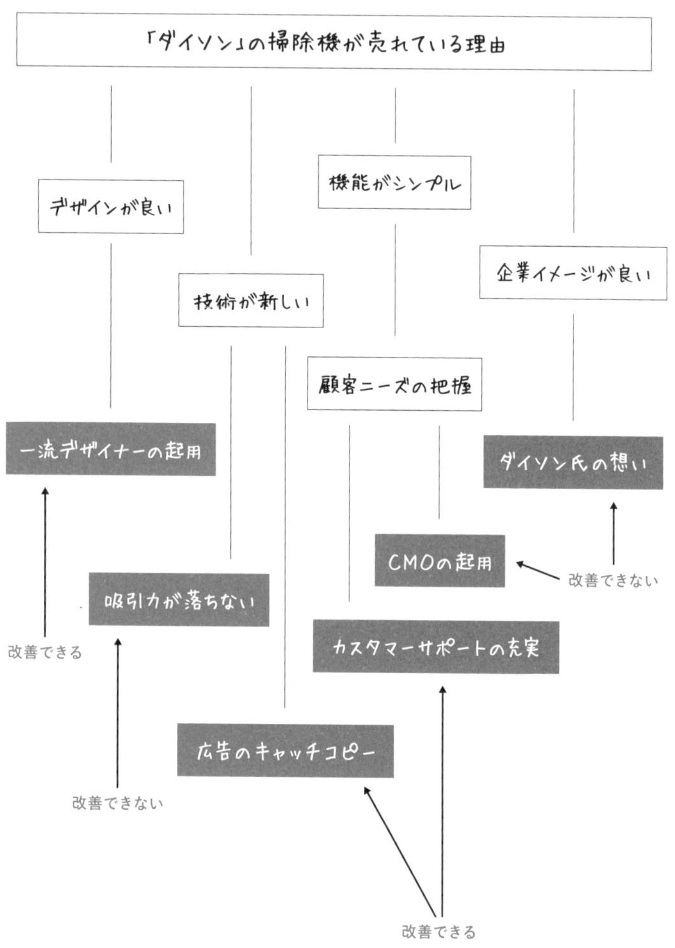
「ダイソン」の掃除機が売れている理由
デザインが良い
機能がシンプル
技術が新しい
企業イメージが良い
顧客ニーズの把握
一流デザイナーの起用
ダイソン氏の想い
CMOの起用
改善できない
吸引力が落ちない
改善できる
カスタマーサポートの充実
広告のキャッチコピー
改善できない
改善できる

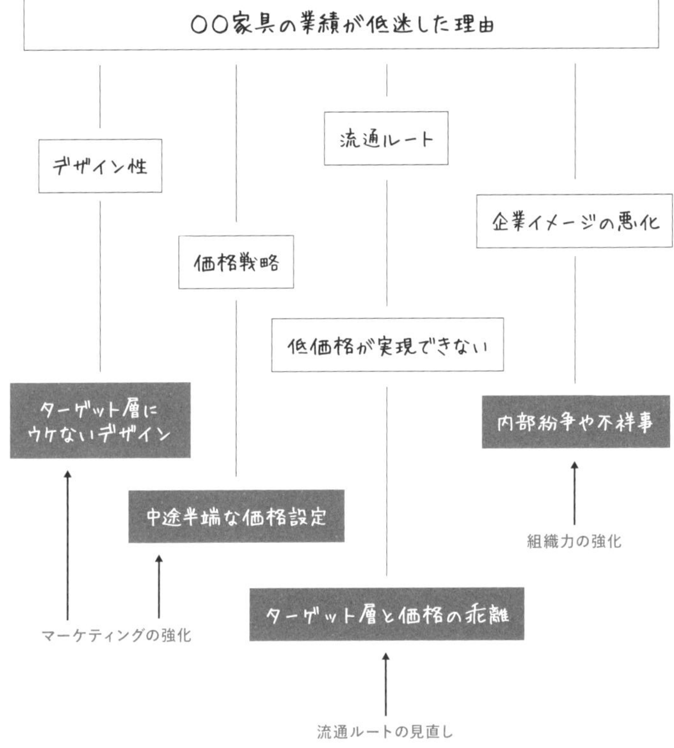
○○家具の業績が低迷した理由
デザイン性
価格戦略
流通ルート
企業イメージの悪化
低価格が実現できない
ターゲット層にウケないデザイン
内部紛争や不祥事
中途半端な価格設定
組織力の強化
ターゲット層と価格の乖離
マーケティングの強化
流通ルートの見直し

SUMMARY

解釈型の概要

エッセンス同士の「なぜ」「どうして」の因果関係を見つける。
「良い事例」と「悪い事例」の両方で使える型。

ポイント

解釈型を使うことで自社での改善や予防につなげることが大事。

［❺インアウト型］ビジネスや物事の流れをつかむ

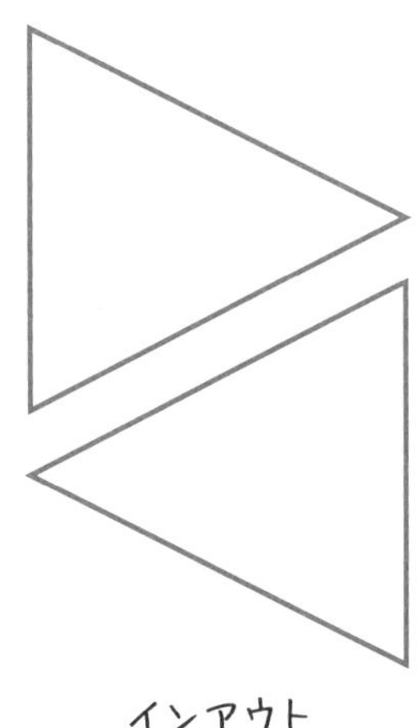

続いてはインアウト型だ。これは名前の通り、入る（イン）と出る（アウト）を組み合わせた図だが、要は「集約」と「拡張」だ。

2005年12月号（日本語版では2006年3月号）の『ハーバード・ビジネス・レビュー』で、ジェフリー A. ムーア（Geoffrey A. Moore）氏が提唱した「企業の利き手」（Strategy and Your Stronger Hand）というものがある。

ムーア氏曰く、世の中のビジネスモデルは大きく分けて２つあり、**企業にはどちらかを得意としている言わば「利き手」というものが存在する**というのだ。まずは分解して考えてみよう。

１つ目は**「複雑系モデル」（Complex Systems Model）**と言われている。

これは集約（イン）のビジネスモデルだ。IBM、シスコシステムズ（Cisco Systems）、世界銀行、ボーイング（Boeing）、アクセンチュア（Accenture）、IDEOなどのB to Bの企業がこれに該当する。

従来の大手広告会社もこのビジネスモデルなのだが、ここで注意して欲しいのは、デジタル広告を専門に扱う広告会社は該当しないということだ（理由は後ほど説明する）。

簡単に言うと、社内のリソースやノウハウを１社のクライアントに集約させ、カスタマイズすることを得意としているビジネスモデルだ。

複雑系モデル

Complex Systems Model

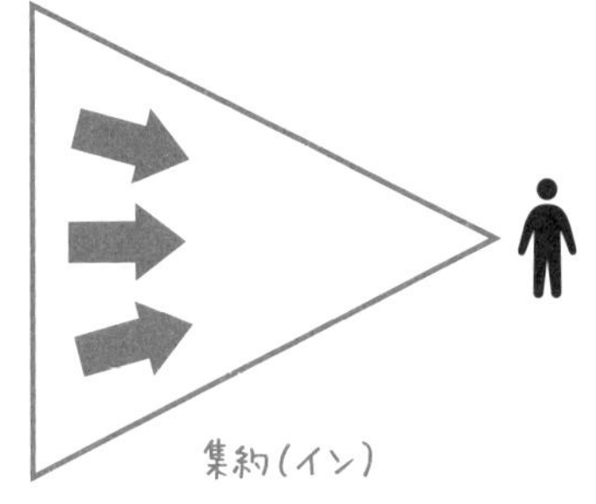

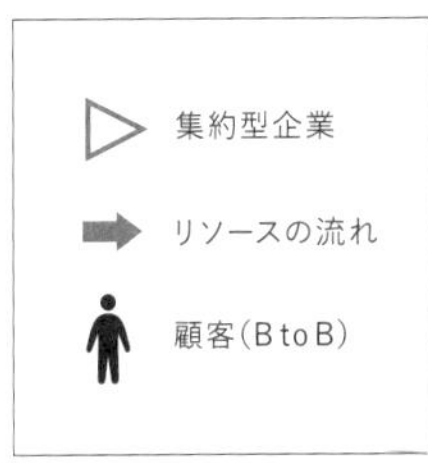

従来の大手広告会社で例えると、ナショナルクライアントからの年間広告予算は数千万円から数百億円にも及ぶので、社内のリソースを総動員してオリジナルの広告を制作できる。

ここで言う広告とは、4媒体であるテレビメディア、雑誌、新聞、ラジオのことだ。一度つくった広告は、結果が良くても悪くても内容を変更することはできない。

競合プレゼンから納品までは作業が発生するが、納品してしまえば広告が炎上しない限り、追加の変更業務は発生しない。

このビジネスモデルの特徴は、主要クライアントは大企業で、1回の取引の平均売り上げは数千万円から数億円と、非常に高額であることだ。

2つ目は**「大量生産モデル」(Volume Operations Model)**で、拡張(アウト)のビジネスモデルだ。P&G、ナイキ(NIKE)、デル(Dell)、ソニー(SONY)、アップル(Apple)、ユナイテッド航空(United Airlines)、マイクロソフト(Microsoft)、アルファベット(グーグル/Google)、アマゾン(Amazon)と、日常生活でよく目にする企業が多い。要はB to Cの企業で世間での認知度が高く、比較的に流通や製造の工程が多い。

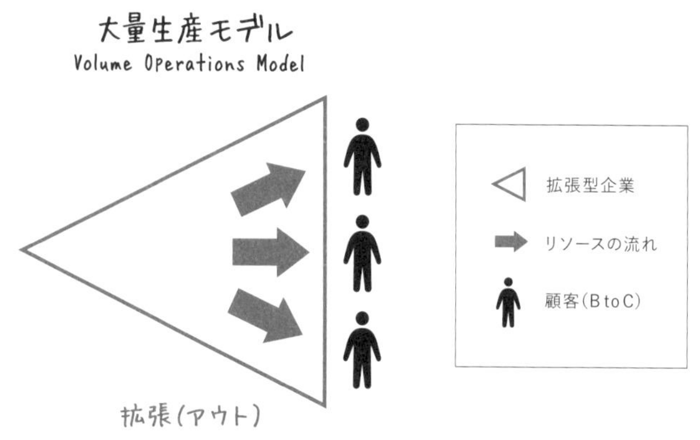

できるだけ効率的に、多くの消費者に自社や製造元のプロダクトやサービスを届けることを得意とするビジネスモデルだ。

先ほどの集約(イン)で除外したデジタル広告を専門に扱う広告会社がこれにあたる。もちろんデジタル広告に携わるマーケティング会社やPR会社もそうだ。

CMやキャンペーンなどの従来の大手広告会社ビジネスとは違って、デジタル広告は広告効果に合わせてクリエイティブを頻繁に取り替える必要があるので、サーバー、ビッティング、さらには広告効果の計測ツールなどのシステムが重視される。

他の業界だと運送会社の配達時間、鉄道会社の電車の時刻、ECサイトで注文して自宅に届けられるまでの時間などもそうだ。

このビジネスモデルの特徴は、主要クライアントは無数の消費者で、年間取引回数は数十回から数百回行われることだ。

さらに1回の取引での平均売り上げは少額のため、消費者がある程度いないと目標とする売り上げに達しない。

このように企業は、ムーア氏が提唱したように「複雑系モデル」または「大量生産モデル」のどちらかのビジネスモデルを得意とし、そうでない方のビジネスをすると大きな確率で失敗に終わる。**ビジネスでは何がどこに集約し、何がどこに拡張するかを常に考える必要がある。**そう言った意味でもこの集約（イン）と拡張（アウト）は非常に重要なのだ。

しかし、「なぜここではインとアウトを一緒にしているんだ」「インとアウトは別々じゃないか」と疑問を持った人もいるだろう。

実はムーア氏がこれを『ハーバード・ビジネス・レビュー』で提唱したのは16年以上も前の2005年だ。それから世界はデジタル技術によって大きく変わったのは言うまでもない。

複雑系モデルである「集約（イン）」を得意とする従来の広告会社は、デジタル広告も含めた提案をクライアントに提案する必要が出てきた。

また大量生産モデルである「拡張（アウト）」を得意とするB to C向けのブランド商品やサービスを持つ企業は、ビッグデータを駆使しながら顧客の好みや消費傾向を収集するようになった。これは従来の広告会社が得意としていた消費行動分析だ。

つまり、**「イン」だけ、または「アウト」だけのビジネスではビジネスが成り立たない時代**にきている。

企業の利き手がどちらのモデルであっても、「イン」と「アウト」が組み合わさった第3のモデルが求められるようになった。

つまり**「インアウト」を駆使した企業独自のラベルを構築していく必要があるのだ。**

この概念は今後、もっと重要になっていくかもしれない。

自社がどちらのビジネスモデルを得意としているのか。もう1つのモデルを取り入れるには、どんな価値を循環させ、既存または新規のクライアントにどんな新しい価値を提供していけば良いのか、を考えていかなければならない。

私はこれを「ラベル創造モデル（Creative Labels Model）」として提唱した（引用：デジタル社会における広告代理店の新しいビジネスモデル〜ラベル創造モデル/Creative Labels Model・早稲田大学ビジネススクール・プロジェクト研究論文・2019年）。

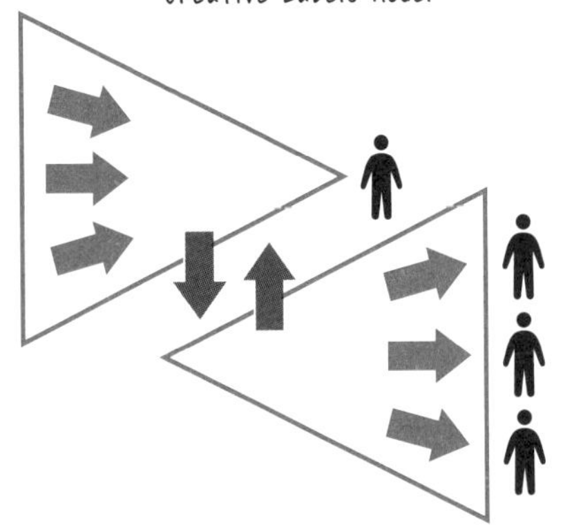

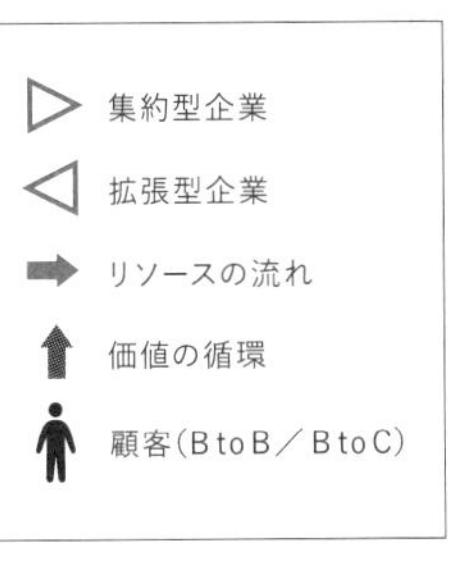

この「ラベル創造モデル」は個人にも当てはまる話だ。

つまり、全ての力を結集して何かの価値を生み出す「イン」と、その新しい価値を顧客に届ける「アウト」の両利きが個人の価値においても重要になってくるだろう。これを別の言い方で「価値創造モデル（Creative Value Model）」と呼んでいる。

前職のIT企業で消費者行動分析に関するシステム案件を担当していた時、エンジニア出身の営業マンの方がクライアントからの信頼を得ていた。

もちろん営業一筋の営業マンも立派に仕事をしているのだが、商談の所々でシステムの詳しい話になると、どうしてもエンジニアの出番になる。

そこで価格とシステムを結びつけて話せるエンジニア出身の

営業マンは非常に重宝されたのだ。つまりエンジニアと営業の両利きはマーケット・バリューが高いということだ。

これは全てのビジネスで言えることだ。ビジネスは「何かの価値」プラス「営業能力」で成り立っている。

例えて言うならば、IT業界は「技術」プラス「営業能力」だし、広告業界で言えば「クリエイティブ」プラス「営業能力」だ。もっと言えば卓越した営業能力は、事業開発でマーケットを切り開く突破力または事業を持続させる持久力にもなる。逆に営業の立ち位置でプラス何かの価値がある人もそれはそれで重宝される。

これは言い換えれば、どんなポジションの仕事であっても広義の創造力を持たない人や新しい価値を生み出せない人にとって、とても厳しい世の中になるということだ。

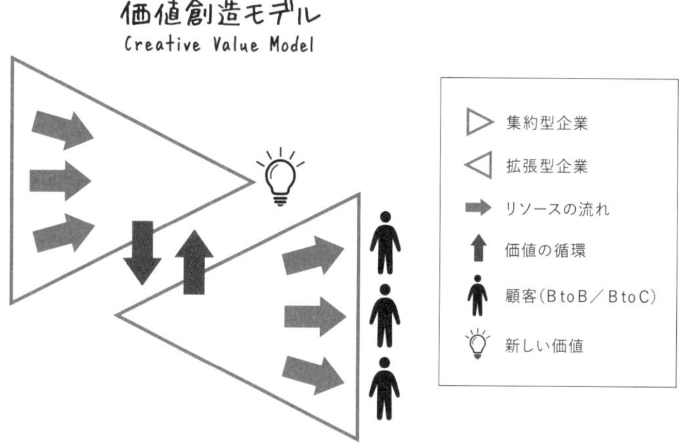

SUMMARY

インアウト型の概要

「イン」＝複雑系モデル

「アウト」＝大量生産モデル

「インアウト」＝ラベル創造モデル（企業）

「インアウト」＝価値創造モデル（個人）

ポイント

これからのビジネスは「利き手」だけではなく、インとアウトの「両利き」を意識するものでなくてはならなくなった。第3のモデルとして「ラベル創造モデル」を提唱。

また個人の価値を表したモデルとして「価値創造モデル」を提唱。

［❻結合型］企業の強み、コンセプトを考える

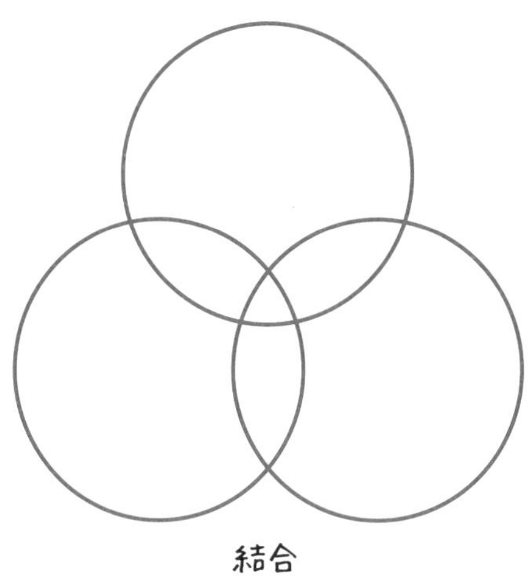

事業開発において、このコンセプト決めで苦戦する人は多い。

コンセプトが商品やサービスの骨格を左右するし、社会課題の解決になっているか、事業として利益を上げられるかなど、考えることがたくさん出てくるからだ。

こういう場合、まずは分解型でエッセンスをミクロ化して洗い出すのだが、**散らかしたものを回収する時に役立つのがこの「統合型」**だ。

例えば、ライブ配信事業についてそれぞれのエッセンスで分解した場合、配信する側としては「気軽に才能をアピールできる」「課金してもらえる」「芸能業界の人が見てくれている可能性がある」などがある。

また、視聴する側としては「直接チャットでやり取りできる」「アイドルを身近に感じられる」「自分からギフトを贈って応援できる」などがある。

では事業開発の段階でどんなライブ配信プラットフォームをつくりたいのか。そのコンセプトは1つのエッセンスのみで完成するものではないはずだ。サービスの強みを出すという意味でも、複数のエッセンスによって組み合わさった**「掛け算」でコンセプトをつくる**ことになる。

別の例として、国産車のレクサスであれば「壊れにくい」「顧客サポートの手厚さ」「リセールバリューが高い」だし、外国車のメルセデス・ベンツであれば「高価格の維持」「洗練されたデザイン」「魅力的なアンビエントライト」なのかもしれない。**競合の商品やサービスにどんな強みがあるのか、自社のどこを強化すればいいのかを見極める**必要がある。統合型はそんなビジネスのシーンで役立つ図と言える。

ライブ配信事業の例

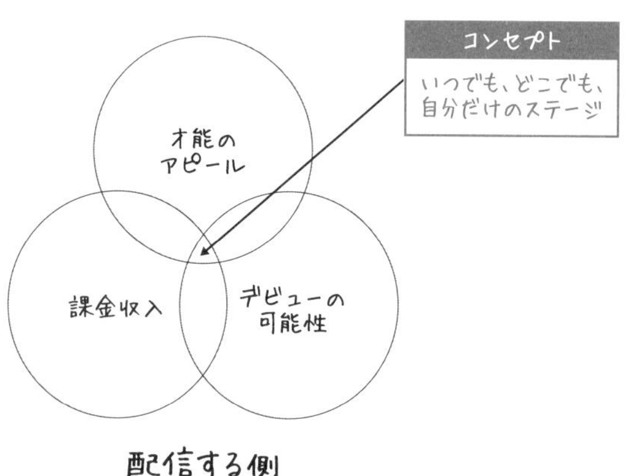
コンセプト
いつでも、どこでも、
自分だけのステージ
才能の
アピール
課金収入
デビューの
可能性
配信する側

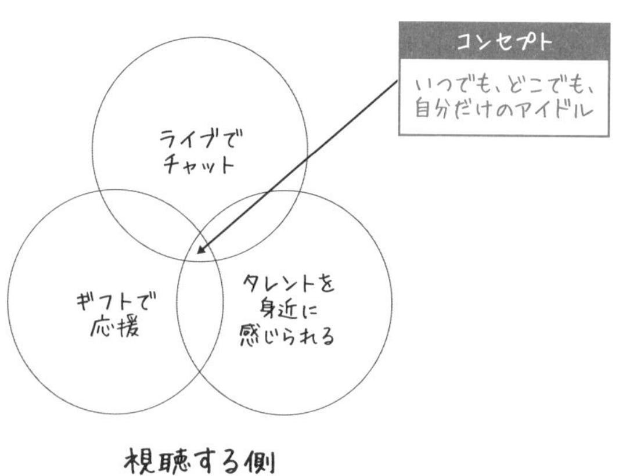
コンセプト
いつでも、どこでも、
自分だけのアイドル
ライブで
チャット
ギフトで
応援
タレントを
身近に
感じられる
視聴する側

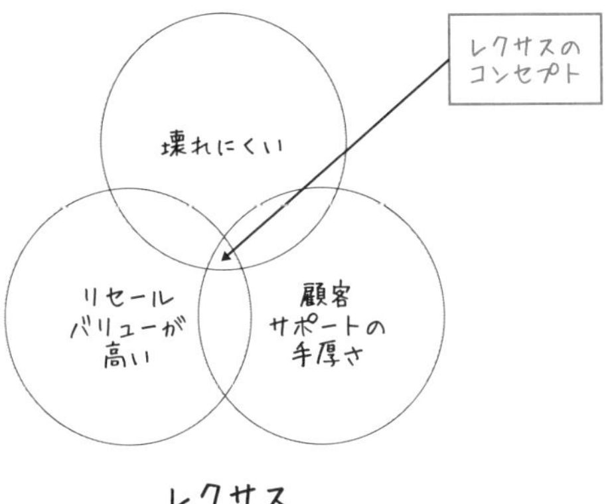
レクサスの
コンセプト
壊れにくい
リセール
バリューが
高い
顧客
サポートの
手厚さ
レクサス

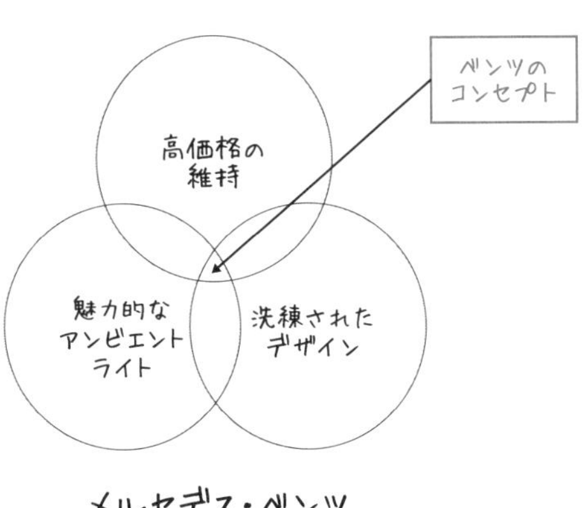
ベンツの
コンセプト
高価格の
維持
魅力的な
アンビエント
ライト
洗練された
デザイン
メルセデス・ベンツ

SUMMARY

統合型の概要

分解したエッセンスを回収する時に使用。競合分析、自社商品やサービスの強みの発見。

ポイント

複数のエッセンスを「掛け算」してコンセプトをつくる。

[❼応用型]
他のビジネスのコアを見極める

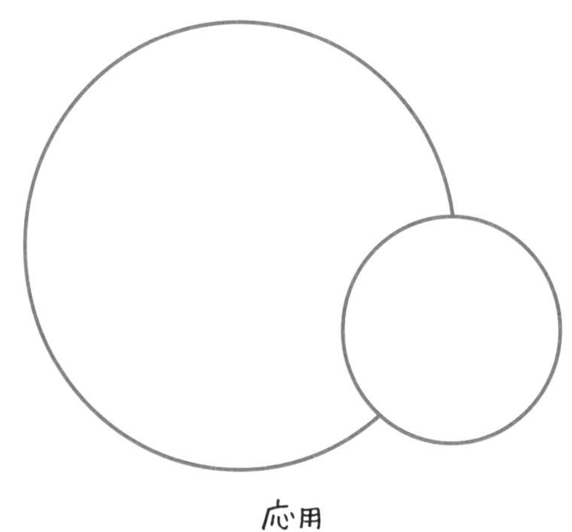

ビジネスの仕組みを紐解いてみると、実は他のものを「応用」して成功した事例が少なからずある。

まだビデオテープが一般的に使われていた時代、家の近所にはビデオレンタルショップというものが何軒かあった。

読者の中には返却するのを忘れて、延滞料金を取られてしまった人もたくさんいるはずだ。実はこのビデオレンタルショップこそ、あるビジネスを応用したものである。

当時はアマゾンプライムやネットフリックスといったサービスがなかったので、ドラマや映画などはビデオレンタルショップから借りていた。例えば、10日間で800円、20日間で1600円といったような価格帯だ。でも、約束の日にちを過ぎて返却した場合、80円とか160円くらいの遅延金を支払うことになる。

だいたい10%前後が相場だが、中には借りたことをすっかり忘れて、借りたお金の何倍もの遅延金を払う人もいた。

勘が良い読者なら気づいたかもしれないが、実はこれ、**高利貸しとまったく同じ仕組み**だ。

10日で1割の利率である消費者金融業のビジネスモデルを応用したのが、このビデオレンタルショップなのだ。

このようにビジネスのコアが何なのかを見極めることで、他の業界に応用することで大成功を収めた例は他にもある。

トヨタ自動車が生み出した「トヨタ生産方式」を大手珈琲チェーン「スターバックス」が応用したことで、現場の課題が改善され、売り上げに大きく貢献した話も有名だ。

普段の会話などで「あそこの店で行列ができている」とか「今話題の新しいサービスが始まった」とか、いろいろ耳にすることがあると思うが、その**コアは何なのかをしっかり把握することで、そこから膨らむ応用の部分は自ずと見えてくる**はずだ。

応用とコア

応用の部分：
業界、具体的な業種

コア（核）の部分：
仕組み、ビジネスの土台

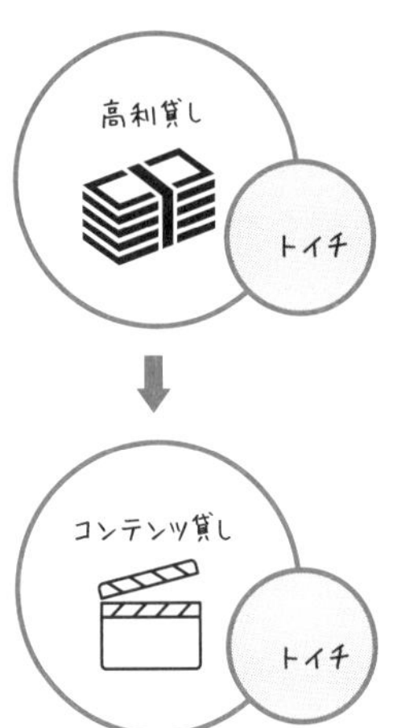

Chapter 2

SUMMARY

応用型の概要

ビジネスの仕組みを見極め、コアの部分を他の業界に応用する。

ポイント

行列や話題には必ずカラクリが存在する。そのカラクリが異業種からの応用ではないのかを考えてみる。

［❽転用型］自社の強みを他に転用する

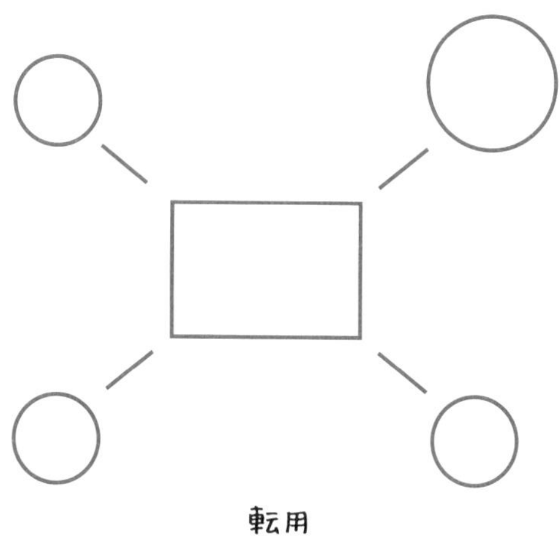

転用

いよいよ最後の型である「転用型」だ。

「応用型」は、他の業界や業種で使われているビジネスの仕組み（コアの部分）を自社で応用することだった。

「転用型」は自社で使われるビジネスの仕組み（コアの部分）を

他の業界や業種で使うことだ。

では「応用型」と何が違うのかというと、「転用型」は起死回生の一手として使われることが多い点だ。

応用型のくだりで例えたビデオレンタルショップでは、高利貸しの仕組みを応用したが、そもそも高利貸しのビジネス自体が危機に直面しているわけではない。ビデオレンタルショップを始めた人が、勝手に高利貸しの仕組みを自社のビジネスに取り入れたのだ。

一方、転用型を用いるのは、自社のビジネスが危機に直面している場合が多く、それを複数の業界や業種に転用するのが前提条件だ。次ページの図で両者の違いを認識して欲しい。

では、転用型のビジネスについて、かつての日本企業を例に考えてみよう。参考になるものとして、コンサルタントのゲイリー・ハメル(Gary Hamel)氏とソーシャル・ストラジストのC・K・プラハラード(C.K. Prahalad)氏が書いた『コア・コンピタンス経営』がある。

この本が書かれた1995年当時日本企業は世界的に見てもまだ圧倒的に強い立ち位置にいた。バブルが弾けた後とは言え、欧米のビジネススクールではディスカッションの最後に少なからず「How about Japan? / 日本ではどうなんだ?」と聞かれたほどだ。

日本企業が強かった理由として、企業が自社の強みであるコア・コンピタンスを持っていたことがあげられる。

応用型

他のビジネスモデルを自社で勝手に応用する。

どっかから1つ持ってくる。

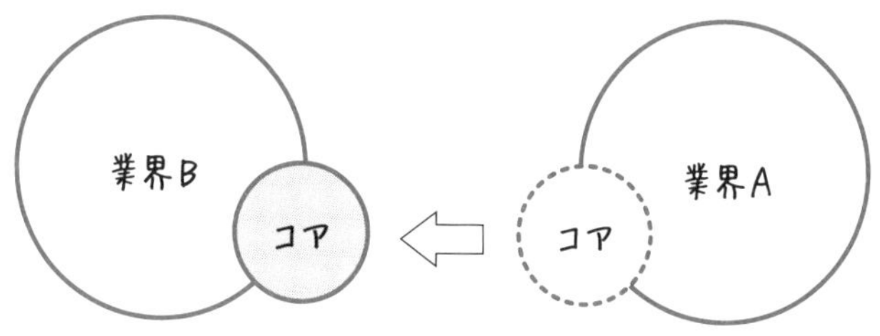

転用型

自社のビジネスモデルを他のビジネスに転用する。

複数のビジネスで使う。

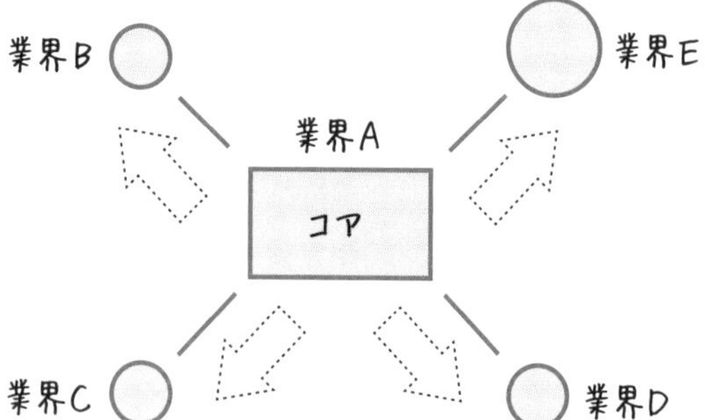

ソニーには携帯性に優れたウォークマンやハンディカム、ホンダには独自のエンジン技術が搭載された初代シビック、シャープには液晶ディスプレイを活用した電卓や液晶テレビがあった。

しかし、**オリジナルだったコア・コンピタンスはいずれ真似をされ、追随される。**

かつてソニーが持っていた小型性や携帯性は、今やアップルやサムソンがとっくに習得している。

日本企業が衰えた一因として、このコア・コンピタンスの弱体化があげられる。だから、既存のコア・コンピタンスとは別に、**新たなコア・コンピタンスを常に生み出していく必要がある。**それが「自社のコア・コンピタンスの転用」なのだ。

その代表的な例としてユニ・チャームがある。

過度な事業の多角化によって業績が低迷していた2002年、ユニ・チャームは自社のコア・コンピタンスを「不織布吸収体の加工と成形技術」と定め、顧客に「清潔、衛生、新鮮な快適環境」を提供することをその利益とした。

そして、そのコア・コンピタンスを活かせる生理用品、生活用品、ヘルスケア、ベビー用品、ペット用品の5つの事業に転用し、その他は売却または撤退したのだ。

ユニ・チャームは自社のコア・コンピタンスを上手く転用させたことで、グローバル企業へと大きく成長した。

それとは逆にシャープは自社のコア・コンピタンスである液晶技術を液晶テレビのみに投資し、その技術の転用を上手くできなかった。

その結果、液晶テレビの衰退によって経営が悪化したのだ。コア・コンピタンスの転用は企業の未来を左右する重要な型の1つなのだ。

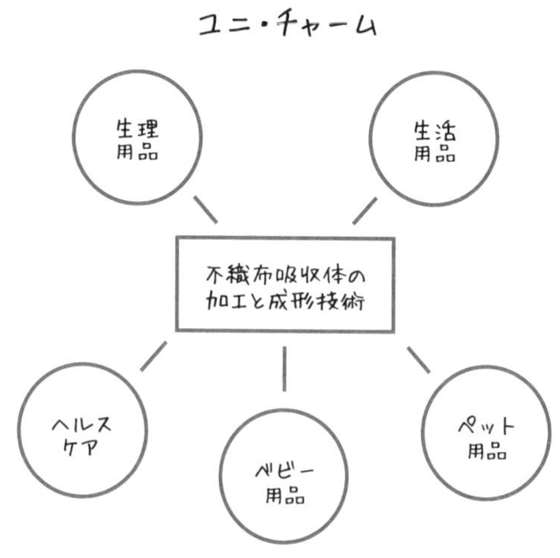

SUMMARY

転用型の概要

自社ビジネスの仕組み（コアの部分）を他の業界や業種で使うこと。複数の業界や業種への転用が多い。
また起死回生の一手として使われることが多い。

ポイント

ユニ・チャームはコア・コンピタンスの転用でグローバル企業に成長した。コア・コンピタンスの転用は企業の未来を大きく左右する。

「転用」で「サクセストラップ」を回避せよ

ここまで紹介してきた8つの図は、どれも経営学のセオリーに基づいている。

新事業でのビジョンを通して「**成長**」する全体像を把握する。数値やグラフを使って「**比較**」し、自社のポジションや方向性を把握する。

自社の強みを見つける時は「**分解**」して、因果関係を探すことで「**解釈**」が深まる。ビジネスの商流を考える時は「**インアウト**」で集約して拡張する。そして、商品やサービスのコンセプトを「**統合**」して考えたり、場合によっては、他業界の仕組みを「**応用**」し、それを他に「**転用**」することもある。

8つの図を説明したところで、新しくビジネスをつくる意味について考えてみよう。

企業が衰退するとはどういうことなのか

「転用型」でコア・コンピタンスを転用する重要性を話した通り、コア・コンピタンスの弱体化によって企業は衰退する。

だからこそ、タイミングを見計らってコア・コンピタンスを何かに転用する必要がある。長い歴史の中でそれに成功した老舗企業は多い。

任天堂の始まりは花札やトランプだったし、自動車のマツダはワインのコルクを製造していた。セブン-イレブンはもともと氷売りで、ローソンの始まりは牛乳販売店だった。ローソンの青い看板にミルク缶が描かれているのはそれが理由だ。

コア・コンピタンスの転用

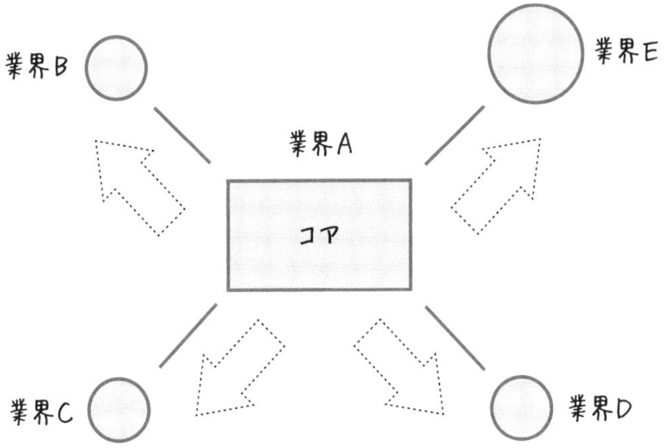

しかし、これほど新規事業に転用して成功した企業がある一方で、跡形もなく滅んだ企業も多い。なぜそれらの企業は自社のコア・コンピタンスの転用に失敗したのか。それは**既存事業と新規事業ではやり方が違う**からだ。

スタンフォード大学経営大学院教授チャールズ・A・オライリー（Charles A. O'Reilly）氏とハーバード・ビジネススクール教授マイケル・L・タッシュマン（Michael L. Tushman）氏は、**「両利きの経営」**を提唱している。

その中で、**既存事業を「知の深化」**、**新規事業を「知の探索」**と定義した。

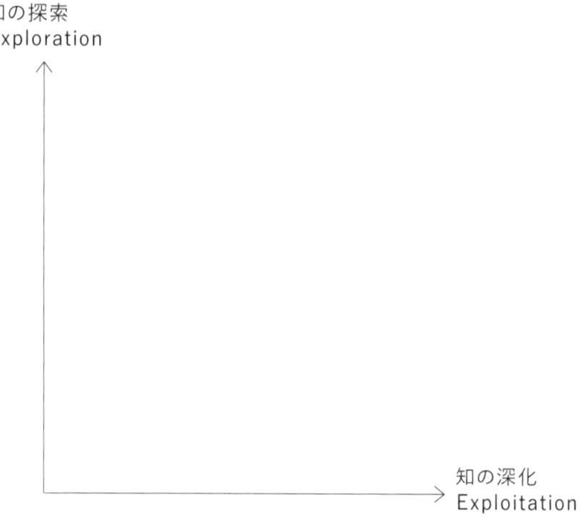

既に軌道に乗っている既存事業は、効率化や組織能力を重視しなくてはいけないので「**深化**」、つまり深掘りする必要がある。

既にあるアセットや組織力を活用するので、コストは小さく、**効率性が高い。**つまり短期的に利益を上げやすいということだ。

しかし、これに過度な投資を行い、甘んじてしまうのは「コア・コンピタンスの転用を怠る」ということにもなる。

一方で、何もかも手探りの新規事業は、未知の新しい分野に挑戦するので「**探索**」をしなくてはならない。

「知の探索」はまだ見ぬ知への冒険なので、**経済的、人的、時間的コストが大きい。**短いスパンで業績を追求する企業では、新規事業の部署を「金食い虫」呼ばわりする人もいるだろう。

コア・コンピタンスの転用が上手くできなかった企業は、短期的な試みで新規事業を立ち上げ、3年目くらいで「業績が出ない」という理由でそれを畳んでしまう場合が多い。

その結果「知の探索」が疎かになり、コア・コンピタンスの転用が枯渇する。

もし企業が「知の探索」を怠って「知の深化」に重点投資した場合、マーケットが変化した途端、その企業は危機に陥るだろう。

これを「**サクセス・トラップ（成功の罠）**」と呼んでいる。多くの企業はこのサクセス・トラップに陥り、自己崩壊する。

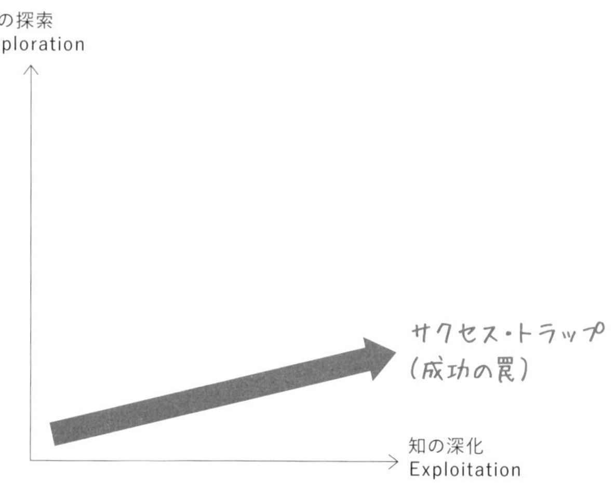

「両利きの経営」を目指せ

では、これをどうやって防げば良いのか。

分かりやすい例だと、写真フイルム大手だったコダック社と富士フイルムがあげられる。

かつてコダックは大成功した写真フィルム事業の「知の深化」の維持にこだわり、「フィルム事業の競合を全て敵」だとみなし、多様化を疎かにした結果、破綻した。

一方、富士フイルムは自社のコア・コンピタンスを新規事業に活かそうと**転用**を試みた。

成功した写真事業の「知の深化」を維持しつつ、新規事業への「知の探索」に挑戦し、多様化を図った。

ビジネスパーソンは常に「知の探索」の矢印をグッと上げ、サクセス・トラップを防がなければならない。

既存事業と新規事業の損益を別として考え、バランスの取れた加減で**「知の深化」と「知の探索」で「両利きの経営」を目指していく必要がある。**

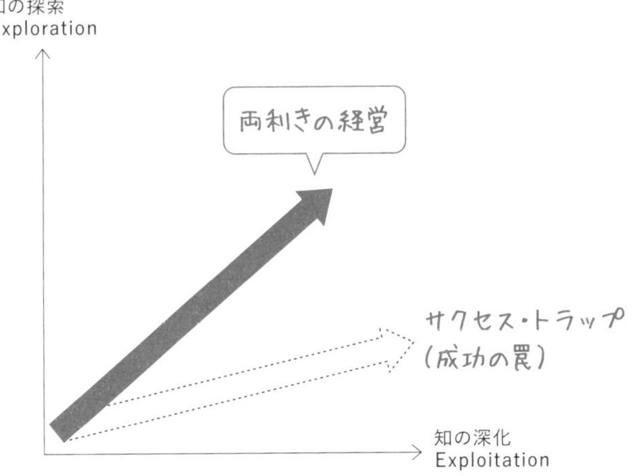

ただ現実の問題として、何の成功もしていない「知の探索」は社内では予算や裁量などの面で肩身が狭い思いをさせられる。

企業が陥りやすいサクセス・トラップを回避し、両利きの経営にするためには、次の３つが重要になってくる。

①ビジネスの範囲を狭めることなく、
多様な可能性に挑戦できる環境
②既存事業と新規事業の予算でのバランスは
経営陣が直接決める
③既存事業と新規事業の損益のみならず、
人事評価のルールも別軸にする

進化論で有名なチャールズ・ダーウィン（Charles Darwin）が言ったように「**強いものが生き残るのではなく、変化できるものが生き残るのだ**」。

ビジネスパーソンには、マネジメントとは別にリーダーシップの素質が必要だ。マネジメントしかできない人にビジネスパーソンは務まらない。

私がいた空軍ROTCはリーダーシップを育成する部隊だ。除隊しなければ新卒１年目で少尉として任官する。その役目は平時であっても、戦場であっても、部下の兵隊に対して「あそこを目指そう！」とメンバーのモチベーションを高めて、その目標に向かわせることだ。

そして万全な準備でその過程を管理するマネジメントも行う。もちろん、民間企業においてもビジネスパーソンは最低限、少尉であるべきだ。

富士フイルムのようにフィルム市場の未来に危機感を抱き、自社のアセットを活かして「Value from Innovation（イノベーションで価値をつくれ）」というビジョンを掲げ、新規事業に挑戦し続けた結果、今のような成功がある。

一見、精神論のように思えるかもしれないが、これは世界的な組織心理学者カール・ワイク（Karl Edward Weick）氏が提唱した「センスメイキング理論」に基づいている。これは簡単に言うと、組織を動かすためには何かしらの「動機づけ」が必要で、それが本当に正しいかどうかは二の次だ。

この理論の中でワイク氏は、ハンガリーの軍隊がアルプス山脈の雪山で遭難し、猛吹雪に見舞われテントの中で死にかけていたエピソードを例にあげている。その時、ある隊員が偶然にもポケットから地図を見つけたため、チームはイチかバチか下山することを決意する。

結果的にチームは下山に成功し、一命を取りとめたが、実は隊員が持っていたのはアルプス山脈のものではなく、ピレネー山脈の地図だったということが後に発覚する。

そう、チームを救ったのは**「確かな正解」ではなく、「納得できる動機づけ」**だったのだ。

つまり、ここでいう「ビジョン」こそが組織力を奮い立たせる大切な動機づけなのだ。

ソフトバンクの孫正義氏もサイバーエージェントの藤田晋氏も、そしてテスラ社のイーロン・マスク氏も、今を時めく経営者たちにはこの「動機づけ」をするのが非常に上手いと私は思う。彼らは自ら が思い描く未来を「ストーリー」というカタチでチームに問いかけることで共感を生み「納得できる動機づけ」によって、今までにない未来をつくり出しているのだ。

それはまさに「成長」の型そのものと言える。

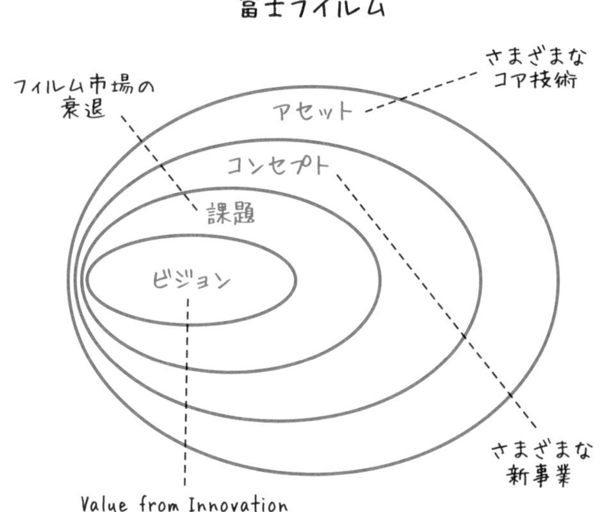

「破壊的イノベーション」を自ら仕掛けろ

先ほどの両利きの経営では、コストパフォーマンスや短期の業績の観点から企業は「知の深化」に重点投資をしてしまい「知の探索」を疎かにしがちだと説明した。

そうであれば「バランスが取れた経営判断をすれば良いじゃないか」と思いがちだが、実はそんなに単純な問題ではない。

その理由としてハーバード・ビジネススクール教授、クレイトン・クリステンセン(Clayton Christensen)氏が提唱した「イノベーションのジレンマ」があげられる。

私の生まれ故郷である上海では、路上で走っているバイクのほとんどが電動バイクだ。自動車も含めて世の中の乗り物は「電気」に変わるという大きな変革期にある。

イーロン・マスクが率いるハイテク自動車企業「テスラ・モーターズ」が注目を浴び、日本の自動車メーカーもハイブリッドカーや電気自動車の開発に莫大な資金を投じている。

しかしなぜ、かつて自動車大国と言われたアメリカや高度な技術を持つ日本の自動車メーカーを横目に、上海の電動バイクの比率は異常なほどに進んでいるのか。

それは先に市場を成立した先発企業よりも、特定の領域では新しく参入した後発企業の方が優位な立場になるという、**「後発的優位性」**が働いているからだ。

実はこれこそが「イノベーションのジレンマ」なのだ。自動車業界で言えば、ガソリン車と電気自動車では使う部品の数やその仕組みはまったく違う。

もし日本の自動車メーカーが一気に電気自動車に舵を切った場合、その傘下にある下請け企業は瞬く間に職を失ってしまう。

だからこそ仕組みが似ている水素エンジンという道もあるのだが、要は業界全体の雇用や産業の縮小を防ぐためには、下請け企業などをハードウェアからソフトウェアに移管しなくてはならない。

一方、後発企業はそのような心配はいらない。もともと何もないわけだから、可能性がある新しい領域に挑戦するのみだ。

つまり「知の探索」だけに集中できる。

整備されたインフラがないにもかかわらず、発展途上国では携帯電話が爆発的に普及する一方で、高度経済成長期に先発して市場を築き上げた日本では、いまだに固定電話やファックスなどが使用されているのがいい例だろう。

デジタルカメラとスマホも同じだ。デジタルカメラを製造するメーカーは画質を上げるという「知の深化」には没頭するが、不確実性が高いスマホにカメラを入れるという「知の探索」は

「リスクが高い」として避けた。

その結果、気づいた時には市場から追い出されてしまっていたのだ。この関係性を解き明かすエッセンスは「持続的技術」と「破壊的技術」に分解できる。

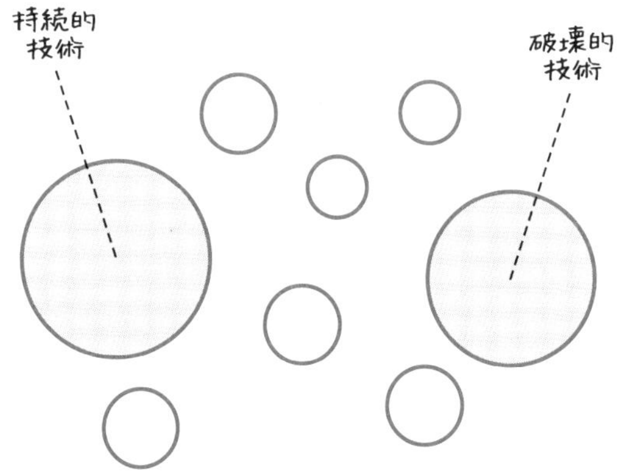

持続的技術は商品の性能を高める技術だ。デジタルカメラの画質の向上がそれに該当する。

破壊的技術は携帯性、シンプルさ、低価格などに実現するが商品の性能は低い。スマホのカメラがそれだ。

当初、破壊的技術が狙うのはカメラにこだわりがない新しい顧客層だった。

そして技術は日々進歩し、商品の性能が低かったスマホカメラはやがてデジタルカメラの性能に追いつく。

そうなった途端、マーケットは変化し、デジタルカメラはスマホカメラの**「破壊的イノベーション」**によって消えていく。

このように「イノベーションのジレンマ」は、それぞれの分岐点で古いものを消し、新しいものを受け入れてきた。

言うのは簡単だが、両利きの経営は非常に難しい。

多くの企業は**「破壊的イノベーション」**に気づかないのではなく、気づいているにもかかわらず、対応ができないからだ。

なぜなら、破壊的イノベーションが狙うようなマーケットでは組織を十分に養える利益が出ない。

だからこそ「両利きの経営」が必要になってくるわけだが、逆にその領域こそ、スタートアップ企業が狙いにいくべきだと私は思う。

大企業にもかかわらず「破壊的イノベーション」に勝ってきた企業のビジネスパーソンは本当に素晴らしいと思う。

大企業、ベンチャー企業のどちらに属していても、事業をつくりたいという人は、本書の図やノウハウを活用して、「破壊的イノベーション」にぜひ挑んで欲しい。反対されることもあるかもしれないが、最終的には会社への大きな利益をもたらす行動になるはずだ。

では次章からアイデアを生み出す実践方法について話していこう。

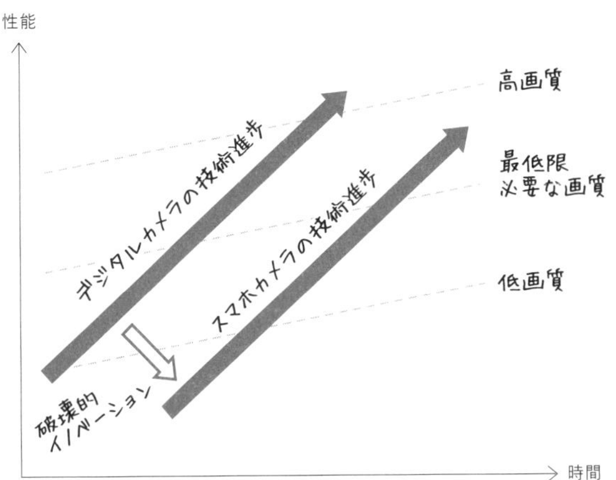
イノベーションのジレンマ
性能
高画質
最低限
必要な画質
低画質
デジタルカメラの技術進歩
スマホカメラの技術進歩
破壊的
イノベーション
時間

アイデアは図で考えろ!

第 3 章

アイデアは、どのように考えればいいのか？

ビジネスアイデアを生み出す実践方法

いよいよアイデアの実行に取りかかるのだが、基本になるのは成長型である「切り株バズ論」だ。

冒頭では完成形を紹介したが、実はその前に初期形態（1st phase）が存在する。

では冒頭で紹介したことを思い出しながら各フェーズを細かく見ていこう。

フェーズ❶ どんなビジョンを持ってビジネスをするのか

まず、切り株バズ論の初期形態からつくっていこう。

全てのイノベーションはアイデアから生まれ、そのアイデアは他人にとっては何の実現性もないただの**「妄想」**から生まれる。

ライト兄弟の偉業も始まりは「空を飛びたい」という何の根拠もない妄想だった。

ソフトバンクの孫正義会長兼社長が起業間もない頃、数名の従業員の前でみかん箱の上に立ち、情報革命を起こし１兆、２兆の規模で仕事をしたい（豆腐の１丁、２丁にかけて）と「志」を露わにした時、それをまともに受け止めた人は何人いただろうか。

民泊サイトのAirbnbがビジネスを始めた時、「自宅に知らない人を泊めるなんて、流行るはずがない」と大半の人は一蹴した。

素晴らしいイノベーションのタネほど、他人には理解されない。それは他人にとっては妄想でしかない。

だが、その妄想を現実にした時、イノベーションが起きるのだ。

一口に妄想と言ってもいろいろある。妄想はあなた自身のWISHだ。まずはあなたのWISHをはっきりさせることから始めよう。立派なものでなくても大丈夫。

むしろ、もっと人間くさい方が良い。出かけたくないから誰かに食べ物を持って来て欲しいというWISHは「出前ビジネス」になるし、もっと気軽にアイドルと話がしたいというWISHは「ライブ配信ビジネス」になる。

ここからは、実際に私がサポートした「ライブ配信事業」の話を交えながら説明していこう。

フェーズ② 想定するメンバーにどんなアセット（資産／能力）があるのか

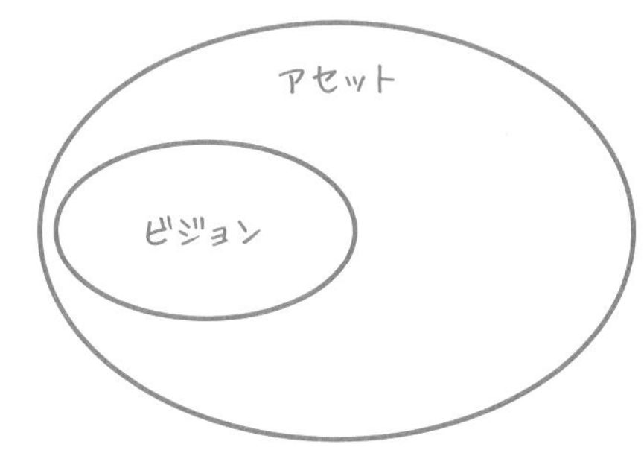

あなたのWISHは、それに賛同し、力になってくれるメンバー＝アセット（資産）によって支えられる。つまり初期形態として「ビジョン」と「アセット」が発生する形だ。

例のライブ配信事業が「世界を代表する会社」をビジョンとして設定したとしよう。

その考えに賛同してくれたメンバーに外資のホワイトハッカー（エンジニア）と芸能事務所の元マネージャーが現れた場合、その新規事業には少なくとも「技術力」と「人材マネジメント力」を資産として持っていることになる。

もし、エンジニアがいない場合は外部に発注する必要があるが、現時点ではそこまでは考えない。

あくまでもメンバー内に何のアセット（自分や会社の資産や

能力も含む）があるのかを見る。この場合、ビジョンはこのように大雑把に設定した方が良い。

何をもって世界を代表する会社なのかは、メンバー各々で解釈が違うので範囲を狭める必要はない。エンジニアであれば、それは技術力かもしれないし、営業であれば、それは営業力かもしれないからだ。

なぜアセットが大事なのか。これはビジネススクールなどで学ぶ「競争戦略」の代表的な「リソース・ベースト・ビュー/Resource Based View」（以下、RBV）に基づいた考えだ。

アメリカのユタ大学のジェイ・バーニー教授（Jay B. Barney）が1990年代に提唱したもので、企業の競争優位に重要なのは、サービスや商品よりも企業が持つ「**経営資源**」、つまり「**アセット**」なのだ。

一般的に企業の経営資源と言えば「人」または「技術力」になる。これを強みとして磨くことで、他社が真似できない安定した高いパフォーマンスを実現できるのだ。

フェーズ❸ あなたのビジョンを実現するためには、どんな課題があるのか

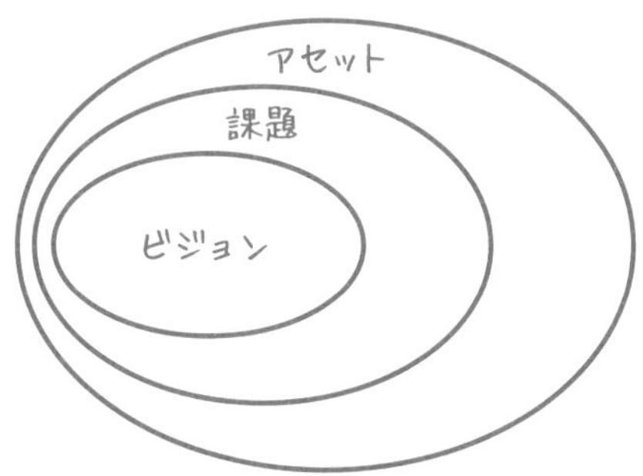

この段階から「どんなビジネスをするのか」を考え始めるのだが、本書のメインテーマである「クリエイティビティ」または「イノベーション」をベースに考えるなら、必ず**「社会課題」**というキーワードがついてくる。

例えば、大きな課題だと「LGBTへの差別が減らない」だったり、身近なものだと「粉薬を上手く飲めない」などいろいろある。

最近では国際連合が定めたSDGs（持続可能な開発目標）が有名だろう。

以前はCSR（企業の社会的責任）が主流だったが、これは本業とは別の軸で社会貢献になる何かをすることで、企業によっては疎かになってしまう場合もあった。

一方SDGsは本業の副産物として社会課題の解決をしていこうというもので、本業がダイレクトに社会貢献になるという意味では、非常に効率的で力を入れやすいのだ。

ライブ配信事業の例で言えば、それなりの才能があるのにオーディションに受からないアーティストという現状があった場合、それは彼ら彼女らに本当に才能がないのか、それとも露出する機会が少ないのか、を把握する必要がある。

もし後者であるなら、「才能を露出する機会が少ない」という社会課題が浮き彫りになる。

この3つが揃うと、成長の型がある程度完成してくる。要するに**「世界を代表する会社」**を目指すために、**「技術力」**と**「人材マネジメント力」**を活かして、**「才能を露出する機会が少ない」**という社会課題を解決できるビジネスという方向性が出てくるのだ。

フェーズ④ その課題を解決するためのコンセプトは何なのか

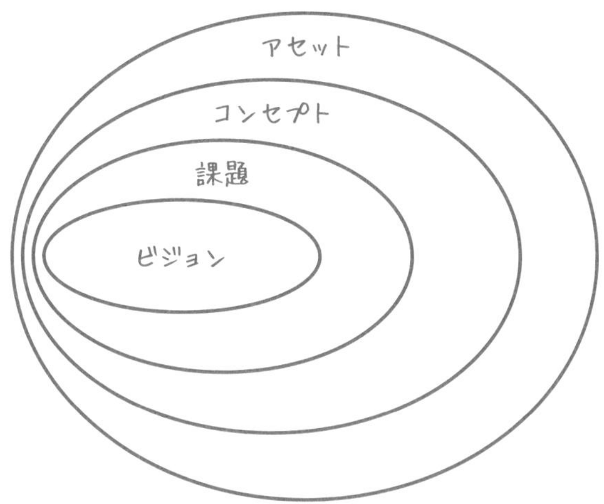

核となる「ビジョン」があり、その力になるための「アセット」、それらで解決したい社会の「課題」という図ができたが、これではまだ初期形態は完成していない。

もう１段階成長させる必要がある。

それが**「コンセプト」**だ。要するに「どんなコンセプトを持ったビジネスをするか」ということだが、例えば「いつでも、どこでも自己アピールできるステージ」をコンセプトと定めた場合、事業開発の内容は「ライブ配信事業」という方向性になるだろう。

では、競争しないアイデアをどう生んでいけば良いのか。その答えは**本質を捉える**ことにある。

ここでようやく、なぜ「切り株バズ論」に「バズ」という言葉が使われているかを説明できる。

「切り株バズ論/初期形態」では企業のビジョン、目の前にある課題、それを解決するためのコンセプト、さらに現時点で使えるアセットが何かを分析している。

ただ、この段階では具体的に何を事業にしているのかを明確にしているわけではない。

ライブ配信事業の例も、結果としてはライブ配信に至ったのだが、最初から決まっていたわけではない。

初期形態ではあくまでも創業期メンバーの意識と会社のビジョンなどを明確にするための型で、具体的なビジネスを決めるものではないからだ。

先ほども少し話したと思うが、初期形態があるということはもちろん完成形もあるわけで、今から説明する完成形でどんなビジネスをしていくかを決めていく。

つまり、切り株バズ論とは、企業ビジョンを皮切りにどんなバズる事業を開発すべきなのかを考えるためのコンセプト論なのだ。だからバズ論なのである。

Chapter 3

フェーズ⑤ 自社の「USP(強み)」を活かしたサービス/商品は何なのか

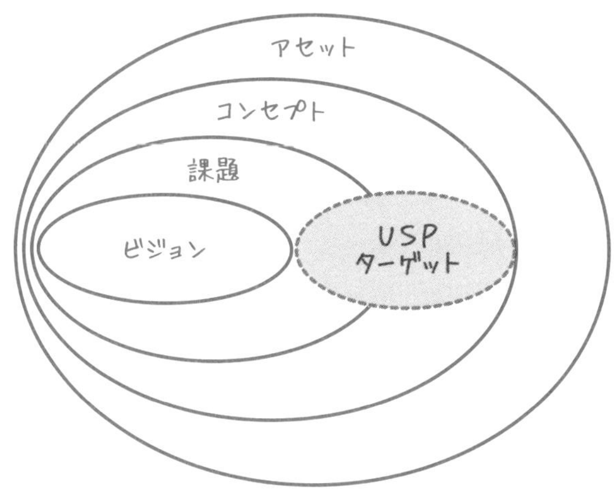

ライブ配信事業の場合、初期形態まではビジョンからアセットまでを独自に解釈していった。

そして、「才能を露出する機会が少ない」という社会課題を解決するための「いつでも、どこでも自己アピールできるステージ」というコンセプトが生まれた。

だが、もし仮にライブ配信事業でない場合、どんな事業が考えられただろうか。

実は切り株バズ論を完成形にするためには、あと2つのエッセンスが必要だ。

まず1つ目は**「ターゲット」**。ここでの課題である「才能を露出する機会が少ない」ことは「誰の課題」で「その課題を持つ人の特徴が何か」を明確にする必要がある。

仮に「10代から20代前半で性別は問わない」「流行に敏感で自己主張することを苦としない層」で「情報発信を望んでいる」ことをターゲットの条件として定めた場合、それがコンセプトである「いつでも、どこでも自己アピールできるステージ」とマッチしているかを再度確認しなくてはならない。

当てはまっているのであれば、ターゲット層の設定は完了だ。

これによってターゲット層とコンセプトが確定したところで、ようやくサービス内容を考えていく。

ディスカッションの中で「イベントをたくさん企画する」とか「オーディションを積極的に行う」などの意見ももちろん出ても良いと思うが、ここで重要なのは**「自分たちの強みが何なのか」を問うこと**だ。これが2つ目に考えることである。

もし、エンジニアが優秀で技術がある企業だった場合、自ずとテクノロジー系にサービスは寄っていく。

これは初期形態で話した競争戦略の代用的な例である「RBV」に基づいて自社の「アセット」を明確にし、その強みを磨くことだ。

もし結果的に「ライブ配信事業をビジネスとしてする」とい

うことになった場合、そのサービスが他社と比べて優れたものであれば、十分な差別化が図れるはずだ。

実はこの考えも競争戦略のもう1つの代表的な例である「ポーターの競争戦略(SCP戦略)」に基づいている。1980年代以降にハーバード大学のマイケル・ポーター(Michael Porter)教授が発展させた理論での「ポジショニング戦略」だ。

ライブ配信事業という自社独自のサービスを確立させることで、**他社に負けないポジショニングを築いていく**のだ。

このポーターの競争戦略には、自社のサービスに付加価値をつけて差別化する「差別化戦略」という方法とコストを削って差別化する「コストリーダーシップ戦略」の2つがあるのだが、どちらかでも構わない。

自社のアセットを活かしたビジネスは、資金力の乏しいスタートアップ企業や社内起業の初期段階では特に重要になる。

さらに詳しい「競争戦略」の型として、IO型(Industrial Organization)、チェンバレン型、シュンペーター型があるが、そこまで説明するとかなり難しくなるので、興味がある方は個別で調べてみると良い。

私はこの「自社の強み」を別の言い方で**「USP(Unique Selling Proposition)」**と呼んでいる。さらに言えば、これは「顧客に対して自社が約束できる強み」を指す言葉だ。

つまり、ターゲットの選定やUSPは「課題」と「コンセプト」に共通するものであり、**このロジックによってサービスや商品はヒットする＝「バズる」**のだ。

これが「切り株バズ論/完成形」である。ライブ配信事業の例だと、以下のような図になる。

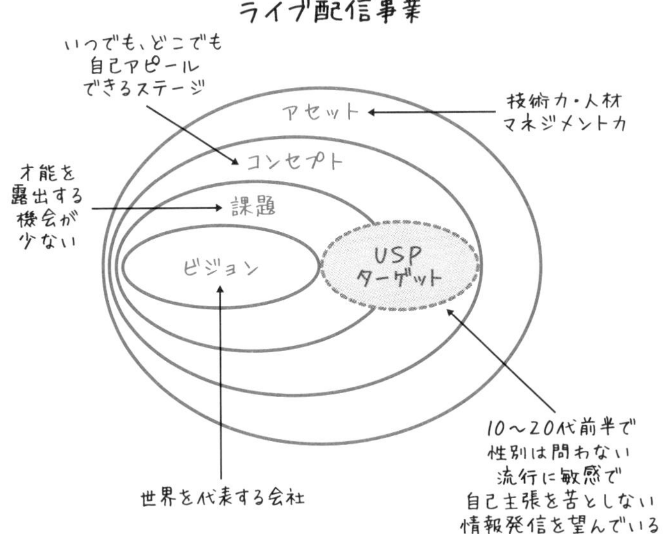

初期形態はあくまでも**「自社の内部での決めごと」**であり、完成形は**「社外のターゲットを想定したサービス/商品開発」**であることを理解して欲しい。

私がこのスタートアップ企業の社外顧問をしていた当時、大

Chapter 3

手芸能プロダクションはまだライブ配信事業をそれほど脅威として見ていなかったし、芸能界との伝手もないエンジニア集団にとって、自分たちが考える社会課題を解決する唯一の方法だった。

しかし、わずか数年でライブ配信事業は既存の業界に大きな打撃を与えた。これはアメリカの大手レンタルビデオショップのブロックバスターとネットフリックスの事例と似ている。

既存事業との競争を避けることで、アイデアは既存事業も脅かす威力を手に入れることができるのだ。

クリエイティブ・ブリーフでアイデアの方向性を見極めよう

切り株バズ論/完成形の「USP/ターゲット」を基にサービス/商品開発をしていくのだが、どうしたら良いのか、もう少し詳しく話をしよう。

実はこの部分をもっと詳細に設計できる図が、クリエイティブ・ブリーフだ。

これは広告戦略の設計図のようなもので、サービス/商品開発のロジックをまとめる上で非常に役立つ。

①現状 ②プロポジション ③信じられる根拠
④ターゲット ⑤姿勢 ⑥インサイト
⑦方向性 ⑧目的

といった要素を「把握と立案、実行、達成」の3ステップでまとめていく。次ページの図のような流れだ。中身についてそれぞれ説明していこう。

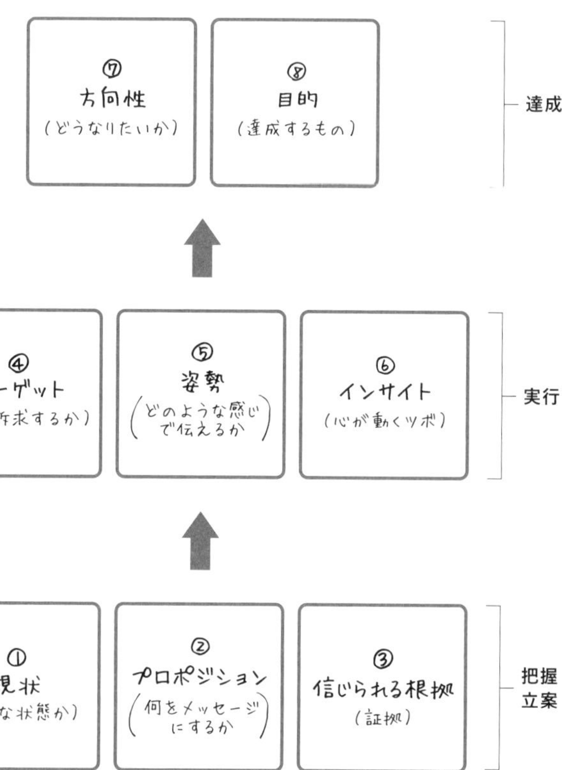

クリエイティブ・ブリーフ
⑦
方向性
(どうなりたいか)
⑧
目的
(達成するもの)
達成
④
ターゲット
(誰に訴求するか)
⑤
姿勢
(どのような感じで伝えるか)
⑥
インサイト
(心が動くツボ)
実行
①
現状
(どんな状態か)
②
プロポジション
(何をメッセージにするか)
③
信じられる根拠
(証拠)
把握
立案

❶ 現状（どんな状態か）

まずつくりたいサービス/商品開発に対して、自社がどんな状態にいるのかを把握する。自社分析、サービス/商品開発の明確さ（なぜそのサービス/商品開発をしたいのか）などだ。

ここでの理解度によって、ターゲットへのプロポジション（何をメッセージにするか）の引き出し方が大きく変わる。

❷ プロポジション（何をメッセージにするか）

これは自社のサービス/商品開発をするうえで、どのターゲットに対してどんな強みをメッセージにするかということだ。

自社ならターゲットのどんな課題を解決してあげられるか。ターゲットに貢献また与えることができるものを軸に考えていくと良い。この部分は広告コピーに近いので、コピーライターなどに考えてもらうのも良いだろう。

❸ 信じられる根拠（証拠）

プロポジションに対して、それを解決するうえで信じてもらうための根拠は何か。

自社の研究成果なのか、それとも顧客満足度という成果なのか、あるいは自社の目指す経営ビジョンなのか。

近年ではSDG s（持続可能な開発目標）の取り組みを通して、あの手この手で自社の価値を上げている企業もある。

❹ ターゲット（誰に訴求するか）

これは言うまでもなく、新しいサービス/商品開発を買ってくれるターゲット層のことだ。

女性なのか男性なのか、年齢はどれくらいなのか、どんな趣味嗜好を持っているのか、どんな場所によく行くのかなど、さまざまな方向から考えていく。

自社のサービス/商品開発部または広告会社やPR会社と連携して考えていくと良い。

❺ 姿勢（どのような感じで伝えるか）

この部分は広告戦略になるが、テレビCMで伝えるのか、オフラインのイベントを通して伝えていくのか、またはデジタルを駆使してターゲット層を攻めていくのか、それによって開発するサービス/商品も変わってくるはずだ。サービス商品開発ができてからではなく、開発段階で想定しておくと良いかもしれない。

❻ インサイト（心が動くツボ）

これはサービス/商品開発のどの部分に絞って訴求していくかを見極めるものだ。

ターゲットが「このサービスを使いたい！」「この商品を買いたい！」と思うようなツボはどこにあるのか。ターゲットの心に響くツボがどこなのか、しっかり把握しておこう。

それこそ、私がずっと言っている**「９割のロジックと１割の**

感動」の感動の部分だ。

例えて言うなら、創業者の人生をドラマ化した広告ドラマやストーリー仕立てになっているテレビCMは、その典型的なものである。

❼ 方向性(どうなりたいか)

これは自社が将来、「どんな企業になりたいか」だ。企業としてのスキルやプロフェッショナリズムはもちろん、社会の中でどんな存在でありたいかということも含まれている。

ここは「切り株バズ論」での「ビジョン」をそのまま引用すれば良い。日本ではこの「〜でありたいか」を教育する学校が少ない。「〜になりたい」は幼少期から教育されるものの、「〜でありたい」を見落としがちになる。これは企業においても当てはまることだ。

❽ 目的(達成するもの)

これは言うまでもないが、プロジェクトでのKPI(重要業績評価指標)だ。

売り上げを○○億円伸ばすとか、業界のシェアを○割取るとか、プロジェクトによってさまざまだ。別の言い方でノルマとも表現されるが、一方的に与えられた「受動的なノルマ」ではなく、企業や自分の成長に向けての「能動的なノルマ」と言った方が健全なのかもしれない。

Chapter 3

実際に、切り株バズ論でも説明したライブ配信事業の内容をこのクリエイティブ・ブリーフに記入してみると分かりやすいかもしれない。

次ページの図を確認して欲しい。切り株バズ論とは違う角度から、事業を考察できるだろう。

私が社外顧問を務めたライブ配信事業の創業期には、**実際にこのクリエイティブ・ブリーフで事業の全体像を考えていた。**

今思えば、まだ日本ではライブ配信自体があまり認知されていない頃で、それから2年後には小学生でもライブ配信を知る時代になったと思うと、デジタル産業の拡散力はすごいなと改めて感心してしまう。

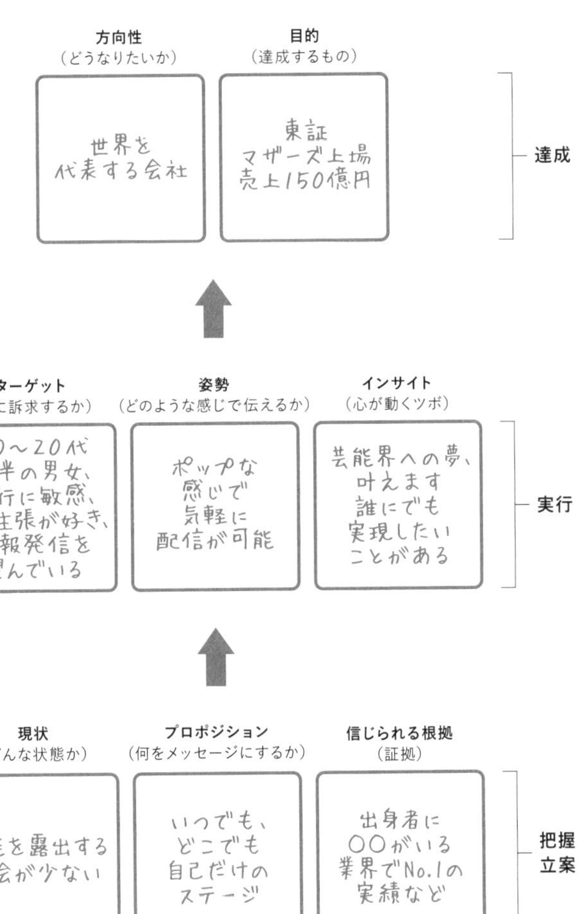
ある配信アプリのクリエイティブ・ブリーフ
方向性
（どうなりたいか）
世界を代表する会社
目的
（達成するもの）
東証マザーズ上場
売上150億円
達成
ターゲット
（誰に訴求するか）
10〜20代前半の男女、流行に敏感、自己主張が好き、情報発信を望んでいる
姿勢
（どのような感じで伝えるか）
ポップな感じで気軽に配信が可能
インサイト
（心が動くツボ）
芸能界への夢、叶えます
誰にでも実現したいことがある
実行
現状
（どんな状態か）
才能を露出する機会が少ない
プロポジション
（何をメッセージにするか）
いつでも、どこでも自己だけのステージ
信じられる根拠
（証拠）
出身者に○○がいる
業界でNo.1の実績など
把握
立案

Chapter 3

アイデアはどのように考えればいいのか？

アイデアを出しやすくするためにはどうすれば良いのか。「既存の知」と「既存の知」の組み合わせによってアイデアは生まれる。そのためには**「分解型」**で、エッセンスを分解するところから始めよう。

❶ 目に見える全てのエッセンスを分解する

小中学校で理科の実験をする時、良い先生に巡り合えた人はきっとこんなことを言われたことがあるだろう。

「目の前にあるものを50個以上の単語に分解しなさい」と。

炎が灯るロウソク、顕微鏡の中で動いている微生物など、観察力は目に見えるものを全て分解するところから始まる。

諜報、いわゆるスパイなどの訓練でもそうだ。人間や状況を細かく観察する。表情はもちろん、肩の動き、手に持っているものなどだ。

それこそアメリカの要人を守っているシークレットサービスという執行機関に所属するエージェントは、人混みの中から怪

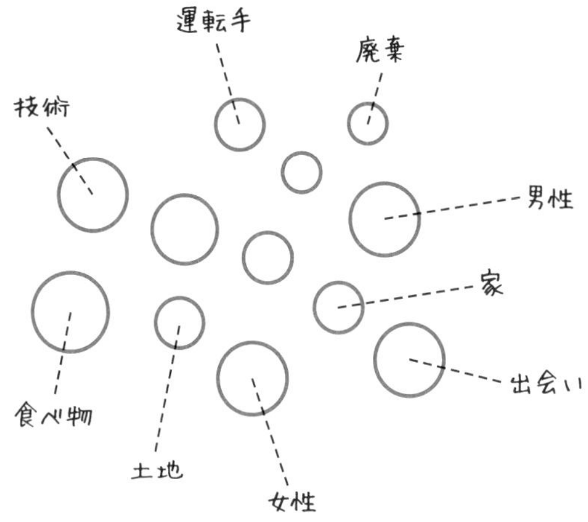

しい人物を見つける時、注目するのは顔よりも「肩と手」だ。

人は何か悪いことをする直前、肩の動きが激しくなる。

そして凶器を持つのは常に手だ。物事を細かく観察することの重要性は、小中学校の理科の授業でもボディガードでも、そしてビジネスにおいても変わらない。

ただの住宅街であっても、個々の家の駐車スペースに止まっている車が少なければ、そこを活用したシェアリングパーキングというビジネスにつながるかもしれない。**物事を分解し、気づきが生まれることで、いつもの景色が変わる**のだ。

❷ 物事の関連性を見つける

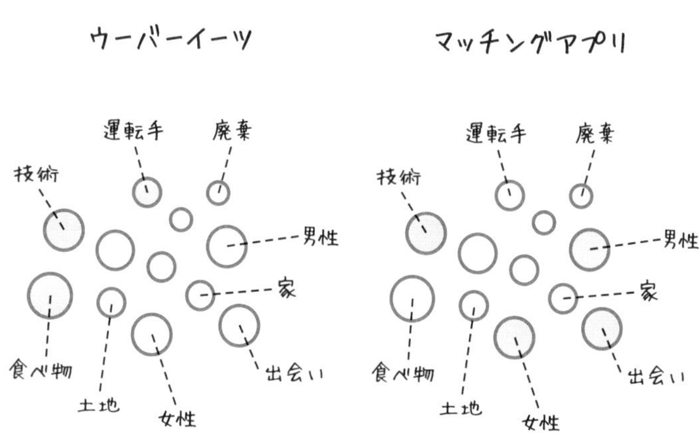

何も関係ないエッセンス同士でも、それをつなぎ合わせることでアイデアは生まれる。

運転手、食べ物、技術でウーバーイーツが生まれ、男性、女性、出会い、技術でマッチングアプリが完成する。

また土地、家、出会い、技術でスーモのような不動産探しのサービスにもなる。

物事の関連性を見つけて、実践的に新しいアイデアを生むためには次の5つのステップが必要となる。

ステップ① 「情報収集」

これは全ての作業での鉄則だ。私がアメリカで諜報や警察学を学んでいた時も情報の「不足」「不確実」「確認できない」は絶対に避けなければならないと教えられた。

まずは、2種類の情報を揃える必要がある。

1つ目は「特殊情報」だ。調べようとしている製品やサービス、さらにはその顧客に関係する情報だ。これはなるべく深く、徹底的にやると良い。

2つ目は「一般情報」だ。これはあくまでも私の肌で感じたことだが、優れたクリエイターはあらゆる分野に興味を持っている人が多い。いろいろな知識に貪欲になることは、優れたアイデアを生む大きな力となる。1つの石ころから宇宙に関することまでの好奇心を日頃から持っていて欲しい。

ステップ② 「収集資料の解釈」

次に集めた情報をじっくり解釈する。**「解釈」の図を使って、いろいろな角度から深掘りしてみよう。**

考えているうちに、疑問が生まれ、断片的なアイデアや思いつきが出てくるだろう。それで構わない。

ここでは変な理屈やロジックは必要ない。この解釈をとことん続けると、頭がポカーンとなり、宙に浮いているような状態になる。そして疲労が限界に達するところまで続けてみて、本当に気分が悪くなりそうになったらそこでやめよう。

解釈のステップはここで完了だ。

ステップ③「何もしない」

解釈をどこまで頑張ったかどうかで、この何もしない時間の濃度が違ってくる。嫌になるまで解釈を続けるとその分、内容が脳みそに深く刻まれる。

そして日常生活のどこかで、ふっとアイデアが湧いてくる。そうなれば解釈がしっかり消化されている証拠だ。普段からペンと小さなノートを携帯しておくと、いざという時にそのアイデアを書き留められる。どんなに身のまわりがデジタル化されても、私はペンと紙を常備している。

ステップ④「アイデアが降臨する」

何もしない時にアイデアが湧いてくるということは、アイデアが降臨したということだ。

人間の脳みそは緊張とくつろぎの２つを経験することで、アイデアが降臨する。ベンゼンやコナン・ドイルなど、歴史上の偉人たちが日常の生活でアイデアを思いつく時も、一度脳みそをとことん疲れさせている。

本当に何もしないでアイデアが降臨することはあり得ない。

ステップ⑤「アイデアをカタチにする」

ようやくここで思いついたアイデアだが、まだまだ未熟だ。アイデアをカタチにすることは、とてつもない忍耐力と辛抱強さが必要だ。信頼できる人に相談したり、アイデアを一緒に育ててくれる仲間を見つけたりすることが重要となる。スタートアップ企業でも、1人よりも2人か3人の方がそういう困難を乗り越えやすいからだ。

これはアメリカ最大の広告会社トンプソン社(今は世界最大の広告会社WPPグループの中核)の最高顧問であるジェームズ・ヤング(James W. Young)氏が提唱した方法に少し手を加えて説明している。「本当にこれでアイデアがつくれるのか」と賛否両論だと思うが、ビジネススクールと同じで実践は常に複雑だ。机上の空論で物事は運ばない。

しかし、羅針盤も持たないで航海に出るよりも、**セオリーという羅針盤は把握していた方が、もしもの時に軌道修正ができる**はずだ。能動的な仕事には、常に面倒くささとトラブルがつきまとう。

Chapter 3

フロー状態を味方につけろ!

アイデアが生まれる確率を高める方法がある。

それは**「フロー状態」**に入ることだ。自分の好きなことをしていると、あっという間に時間が過ぎることがあるだろう。

この我を忘れて何かに没頭する境地こそが「フロー状態」であり、行動そのものが価値あるものになる。

人間の脳みそは集中力が最大限になると、他の情報を遮断し、周りが見えなくなる。その結果、人間は創造的になり、ステップ❷で私が述べたように頭だけが宙に浮いたように疲れた状態に陥る。

実はソニーの創成期に井深大氏がいた開発チームがその状態だったことを心理学者のチクセントミハイ氏が明らかにしている。これを「比較」の型で表すと分かりやすい。横を能力のレベル、縦を挑戦のレベルで仕切り、それぞれが高いところをフローとして設定する。

チクセントミハイ氏はこの方法で「フローのモデル」を提唱した。

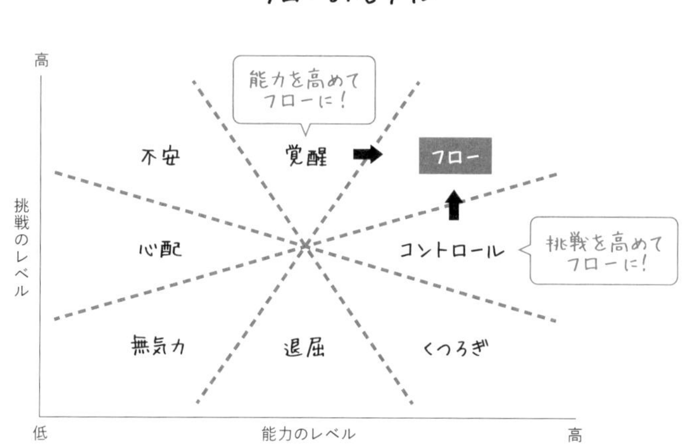

能力がある人でも挑戦をしなければただ単にくつろいでいるだけだし、挑戦する人でも能力のレベルが低ければ不安になる。

また、それぞれが低ければ無気力になる。このレベルになると働く意味さえ失うだろう。

理想としてまずは**覚醒またはコントロールできる状態になること**だ。

この段階から覚醒できる場合は能力を、コントロールできる場合は挑戦を高めることでフロー状態に持っていく。

己の能力を高め、挑戦し続けることで脳みそはフロー状態になる。他人に妄想と一蹴されたことを現実に変えるためには、フロー状態をつくり続ける努力が欠かせない。

ここで注意して欲しいのが、フロー状態は「能動的」に好きなことをしていると起こりやすいが、好きなことであっても「受動的」な活動では起こらないということだ。

私が何度も言っている能動的な「ビジネスパーソン」になる重要性をご理解いただけただろうか。そういう意味でも**ビジネスにおけるアイデアづくりは「ワクワクする冒険」なのだ。**

Chapter 3

広告事例は大きなヒントになる

何かの情報を集める時、他社の広告事例は大きなヒントになる。

広告には**企業のメッセージや商品そのものの戦略が隠されている**からだ。広告を読み解く力をつけることで、それがどのアイデアの型に当てはまるか参考になるはずだ。

普段の生活の中で目にする広告にどんなビジネスのアイデアが潜んでいるかを、**「ターゲット」「新しい視点」「心が動くか」**という3つのポイントを基に分析していこう。

広告コピーをビジネスの分析として考えた場合、**「転用」「応用」**そして**「比較」**の型を日常の広告では見かけることが多い。

ポジションを「転用」した事例

自社のビジネスモデルを他のビジネスに「転用」する事例として、ユニ・チャームの話をしたが、広告表現では他のビジネスへの転用よりも、同じ業界または企業内で商品やサービスのポジションを転用するのを目の当たりにする場合が多い。

今ある価値を新しい領域に広げるという意味では両方とも同じだ。むしろユニ・チャームのような生き残りをかけた異業種への転用よりも、商品やサービスのポジションの転用の方が頻繁であり、ビジネスアイデアを考える上では参考になるのかもしれない。では、早速見ていこう。

企業：日本ハム株式会社
ブランド：シャウエッセン

シャウエッセンは、
手のひらを返します。

私たちは心配性なあまり、
これまでシャウエッセンのレンジ調理を、おすすめしてきませんでした。
それどころか、加熱し過ぎて破裂してしまうことを恐れ、
「禁止」さえしておりました。（知らない方も多いかも知れませんが…）
しかし、今はカンタン調理が求められる時代。
世の中の時短ニーズをうけ、繰り返し、繰り返し、テストした結果、
加熱時間の目安を定め、ついに「解禁」することになりました。
しかも、レンジ調理は、脂が閉じ込められるため、濃厚でおつまみ向き。
というボイルとはまた違った、おいしい発見も。
「禁止」から「解禁」へ。
心配し過ぎたがゆえの、急な手のひら返しを、お許しください。
レンジでもおいしい！　シャウエッセンが、一皮むけました。
（…こんな大胆に宣言して良かったのかなぁ…、また心配しちゃっています）

SCHAU ESSEN
シャウエッセン

コピーライター：早坂尚樹

パリッとジューシーなソーセージでお馴染みのシャウエッセンの事例だ。

まずはターゲットを考えてみる。「手のひらを返します」という「ん？」と思ってしまう文言が人の注目を集めているのだが、内容を読んでいくと「え、今まで電子レンジはダメだったの？」と思う人もいれば「そんなの知ってるよ。今さら？」と思う人もいるかもしれない。

前者はきっとシャウエッセンを人生で一度くらいは食べたことがあるが、そこまで詳しくない人。

後者はシャウエッセンをよく食べている人で、今までは「茹でる」か「焼く」かの料理方法で食べていた人だ。

つまり、既存の消費者と一度は食べたことがある潜在的な消費者がターゲットなのだ。

シャウエッセンはこれまで電子レンジによる過度な加熱で、ソーセージの皮が破けて中の美味しい肉汁がこぼれてしまうという理由から、電子レンジによる調理を推奨していなかった。

さらに興味深いのは「茹でる」または「焼く」といった調理方法は「食材」としてのシャウエッセンであり、ライバル商品は「肉や魚などの食材」になることだ。

そして今回、電子レンジによる調理が可能になったことで手軽に食べられるというメリットが生まれた。

これによりシャウエッセンは**「惣菜」としての新しいポジション**を築き「からあげ」「フライ」「天ぷら」といった惣菜類とも勝

負ができるようになった。

これを「手のひらを返します」という新しい視点で表現したのだ。

そして、これまでの経緯の説明によって「そうだったのか！」という「納得」で、この広告を見る人の心を動かしている。

今ある商品に新しい価値を転用した事例だ。これによってシャウエッセンの売り上げが大きく伸び、見事な**「ポジションの転用」**に成功した。

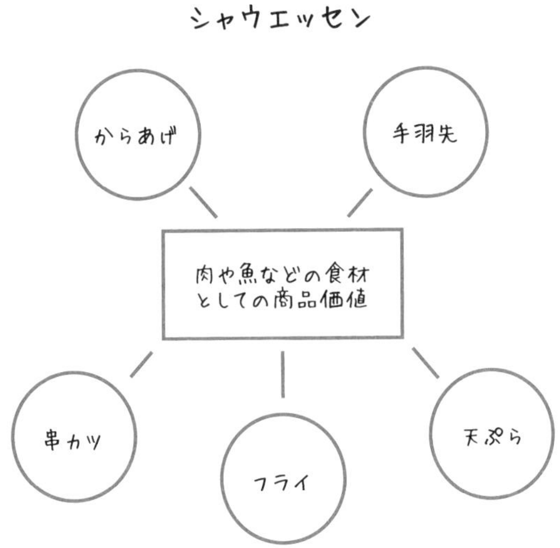

ポジションを「応用」した事例

他社のビジネスモデルまたは認識を自社のビジネスに応用する事例として、高利貸しとビデオレンタルショップの話をしたと思う。

広告表現ではこの手法を使って「ん？ なんか違和感があるぞ」とターゲットに感じさせることで、表現そのものに注目してもらえることがある。

ある業界で常識として認識している価値を別の業界に応用することは、ビジネスアイデアを考える上で参考になる。

企業：渋谷区医師会、電通

ブランド：CLIEN（クリエン）

美味しい中華　色鮮やかな和食　香りの効いたフレンチ
今日もどこかで誰かがグルメの話題で盛り上がっているに違いない

でも　子どもが急に熱を出したとき　家族が通院できなくなったとき
安心して通える病院やクリニックの話は　どうして話題にならないのだろう

平日の定時後に開いている駅前のクリニック　休日でも診てくれる病院
近所の裏路地にある隠れ名医がひっそりとやっている診療所

そういう会話が　日常的にあっても良いと思う

お気に入りのレストランみたいに
頼れるお医者さんはいますか

渋谷区医師会

コピーライター：アーロン・ズー

この案件では私自身が珍しく広告コピーを書かせてもらったが、まずはこのコピーのターゲットが誰かを推測してみよう。「急に言われても分からない」という人は、この広告コピーが伝えたいことが何かを考えてみると良い。

渋谷区医師会のキャッチコピーの「お医者さん」という単語に違和感がなくても「レストラン」という単語には「おや？」と思ってしまうかもしれない。

もし、あなたが街中でこのコピーを見て「レストランとお医者さんにどんな共通点があるんだろう」と思ったら、思わずボディーコピーに目がいくかもしれない。これを読んで「なるほど」と思ってくれたなら、このコピーを書いた本人として素直に嬉しい。

ここで言いたいのは、普段の会話で美味しいレストランは話題になるけれど、自分の健康に関係するお医者さんのことは、なかなか話題にならないのはなぜだろう、ということだ。

つまり、ターゲットは「かかりつけ医」を持っていない人だ。そして「レストラン」と「お医者さん」という組み合わせが新しい視点であり、このコピーを見て「そういうことか」と思ってくれるかどうかがポイントだ。

さらにこの広告コピーが公開されたのはコロナ禍の真っ只中であり、多くの人が理解しやすい環境（世の中）だった。

一般的に「行きつけ」と言えば、美容院やレストランなどが思い浮かぶだろう。ここでの「行きつけ」とは、医療業界での「かかりつけ医」のことを意味する。

でもそれが馴染みのないクリニックということになれば「確かにクリニックって、行きつけとかないかも」と、美容院やレストランで持っている価値を別の領域であるクリニックに応用できるわけだ。

この概念の応用が成功すれば、医療業界でも「行きつけ」という概念が定着するため、「かかりつけ医」に対する認知度アップも期待できる。

今回は医師会という特殊な業界だが、患者（または顧客）に来て欲しいという思いは他の業界でも共通するものはある。ポジションの応用はビジネスの仕組みだけではなく、人の「固定観念」においても可能なのだ。

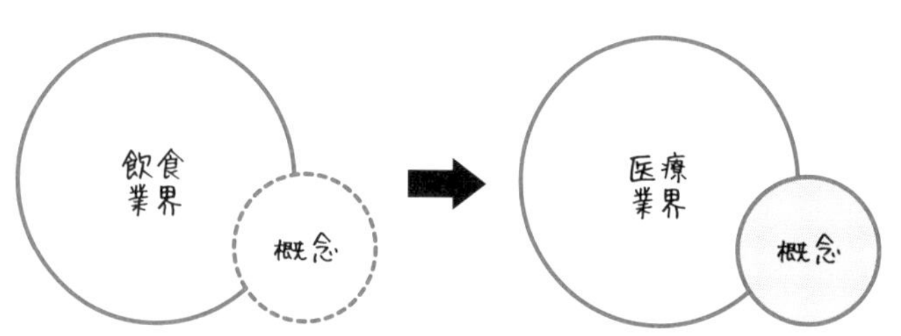

ポジションを「比較」した事例 ❶

企業：株式会社さとふる

ブランド：さとふる

コピーライター：廣瀬大

新しくビジネスを考える上で今後の「成長性」や「業界のシェア」の大まかな把握は欠かせない。

特にそれが「既に存在する社会的制度」だったり、「レギュレーションが厳しい業界」だった場合、「比較」の型を用いてPPM（Product Portfolio Management）分析という手法を使うと、より理解しやすくなる。

これはボストン・コンサルティング・グループが1970年代に提唱した分析手法で、商品やサービス（または事業）を市場の「成長率」と「占有率」の視点で４つのポジションに分類するフレームワークだ。

横線を「市場占有率」（業界でどれくらいのシェアが取れているか）、縦線を「市場成長率」（市場でどれくらい成長しているか）とした場合、どのポジションにいるかを把握するものだ。

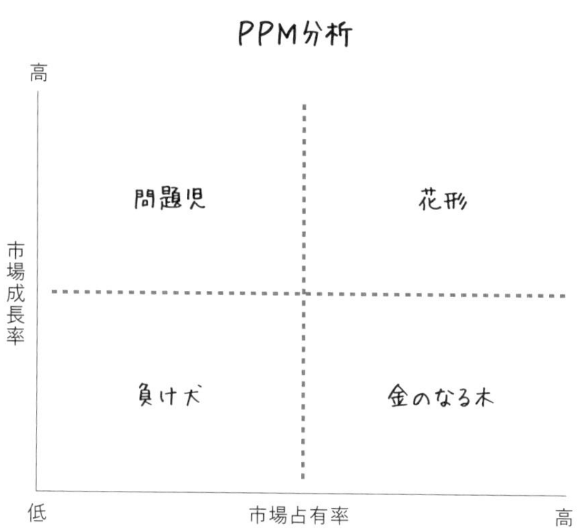

❶ 花形（スター）

「市場成長率」と「市場占有率」がともに高い事業は「花形」のポジションに分類される。投資を継続することで「金のなる木」

に移行する事業であり、将来的に安定的な収益軸となるため、魅力的な花形の事業。

❷ 金のなる木

「市場成長率」は低く「市場占有率」が高い事業は「金のなる木」に分類される。この事業は積極的な投資は控え、事業で生み出した利益を他の成長産業に分配することが望ましい。成長率が低いため、新規参入も少ないことから安定した利益を生み出せる事業。

❸ 問題児

「市場成長率」は高く「市場占有率」が低い事業は「問題児」に分類される。この事業は競争が激しいにもかかわらず、利益を生み出しにくい傾向にあるが、市場占有率を高めることで将来的に「花形」や「金のなる木」になる可能性が高い事業でもあるため、積極的な投資が求められる。この事業には「市場占有率」を高める経営戦略が必要になる。

❹ 負け犬

「市場成長率」と「市場占有率」がともに低い事業は「負け犬」に分類される。この事業は短期的または長期的な利益が見込めない、撤退すべき事業だ。事業の解体や売却が必要になるのだが「破壊的イノベーション」によって打撃を受けた既存事業などがこれに該当する。

では、ふるさと納税のような「既に存在する社会制度」の場合、どのポジションになるのか、さらにどのポジションに持っていくべきなのかを「ふるさと納税のポータルサイト」である「さとふる」を事例に見ていこう。

この制度がまだそんなに有名ではなかった頃、「ふるさと納税」と聞いた時に「納税」=「税金」といったお堅い印象があったに違いない。

ふるさと納税という制度自体はあったが、これを利用している人はそんなにいなかったため、市場占有率は低かったのだ。

では市場成長率はどうだろうか。当時はメディアがこぞって取り上げ始めた時期でもあったため、市場成長率は高くなるものとして定義すると「問題児」の立ち位置にあった。

つまり、市場占有率を上手く伸ばすことができれば「花形」に成長するし、その後に市場成長率が下がったとしても「金のなる木」になる優良事業だったのだ。

これをいかに成長させるかがネーミングを考える上での肝だった。

そこで「ふるさと」の「ふる」を「フル(Full)」=「満たす」という意味として分解し、「ふるさと」という言葉を「さと」のみに凝縮させた。

もともと1つの意味しかなかった「ふるさと」という言葉が「ふる」と「さと」で2つの意味を持つようになったのだ。

さらにこの「ふる」と「さと」をひっくり返すことで、それぞれ違った意味があることを明確にした。これによって、ふるさとの元気を“フル”にする、ふるさとの魅力が“フル”に集まる。ふるさとを応援するという、新しい視点が生まれた。こうして今までのお堅いイメージを変える、ふるさと納税ポータルサイト「さとふる」が誕生したのだ。このネーミングから新しいアイデアが生まれ、消費者にとってはより親しみやすさが生まれた。

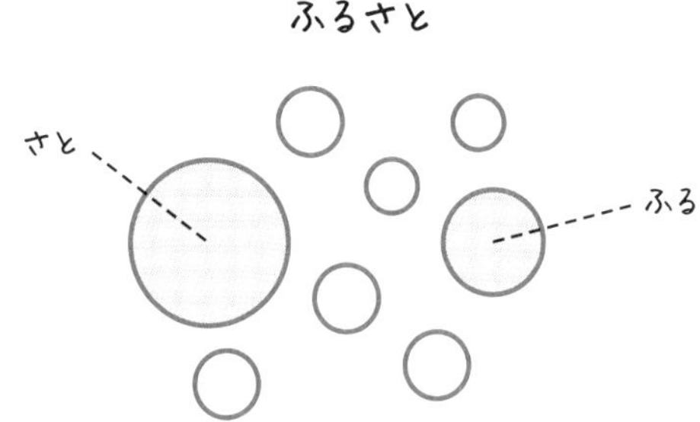

ポジションを「比較」した事例❷

ここでもう１つ、「比較」の事例を紹介しよう。

企業：日本マクドナルドホールディングス株式会社

ブランド：ちょいマック

コピーライター：廣瀬大

ほとんどの人がテレビなどのコマーシャルで、「ちょいマック」という言葉を目にしたことがあるのではないだろうか。

この「ちょいマック」も従来の「マック＝食事」という既存の概念とは別に、お腹がすいた時の「小腹、別腹＝ちょい買い、ちょい足し」という新しい概念を気軽に楽しめる存在としてつくり出した。

ターゲットは「マック＝食事」だと思っている層で、マック＝小腹、別腹という新しい視点をコンセプトに「だから、ちょいマックなのか」という納得によって、このネーミングは成り立っている。

良い広告コピーの本質は「世の中の状況、課題」「商品、サービス、そのコンセプト」「企業のビジョンや思い」の3つが統合したところにある。

先ほどの「ふるさと納税」のように市場成長率は期待できるが、まだ多くの人に認知はされていない市場占有率が低いものが「さとふる」というネーミングによって**「問題児」の領域から「花形」事業に成長した。**

また「マクドナルド」のように既に事業の柱として十分な収益源があり、市場占有率は高い場合、まだ取り切っていない市場の成長率を上げていくために「ちょいマック」というネーミングで**「金のなる木」から「花形」事業に成長させることもできる**のだ。先ほど紹介したPPM分析で、この「さとふる」「ちょいマック」がどう成長したのかを表したのが次ページの図だ。

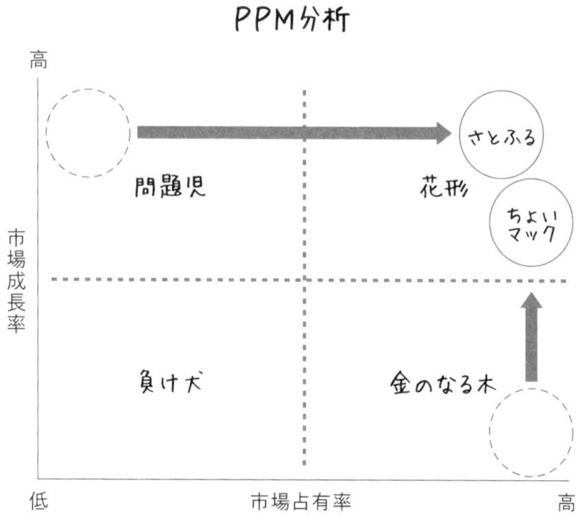

広告がいかに9割のロジックと1割の感情でつくられ、そこから垣間見えるアイデアによってビジネスがつくられているかを、理解できただろうか。

広告にどんなビジネスのアイデアが隠れているかを考えることは、**自分の新しい視点を鍛える意味でも有効だと言える。**これは広告に限らず、普段のビジネスシーンでの提案書や企画資料でも同様だ。

100%のロジックよりも、その中の1割くらいは**「フック」**と**「納得」**を入れた方が、消費者の心に刺さるビジネスがつくれるのだ。

「フック」と「納得」についてこの2つの事例のコピーライターである廣瀨大氏はこう語っている。

「世の中のまだ言語化できていない“ぼんやりとした感覚”を“チャーミングに言葉で見える化”してあげることが重要だ。そのためには“新しい視点”から成るフック(『おぉ!』や『楽しい!』と思ってもらえる要素)と“心が動く”から成る納得(なるほど、と思ってもらえる要素)の2つが必要なのだ」

現に私自身も日常の業務では、これらの要素を取り入れた事業企画書の方が、経営層からの反応が良いのを実感している。

コンセプトを「成長」させるには

アイデアに活かすための広告事例を見てきたが、ここでコンセプトを「成長」させた事例を紹介しよう。

企業：世界ラーメン協会 / WINA
（日清食品ホールディングス株式会社）

コピーライター：アーロン・ズー

誰もが知っている日清食品の創業者であり、インスタントラーメンの発明者である安藤百福氏の「会社は野中の一本杉であるよりも、森として発展した方がよい。」という哲学のもと、インスタントラーメン産業の健全な発展のために日々の活動を行っている組織がある。

それが世界ラーメン協会（World Instant Noodles Association、以下：WINA）だ。

WINAは、世界各地のインスタントラーメンメーカーやサプライヤー企業、関連団体を会員とし、インスタントラーメンに関する技術的課題や情報の集積および共有を行っている。

そこで、組織の規模はもちろんのこと、国それぞれの文化なども違う中で会員の意識を一体化させるためには、浸透しやすく、かつ厚みのある「コンセプト」が欠かせない。

これは一般的に「グローバル企業」と呼ばれているマンモス企業にも言えることで、「切り株バズ論/初期形態および完成形」での「コンセプト」がそれに該当する。この事例はいわゆる**「コンセプトの強化」**というもので、今までの概念をより良いものに「成長」させるためのメッセージづくりだ。

スタートアップ企業でも急激に成長する可能性がある昨今、企業の成長に伴い、そのメッセージを柔軟に変化させていくことも重要なことだと言える。

コンセプトをつくる時は、時々刻々と変化する社会で、商品・サービスがどのような価値があるのかを考えるのが重要だ。

そこでこれからの社会で、WINAにとって必要なエッセンスを3つ考えた。

① 全ての人が共有できる・つながれる

→インスタントラーメンが成し遂げてきたこと

→これからも果たしていくこと

② インスタントラーメンの価値創造

→インスタントラーメンが常に目指すべきもの

③ 人類が持つ情緒性

→インスタントラーメンが本来持っているもの

キャッチコピーが「消費者の心をつかむための宣伝の言葉」なのに対し、このメッセージは「企業のコンセプトや理念、さらにはその商品やサービスを分かりやすく伝える言葉」だ。

この3つからメッセージの基となる文章を考えていく。

基となる文章から、コンセプトをつくる

WINAの場合は次のような文章をまず作成した。

「時代が進むにつれて、
あらゆる国や地域で人類の課題は増えていく。
さらに未知なるウイルスや病気という脅威においても、
人類はこの惑星の住民として、国境や文化を越え、
それに挑戦し続けなければならない。

異なる国や地域であっても、大地の恵みは同じである。
そこから生まれる多くのおいしさは、
すべての人類がしあわせであるための根源である。
我々は科学とその叡智を駆使し、
人類が生き抜くための「地球食」として
インスタントラーメンの可能性を見出すことで、
新たなる価値を創造していく。」

そしてこの文章を一言で表し、

この惑星（ほし）には、麺がある。

という一文をつくった。
今回は各国の会員にもわかる言葉として、

Noodle as a Planet.

をWINAのメッセージとした。

日本で生まれたインスタントラーメンが今では毎年、世界で1,000億食以上も消費されていることを考えると、インスタントラーメンはもはや人類にとって必要不可欠なものになったと言えるだろう。

つまりインスタントラーメンは、この惑星(ほし)そのものと言っても過言ではない。そんな思いでこのメッセージを書いた。

「切り株バズ論」を提唱した身として、実はこのコンセプトづくりは、ビジョンをつくるよりも遥かに難しいと言える。

ビジョンはメンバー各々の考えを解釈できる余白があるのに対して、コンセプトを表すメッセージは考え得る全てのエッセンスを隅々まで網羅しなくてはならない。

なぜなら、これは企業や商品/サービスを理解するための代名詞でもあるからだ。

本書で説明している事業開発のアイデアづくりに比べると、このコンセプトづくりは、従来の広告の仕事に最も近い1つの作業とも言える。

メンバーと一緒にアイデアを考える

もしあなたが自分のアイデアで新しいビジネスを始めようと思い立った時、まずは何をするだろう。

ほとんどの場合は「そのアイデアがビジネスとして成り立つのかを検証する」または「一緒にやってくれる仲間を見つける」ところから始めるに違いない。

前者は後ほど説明するとして、まずは仲間を集める話からしよう。自分ひとりでやるから仲間はいらないという人もいるかもしれないが、私はあまりお勧めできない。

なぜならアイデアをビジネスに変えるプロセスは困難の連続だからだ。

思うように行かない場合がほとんどで、それを1つひとつクリアしていく必要がある。心が折れそうな場面など日常茶飯事で、余計な登場人物によって邪魔をされることも多々ある。

そこで**重要なのが信じられる仲間だ。**社内でも社外でも構わない。挫折しそうな時に一緒になって踏ん張れる仲間がいるのとそうでないのとでは天と地ほど違う。

よく経営者やリーダーは孤独と言われるが、まさにそうだ。

私も軍事訓練で
「リーダーはチームにとっての模範でならなければならない」と何度も叩き込まれた。

ここで言う模範とはただ単に優等生という意味ではない。チームの士気を保つための模範的な行動だ。危機的な状況下であっても冷静に判断をする。仲間の意見を求めたりもするが、変に取り乱してはならない。

そうでなければ、メンバーが不安になるだけだ。だからと言って上に何でもかんでも相談しても意味がない。

最前線で戦う者として時々刻々と変化する状況下での判断に明確な正解はない。結局はリーダーの判断力に左右されるのが常だ。

そんな時、同じ立場の戦友がいるのは非常にありがたいことで、アイデアをビジネスに変える仕事では**戦友はかけがえのない存在なのだ。**

では、仲間は何人集めれば良いのだろう。

よくありがちな例としては、技術が得意な○○さん、営業に長けている○○さん、企画立案の部署にいる○○くん、そしてアドバイスも必要なので先輩または上司の○○さんなど、6人くらいいれば安心だろう、と今にも何億円も稼げる優秀なメンバーを多く集めてしまうことがある。

しかし、**これは絶対に間違いだ。**よく考えてみて欲しい。アイデアをビジネスに変えるためには膨大なディスカッションや実行力が必要で、状況もスピーディーに変化する。そんな中で6人前後も集めたら案件として回るはずがない。

これはグループディスカッションなどの研修でも経験があるだろう。

チームごとに6人前後集められて、2週間くらいで何かアウトプットを出す場合、初回は全員で熱いディスカッションをするが、2回目のディスカッションでは意見を言う人とそうでない人に分かれる。

さらに3回目になると欠席する人も現れ、4回目では来る人と来ない人が明確に分かれる。

そしてチームの中で2人くらいが、ほとんどのアウトプットをつくるようになり、本番ではチーム全体というよりも誰かのアウトプットを発表する結末になる。

ほとんどの人は何かしら思い当たる節があるに違いない。なぜこのようなことが起きるのか、答えは明確だ。

6人前後だと「コミュニケーション・コスト」がかかり過ぎるからだ。

もちろん他の仕事を全て放棄し、決まった時間に6人とも絶対に集まれるような環境にあるのなら状況は少し変わるが、まだアイデア段階のものにそんなに贅沢な環境を与えられるシチュエーションはそんなにない。

それに、アイデアはエッセンスとエッセンスの掛け合わせだ。何かに閉じこもって集中すれば良いというものでもない。

結論から言えば、**初期メンバーは多くとも３人以下が理想だ。**それ以上はコミュニケーション・コストがかかるだけなので必要ない。

マイクロソフトもグーグルも、そしてフェイスブックも創業メンバーは３人以下だった。

この人数であれば瞬時に集まれるし、意思疎通のスピードも速い。

もし、複雑な作業が必要ならメンバーで手分けしてやれば良いし、どうしても無理なら外注すれば良い。

さらに人数が増えれば増えるほど、その人間関係は複雑化する。大企業で働いたことがある人なら分かると思うが、大人数での会議や意思決定の段階の多さにうんざりした経験を忘れてはいけない。

アイデアをビジネスに変える初期に肝心なのは、**メンバー同士のコミュニケーション・コストの最小化**なのだ。

コミュニケーション・コスト「小」

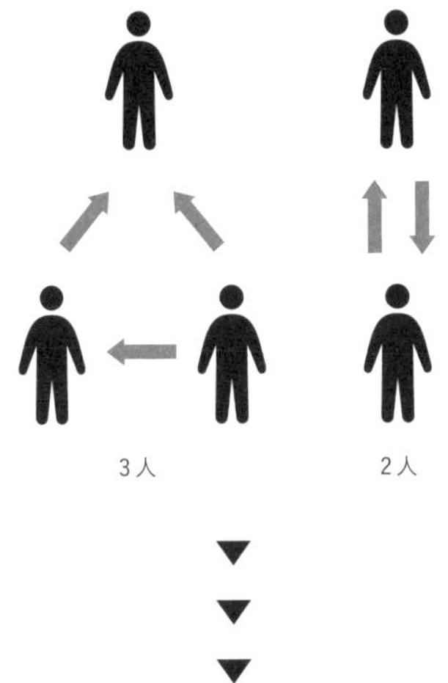

コミュニケーション・コスト「大」

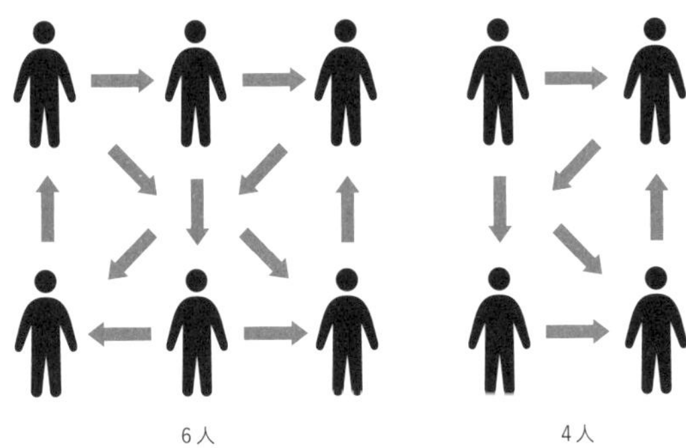

メンバーに必要なエッセンスとは?

さて初期メンバーの好ましい人数が分かったところで、今度はどのメンバーにどんな強みがあるのかについて把握しておこう。

もちろんメンバーを決める時、気が合う仲間を見つけることは重要だ。他の仕事でも同じで一緒にいて気分が悪い人とは、そもそも良い仕事はできない。

受動的な作業なら我慢してやれば良いが、能動的な仕事では問題となるのはつまるところ「人」であり**「人間関係」がほとんどを占める。**

だからと言って、初期メンバーに必要なエッセンスが備わっていなければ、アイデアをビジネスに変えることは難しくなるだろう。

では、そのエッセンスとは何か。

まずは、**「実行力」**だ。これはどんなに素晴らしいアイデアを持っていても、それを現実に変えるための試練や細かい作業、さらには度重なる商談を乗り越える実行力がなくては話になららない。

私の専門である警察学で言えば「Investigation」、つまり調査する力だ。昭和の刑事ドラマによく出てくる「足を棒にして聞き込み捜査をする」ようなことだが、別に体育会系な精神論を言っているわけではない。

アイデアをビジネスに変える過程では、それくらい膨大な仕事をこなさなければならず、**断固なる実行力がなければ挫折してしまう。**メンバーにそれがあるかどうかということだ。

2つ目は**「交流力」**だ。これは異業種などの人たちとゼロから人間関係を構築する力で、昨今のマーケットでは非常に重要なことだ。

一昔前なら各業種間にはそれぞれの見えない境界線があった。保険や証券などは金融業が仕切っていたし、電力事業は電力会社が牛耳っていた。

ところが今はどうだろう。電力やガスの自由化によって、通信事業各社が電気やガスを売り始めた。もともとチャット機能を提供していたLINEなどが保険や証券ビジネスにも手を出し始めているし、広告会社はもはやコンサルに近い業種に変化しつつある。

もちろん完全なコンサル業務とはある程度の違いはあるが、時代の変化によって業種の垣根がなくなりつつあるのが今のマーケット事情なのだ。

特に私のような事業開発に特化したクリエイティブ・ディレ

クターという仕事に専門業界といった概念はなく、クライアントの課題を解決することならば、何でもする世界だ。

新しくビジネスをつくり上げる過程で、異業種の人たちと信頼できる関係づくりをすることは、初期での重要なエッセンスと言える。

最後は**「本質力」**で、これは本質を捉えられる知識と教養だ。アイデアをビジネスに変えるということは、何もない領域をつくり出すことと同じだ。そのためには広くて深い知識と教養が必要になる。

つまり、それは**物事の本質を捉える力だ。**建築業の経営者から相談があった時、その分野をどこまで知っているかで、瞬時に出せる解は変わってくる。

新型コロナウイルスのように社会が医療分野で大きな課題にぶち当たった時、現状の医療体制のアナログさを知っているといないのとでは、出てくる解決策も変わってくるだろう。

この力はさすがにすぐ身につくものではないので、日々地道に本を読んだり、幅広い関心と興味を持ってイベントなどに足を運んだりして蓄えていくしかない。

よくある質問として「３つとも必要ですか」と聞かれることがあるが、もちろん１つも欠けてはならない。

どれかが欠けることであなたのアイデアがビジネスに変わる確率はグッと下がるだろう。

例えば「実行力」と「交流力」だけあっても本質的な解を出すことはできない。「交流力」と「本質力」だけあってもただの評論家止まりで、膨大な仕事量をこなすことは難しいだろう。**「実行力」と「交流力」、そして「本質力」の３つが揃ってようやく、そのアイデアはビジネスに変わる可能性が高くなる。**

メンバー候補にそのエッセンスが備わっているのかをしっかり見極めた上で、信頼できる仲間を集めて欲しい。

創業期に必要なエッセンス

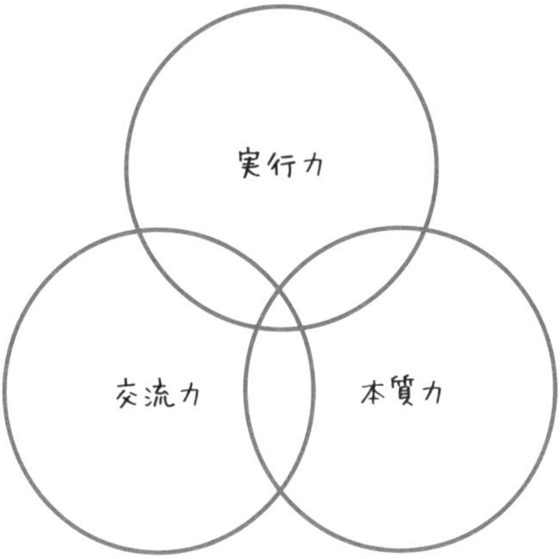

実行力

交流力

本質力

チームのアイデアを阻害する習慣をなくす

ここで身のまわりにある悪しき習慣を取り除いておこう。多くの会社でアイデア出し（ブレインストーミング）をすると思うが、**たいていの場合は間違った方法で行われている。**

せっかくプロトタイプの検証で良い調査ができたとしても、肝心なブレインストーミングが間違っていては全てが無駄になる。

では、チームからアイデアが出なくなってしまう、悪しき習慣とはどのようなものだろうか。

❶ 上司の一声で始める

ブレインストーミングにとっての天敵は、体育会系に代表されるようなトップダウンの雰囲気だ。

例えば、会議の冒頭で「○○賞を狙うぞ」とか「特許を取るぞ」なんて言い出した暁には、即座に会議を解散するべきである。

本人は悪気なく言ったかもしれないが、ボスが特許を取ると言ったからと、特許が取りやすい案に偏り、メンバーの発想は一瞬にして委縮し、自由なアイデアが出なくなる。古い日本企業にありがちな事例だろう。皆さんも思い当たる節があるかもしれない。

❷ 必ず全員にアイデアを出させる

毎日の生活ではいろいろな環境下に置かれている。機嫌が悪い、体調が良くないなど、アイデアが出ない時に強制的にアイデアを出させても何の足しにもならない。

ブレインストーミングでは、民主的な平等こそが絶対的な「悪」なのだ。

❸ 専門家やその分野を得意としている人の意見を重要視する

こういう時の素人の発想は重宝すべきだ。専門家は何ができないかを考えがちだが、素人は何ができるかを考える。

新規事業開発のようなイノベーションをつくる作業に先入観を入れてはならない。

❹ 社外などの遠征先で行う

アイデアは無理やり出すものではなく、気づくことから始まる。何日か通常業務の場所から離れても、何かが生まれるわけではない。社内にそういう環境を整備するのが経営の努力だ。

❺ 狂っているように見えるアイデアを否定する

奇抜なアイデアこそが、イノベーションのタネだ。そういうアイデアをバカにする企業に、斬新なアイデアなど生まれるはずがない。

未来は人間が予測できるほど、単純なものではない。

❻ 全てを書き留める

どこかの国で会議をしていた時、相手の言葉を一言一句全て書き留めていた人がいた。

後でその人に「そのノート、また見返すんですか？」と聞いたら、彼は首を横に振った。習慣として書いているようなのだが、何かを書き留めている間は、アイデアは思いつかない。

単語や要点をサッとメモするくらいで良い。詳細は自分の頭で思い出すべきだ。

これら、6つの習慣は、全てアイデアを閉ざすものだ。

人間は誰もがクリエイティブなのだから、アイデアが出せない人はいない。特に子供は大人が思いつかないような本質的な意見を言う時がある。

もしかしたら社会のルールや常識が、我々のクリエイティビティを弱くしているのかもしれない。

どうしてもアイデアが思いつかない時は、自分の趣味と絡めたアイデアなら1つや2つ出せるかもしれない。それを能動的に積み重ねることで、脳みそは鍛えられる。

「俺の部下にはアイデアを出せる人がいない」などと言っている人がいたら、その人こそがアイデアを閉ざす元凶なのかもしれない。部下のアイデアを引き出すのもリーダーシップの一環なのだ。

二番煎じのアイデアは成功しづらい

初期メンバーでいろいろとアイデアを出していく中で、どうしてもやってしまうことがある。

それは既存事業の二番煎じだ。○○版ウーバーとか、○○版Airbnbとか、とにかく成功している事業の別業界版をやってみようとする場合があるが、こういうアイデアは成功した試しがない。

結論から言えば、アイデアは競争しない方が成功しやすい。今となっては有名なウーバーだが、もしこれが大企業内でアイデアとして出た場合、考えられるリスクはこうだ。

「外部の人間に配達させるなんて危ない。品質を担保できるのか」「まともに訓練されていない人員を利用はできない」のような品質維持や人的リソースの管理が経営会議で大きく論じられていただろう。

ウーバーは、学生やフリーターのような「眠っている人的リソースをフル活用した」画期的なシェアリングエコノミーなのだが、伝統的な日本企業が手を出すアイデアではなかった。

つまり、ウーバーは似たような業界と競争をしなかったことで成功したと言える。もしウーバーが日本に入って来る前に大企業が資金を投じて似たようなサービスをつくっていたのなら、日本進出は容易ではなかっただろう。

大企業内であろうが、スタートアップ企業であろうが、まだアイデアしかない段階での資金力は乏しいはずで、他と競争などしたら秒で吹っ飛んでしまう。

だからこそ、**競争しない領域を見つけていく必要がある。**「そんなこと、できるわけがない」と言われるようなアイデアをビジネスに変えるのがコツなのだ。

これは個人のキャリアにも言えることで、既にスターがいる領域で勝負をしても取り込まれるか、潰されるかが末路だ。

まだない領域のスターになることで、あなた自身がその一番手となるのだ。だから○○版ウーバーのような「応用型」で二番煎じのようなものに成功例は少ない。

もちろん高利貸しの仕組みをビデオレンタルショップに応用した成功事例もあるが、これればかりは実際に小規模で検証してみないとわからない。**事業開発においては、頭の中だけで考えるには限界がある場合もある。**

だからこそ、想定する消費者に対してその行動をじっくり観察する実証実験も大切になってくるのだ。

ブレストでアイデアを開花させる方法

では、良いアイデアを出すためにはどうしたら良いのか。人間は潜在能力を開放させることでアイデアが生まれる。あなたのブレインストーミングを上手くする「7つのコツ」がある。

❶ 物事を限定せずに焦点は明確にする

「5Gを使って何かをつくろう」というようなテーマだと、5G技術という言葉が発想の制限をかけてしまう上に、情報通信技術という広すぎる範囲になる。

そこで「誰」に対して「どんな課題」を解決するかを明確にするのだ。例えば「ペットを飼っている世帯が、もっと気軽に旅行できる方法」といった具合にテーマを設定する。

❷ 遊び心のあるルールをつくる

アイデアは強制されるものではない。自発的に出すものだ。例えば「質よりも量を狙おう」「趣味と掛け合わせて考えよう」など、遊び心をくすぐるルールをつくると良い。

❸ アイデアを数える

広告コピーを考える時もそうだが、「量」は「質」を生む。1時間に100個以上のアイデアが出る会議は非常に有意義だ。

❹ 議論の勢いを止めない

アイデアに行き詰まると議論に勢いがなくなる。そうなると何となくダラダラした会議になる。ダメな会議の典型的な例だ。

勢いがなくなってきたら司会役の人が別の視点に誘導することで、アイデアの積み上げを続けることが大切だ。

❺ 議論の流れを見える化する

人間は過去に通った道などに行くと記憶が蘇ることがある。

ブレインストーミングも同じで、議論の流れをホワイトボードなどに書き留めておくと、新しいアイデアを思いついた時に、過去の経緯などの記憶が呼び戻されることがある。

❻ ウォーミングアップをする

メンバーが初対面だったり、他のことで気が散っている時は、ウォーミングアップをすると関係性も気も楽になる。

❼ モノを持ち込む

いろんな素材を会議に持ち込むことでアイデアを具現化できる。この方法はプロトタイプづくりの時には便利だ。段ボール、ガムテープ、ハサミ、ペンなどを会議に持ち込もう。

新しいことを考えるのは全てが手探りだ。クライアントであろうが、パートナー企業であろうが、気軽なブレインストーミングはとても重要だ。

伝統的な企業ほど、現場はこの事実をスルーしがちだ。まだ議論の余地があるのに過度な提案書をつくり、概算を知りたいだけなのに「見積書を出す責任」などと言って時間をかける人、そんなことをしていてはスピード力があるスタートアップ企業に一瞬で追い抜かれてしまう。

これからの時代は**「知識を創造する能力」が「企業の競争力を左右」する。**会議を１つ変えるだけで、それは大いに変わるのだ。

アイデアは図で考えろ!

第 4 章

アイデアという仮説を
ビジネスに変える

まず「仕組み」と「顧客」を徹底的に検証する

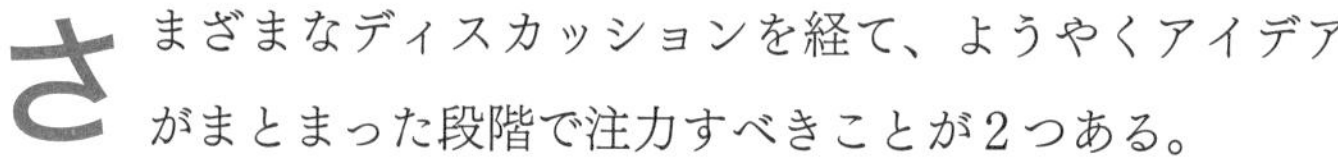

さまざまなディスカッションを経て、ようやくアイデアがまとまった段階で注力すべきことが2つある。

というよりも、この2つだけに集中しなければならない。それは自分が考えた**アイデアが実際にビジネスとして機能するかどうかの仮説である「仕組み」と「顧客」を検証**し、ビジネスとして成り立つかをしっかり見極めることだ。

社内スタートアップでよくありがちなこととして、「社内での確認、調査、事例、資料収集」を上司や先輩、さらには関係各所などとのやり取りから始めることが多いが、**結論から言って全て無駄だ。**

先ほども言ったようにアイデアをビジネスに変える上で、余計なコミュニケーション・コストは天敵なのだ。

メンバー選定においても3人以下と極力無駄なコミュニケーション・コストを削ったのにもかかわらず、ここに来てあなたのアイデアをよく知らない社内の面々との調整作業は上手くいくはずがない。

なぜなら、まだ誰にも想像のつかないあなたの仮説を上司や先輩が判断できるわけがないからだ。

30年前に「デジタル社会がやってくるからECサイトを立ち上げよう」と言ったところで正しい判断ができる人間はどれほどいただろうか。

そんな未来を想像できるはずがない中で、自らの保身のために足を引っ張る輩が出てこないとも言えない。

私は別に社内調整を否定しているわけではない。軌道に乗っている既存ビジネスでの社内調整は重要なことだと思う。これができる人はむしろ優秀だ。

ただ仮説の段階では、社内調整は無駄以外の何ものでもない。

優秀な人ほど注意して欲しい。

では「仕組み」と「顧客」の2つに注力して何をすべきなのか。

まずは、仮説の検証だ。

例えば、新型コロナウイルスの影響によって飲食業界が危機に瀕している中で、ネット上だけでレストランを開設して、それを客数の減少しているレストランまたはキッチンのみの施設で調理して、出前館やウーバーイーツなどのデリバリー業者に届けてもらう「ゴースト・レストラン」を思いついたとしよう。

そのアイデアで検証すべき仮説は何か。

① 調理してくれるお店や場所を探す
② デリバリーしてくれる業者を探す
③ ネット上で「ゴースト・レストラン」を開設する
④ それを利用してくれる顧客を探す

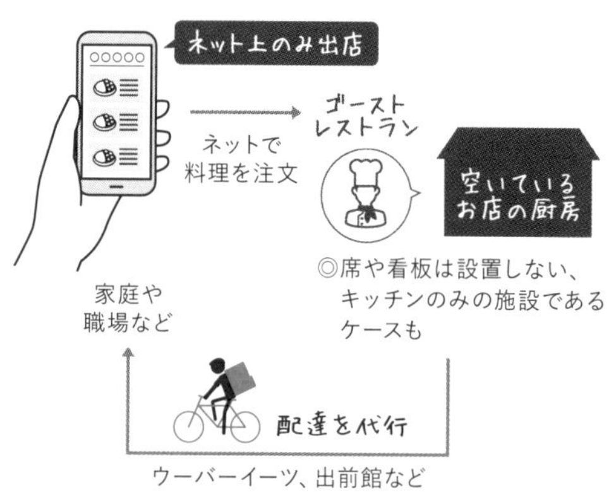

これは「応用型」でも話したビジネスの「コア」の部分だ。高利貸し業での「トイチ（10日で１割）」という「コア」の仕組みをビデオレンタルショップに応用したことで成功した事例のように、ビジネスの仕組みをつくるところから仮説の検証は始まる。

もしかしたらここで、調理してくれるお店や場所が見つからなかったり、デリバリー業者の手数料が高かったりといろいろな壁にぶつかるかもしれない。

そして最後の「顧客」を探すのは最も難しいことで、そのビジネスにどうやったらお金を払ってくれるかを、何百回も繰り返し検証していく必要がある。

これが、あなたのアイデアが実際にビジネスとして機能するかどうかの仮説である「仕組み」と「顧客」を検証することだ。

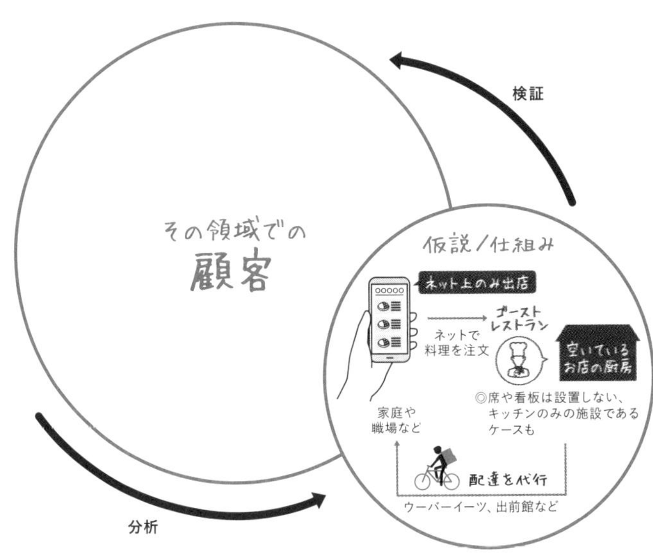

Chapter 4

現にスタートアップ企業や社内起業の部署にいる人たちは、毎日血を吐く思いでこれをこなしているわけで、従来の「社内での確認、調査、事例、資料収集」がいかに無駄で邪魔か、理解してもらえただろう。

アメリカ・サンフランシスコを拠点とするフードデリバリー業者のドアダッシュ（DoorDash）も創成期に似たようなことをしていた。

彼らはまず付近のレストランをまとめた仮のサイトをつくり、それらのレストランに「デリバリーをしますよ」と営業をかけた。この段階で手数料を取るかどうかは、どちらでも良い。

まずは**顧客がそれに反応するかどうかを実験する**ためだ。その結果、ものの数時間で実際に仮のサイトに注文が入ったのだ。

これによって顧客からの需要があるということが分かったため、あとはひたすらビジネスとして機能できるように試行錯誤を何百回と繰り返していったのだ。

これはあくまでもドアダッシュの事例だが、先ほど言ったような「ゴースト・レストラン」みたいに仮説立てた「仕組み」において飲食業界という領域で「顧客」を見つけることで新しいビジネスが成り立つ。

この検証をひたすら繰り返すことが、アイデアをビジネスに変える第一歩なのだ。

ターゲットの真意を把握できなければ、アイデアに意味はない

本書では冒頭から「アイデアはセンスではなく、9割以上がロジック」だと力説している。ただ広告と同じでニッチな層にしか届かない事業は母数が少ないから、そんなに事業規模が期待できない。

時々アンケートなどで「〇〇の商品があったら利用しますか」というような誘導尋問まがいの質問を見かける。

結果から言うと、これに「はい」と答えた人が、本当にこの商品を利用する可能性は限りなく低いだろう。少し使いにくい電子レンジの製造元に電話して文句を言う人は少ないのと同じだ。

次回買い替える時に他のメーカーの製品を買うだけで、既存の電子レンジを不便に感じる顧客の声は製造元に届かないまま闇に葬られていく。

もっと分かりやすい例で言えば、一生懸命料理を作ってくれた彼女に向かってマズイと言う彼氏はいないはずだ。

つまり**顧客の声はアンケートなどでは正確には分からない**のだ。それが分からない限り「これは良い！」と言えるヒット商品もつくり出せない。結果、イノベーションも生まれない。

「誰もがクリエイティブである」と言うトム・ケリー氏がエグゼクティブを務める世界最高峰のデザインコンサルティング会社、IDEO(アイデオ)の方法は、顧客の真意を知る上で参考になる。

①どんなことに困っているのか
②その困りごとをどう解決しているのかをじっくり観察する
③その観察を基に解決策を生み出すアイデアを考える
④それが本当に解決になっているかを検証する

実際に新規事業でプロトタイプをつくった時、対象者に「どうでしたか？」と感想を聞くのではなく、対象者の横でプロトタイプを使っている様子を観察し「なぜその動作(行動)をしたか」などをじっくり聞いた方が改善点は見つけやすい。

つまり、**過去または実際の経験(動作や行動)だけが事実を物語っている**のだ。

本音を見抜く観察力

アメリカ空軍ROTCに所属していた頃、課外授業で某連邦機関の諜報員と話す機会があった。彼女曰く、人間がリアクションを求められない環境下で、本当の感情を露わにする時間は0.5

秒前後しかない。

つまり、1秒以上の反応はわざとリアクションをつくっているか、意識した上での表情ということになる。

よって、実際の会話で相手の気持ちを読み取るには、とてつもなく鋭い観察力が求められる。顔の筋肉や手足の一瞬の動きに、その人の本音が隠れているのだ。

0.5秒前後の反応なんて、座っていれば相手の顔と上半身、立っていれば身体の全体に注意を払わなくてはならない。目の焦点が合っていない周囲にも気を配る必要がある。

もし、あなたと話している相手の目力が強いと感じたら、その人はあなたの気持ちを読み取ろうとしているかもしれない。少し脱線したが、要するに人間はそんなに自分の気持ちを正直に話さないということだ。

特にビジネスのシーンではそれぞれの立場もあるため、本音を聞いたからと言ってどうこうなるわけではない。

新規事業開発でのプロトタイプの検証では、実際の行動が大きなヒントになる。だからこそ、仮説検証を繰り返さなければいけない。

Chapter 4

仮説検証を深めるために必要な能力

仮説検証を行う上でも必要な能力はいくつかある。まず、前提として「交流力」は言うまでもない。

これは既に説明をしているので詳しくは話さないが、顧客へのヒアリングを繰り返したり、アポイントを取ったりする上で欠かせない力だ。時には関係会社との人間関係を構築する必要もあるだろう。

では、同じ顧客に何百回もヒアリングするのかと言えばそうではない。精査していく中でターゲットとする顧客にも変化が出る場合もある。

そうなれば対象となる顧客も少し変わっていく。先ほどの例であるゴースト・レストランの仮説/仕組みは、ファミリー世帯よりも単身世帯の方がウケるかもしれない。

その**仮説/仕組みがどの領域の顧客に一番適しているかをひたすら検証していく。**これはユニ・チャームや富士フイルムが使った「転用」の型と同じで、自社の仕組みをどの業界とマッチングさせるかを見極める能力、すなわち「顧客開拓」をする能力が重要になってくる。

これは想像以上に地道で過酷な作業だが、コツコツとじっくりやっていく必要がある。もちろんスタートアップ企業はスピードが命なので、卓越したスピード感と交流力が仮説検証の勝敗を分ける。

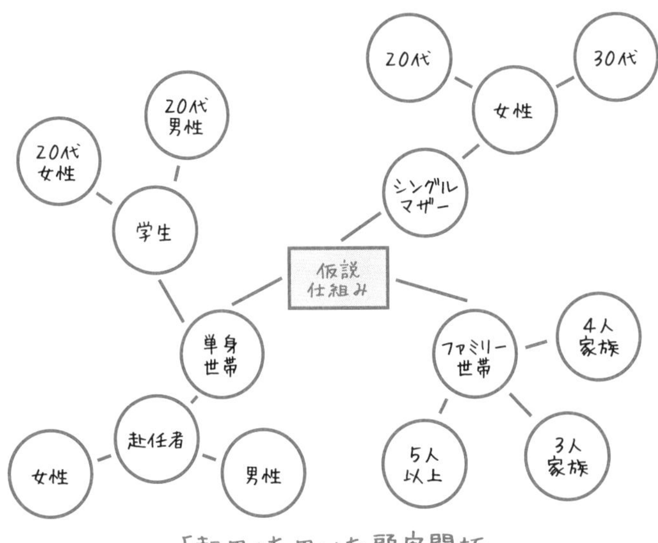

「転用」を用いた顧客開拓

仮説検証を深めながら、欠陥をなくす

さらに仮説検証を深める能力として、仮説/仕組みの「改善」が必要だ。

顧客開拓をしていく中で、自分のアイデアによって生まれた仮説/仕組みに欠陥が見つかることが多々ある。

スタートアップ界隈では7割以上ものアイデアが想定外の改善を迫られるほどで、最初に描いた構想は未熟なものがほとんどだ。

分かりやすい例として、某フードシェアリングのサービスが有名だ。これは味や品質面では問題ないのに、売り切るのが難しくなってしまい、廃棄せざるを得ないレストランなどでの商品をリーズナブルな価格で購入できるものだ。

レストランなどの業者はそのアプリに加入して商品を掲載、それを見て消費者が購入するもので、フードロス業界にとってはとても良いサービスだが、このビジネスのコアである仮説/仕組みに大きな欠陥があった。

それは購入された商品の手数料として、レストランなどの業者から定価の商品価格の35%を受け取る仕組みだったのだ。

この35%の手数料と聞いてあなたはどう思っただろうか。私からすると、いくらなんでも高額過ぎると言わざるを得ない。

サービス側の理屈はこうだった。飲食業界では平均的に食料原価30%、人件費30%、固定費30%、そして利益がだいたい10%くらいだ。さらにこのフードロスは社会貢献事業のため、5%をNPOなどの団体に寄付してくださいというものだ。

つまり、どうせ廃棄するものだから食料原価30%まるまる手数料としてください、さらに社会貢献事業なので5%はNPOなどの団体に寄付してください、というのがサービス側の主張だ。

結論から言うと、これはかなり自己中心的な仮説/仕組みだ。

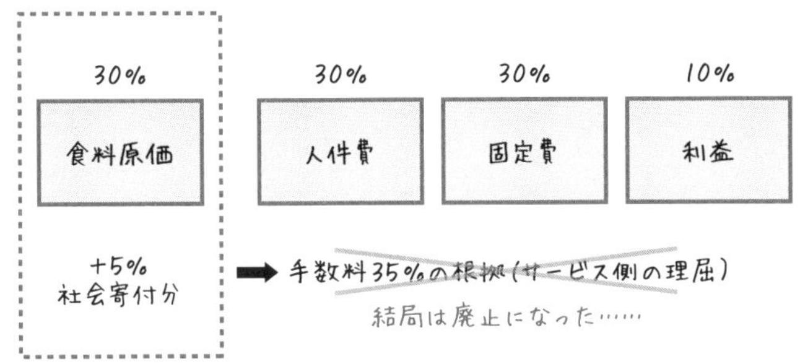

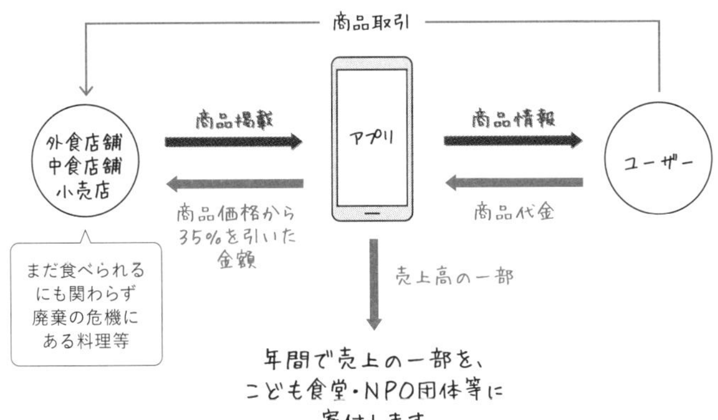

サービス自体は大変良いものだが、この仮説/仕組みに納得するレストランのオーナーは少ない。

この仮説/仕組みの欠陥は３つあると分析する。

①アプリ上で廃棄寸前の商品が定価で売れるわけではない
②つくり手(レストランなど)の気持ちを考えていない
③つくり手(レストランなど)にとってのメリットを提示していない

まず、サービス側が運営するアプリ上で商品は定価では売れない。通常1000円で売っているメニューでも、廃棄直前だと３割くらい値引きがないと消費者にとってメリットが少ない。わざわざそのお店に取りに行く手間もあるからだ。そうなると、どうしても値引いて売らなくてはならない。

よって、食料原価30%を定価で計算するのは矛盾する。また、これは他の業界にも言えることかもしれないが、飲食業界は浮き沈みの激しい業界だ。

自転車操業を避けるため、レストランのオーナーは常に利益を生むのに必死に工夫している。

サービス側は、一生懸命に考え抜いて開発したメニューの食料原価を全て取られる側の気持ちになって考えた上で、この仮説/仕組みをつくったのだろうか。

さらに社会貢献になるからと追加で5％の手数料も上乗せされるのだから、レストランにとって気持ちが良いわけがない。

一方的な押しつけと思われても仕方がない。

結局このサービスは35％の手数料を廃止し、商品が1点売れるごとに150円の定額手数料を受け取る仕組みに変更している。

この事例から、**仮説／仕組みを検証する上でいかに情報を深く解釈する能力が大事**かが分かる。

最初に説明した8つの型の1つである「解釈型」を基に深掘りして考えていくと良い。

「どれくらいの手数料を取れば良いか」を解釈して掘り下げていくと、今のような問題点が見つかってくるはずだ。

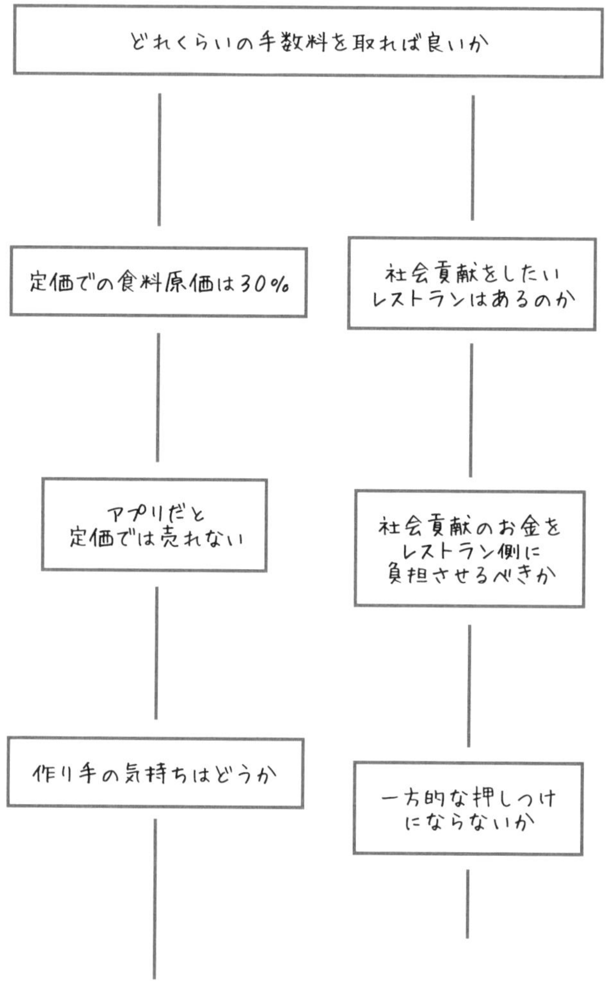
どれくらいの手数料を取れば良いか
定価での食料原価は30%
アプリだと
定価では売れない
作り手の気持ちはどうか
社会貢献をしたい
レストランはあるのか
社会貢献のお金を
レストラン側に
負担させるべきか
一方的な押しつけ
にならないか

サービス側がどれくらいの仮説/仕組みの検証をしたかは知らないが、もう少しレストランなどのオーナーの気持ちになれたのなら、最初から定価の35%などという手数料は設定されなかったと私は信じたい。

このような事例から、仮説検証を深めるためには次の3つの能力が必要であることが分かる。

① 交流力
② 顧客や関係者の気持ちを磨く力
③ 仮説/仕組みの欠陥を見つける力

この3つを常に心がけながら検証をしていくことが、スタートの段階では重要なのだ。

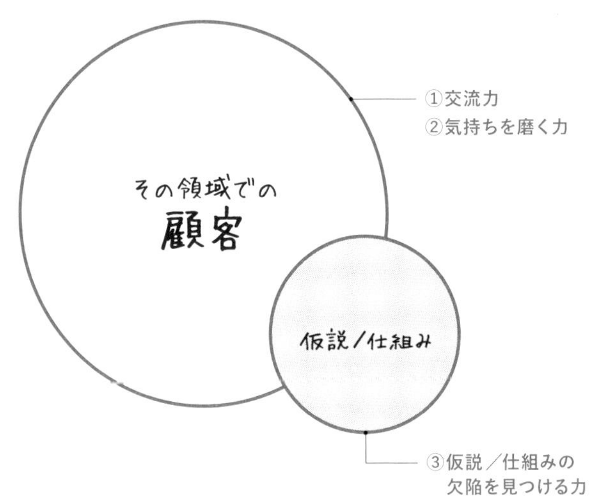

もちろんビジネスなので、ライバルや既存事業を倒さなくてはならない時はあるが、少なくとも同じ船に乗ってくれる仲間とはWin–Winな関係を築いていくべきだ。

ビジネスをしているとパートナー企業のメリットを考えない人を時々見かける。私は基本的にそういう人との案件は見送ることにしている。説得するという手もあるが、結局ビジネスは人と人のものなので、最初からそういう気持ちを持った人は説得しても意味がない。

アイデアを考えると同時に、初期メンバーを見つけるように、**つまるところ「人」が一番重要なのだ。**

アイデアをビジネスに変える能力を身につけたとしても、このことは常に自分の脳裏に焼きつけておいて欲しい。

絶対に押さえておくべき2つの指標

ビジネスのコアである仮説/仕組みが整い、検証によってある程度の顧客がいると分かった。

そこからビジネスとして走り出す時、大企業の新規事業部がよくすることとしては、広報部などによる外部への宣伝活動だ。

中にはメディアなどを呼んで新規事業に関する記者会見を行ったり、関係各所に事業の内容についてのリリースを出したりと、大盛り上がりをするところもある。

ただ、これには大きな落とし穴がある。なぜなら現時点ではまだサービスが完成したばかりで、これといった利益を生み出しているわけではないからだ。

ここで大々的にPRするのは些か時期尚早と言える。もし、これがただの社会貢献事業や新型コロナウイルスなどの差し迫った社会課題の解決をするサービスなら良いと思う。企業価値や株価を上げるためにどんどん情報発信をする場合もあるだろう。

でもこれが利益を追求しなくてはならない新規事業、またはスタートアップ企業としての事業なのであれば、まだ整えなければならないことがある。

それは、一次消費者（Primary Customer）の発掘だ。

つまり、そのサービスを正規の値段で買ってくれる顧客だ。もちろん親戚や知り合いであってはならない。

当たり前と言えば当たり前なのだが、大企業などでの新規事業のリリースなどを見ていると、当初は大々的にリリースをしたにもかかわらず、いつの間にか音沙汰がなくなるものが時々ある。推測するに上手くいかなくなって撤退してしまったと思うが、こういうケースはスタートアップ界隈ではけっこう多い。

では何がいけなかったのかというと、それは「一顧客獲得単価」（Customer Acquisition Cost、以下CAC）が「一顧客生涯利益」（Life-Time Value、以下LTV）よりも大きくなってしまい、赤字を垂れ流してしまうことが原因だ。

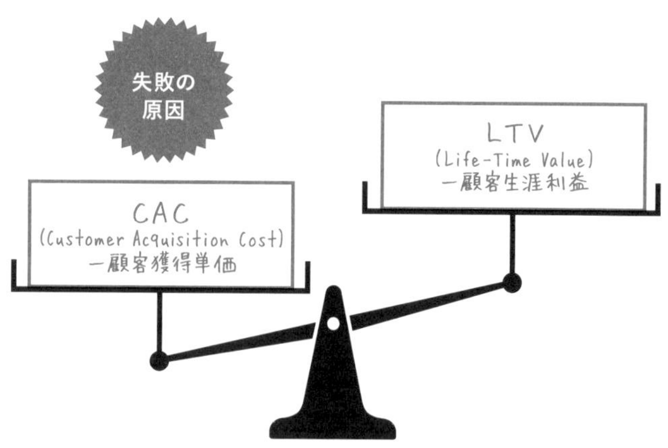

つまり、**その顧客を得るまでのコストの方が、その顧客がそのサービスに落とすお金よりも多くなる**ということだ。

CAC、LTVは以下の式で計算できる。

$$\text{CAC} = \frac{\text{営業\&マーケティング費用}}{\text{獲得できる顧客の数}}$$

$$\text{LTV} = \text{平均顧客粗利（月間）} \times \text{平均継続期間（月数）}$$

ここでのLife Time Value（生涯利益）は無限のように思えるかもしれないが、現実的には「3カ年LTV」などの有限の期間を定めて計算する。そうしないと無限になってしまい、事業計画が立てられなくなるからだ。

つまり、どんな方向に事業が転がったとしても**CACが常にLTVよりも低ければ、事業の継続はできる**。

先ほど言ったようにサービスのリリース直後に大企業が大々的に宣伝などを行った場合、明らかにCACは膨らむ。結果的にLTVが追いつかなくなり、事業の継続は困難になるということだ。もちろん、そういった費用を母体となる大企業が背負ってくれるのなら問題はない。

むしろタダでPRできるのならそれに、越したことはないが、それは本来の姿ではないだろう。収支のバランスをしっかり考えられないアイデアはビジネスとしては成り立たないのだ。

そうなるとCACを下げるか、LTVを上げるか、のどちらかに集中しなくてはならなくなるが、初期は**「LTVを上げること」に集中していくことが大切**だ。

なぜなら、ギリギリの状態で費やしている営業費用を削ることは難しいし、初期の段階でマーケティング費用は大してかけていないのだから削りようがない。つまりLTVを最大化することで事業の継続を狙う選択肢しかないのだ。

そのためには**サービスまたは商品(Product)や価格(Price)を磨き、一次消費者(Primary Customer)をひたすら発掘する**ことでLTVを高めていくことが、大きな成功要因になる。

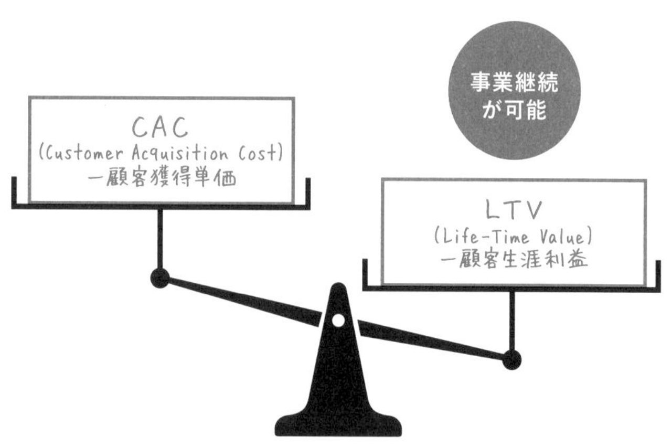

一次消費者をつかまえろ!

では、その一次消費者とはいったい誰なのか。

よく「イノベーター理論」での上位2.5%の「イノベーター」と言われている「冒険心に溢れている新しいものに敏感な人」の中でも特に新しいものに敏感な人たちだ。

いわゆるトップ・オブ・ザトップの潜在顧客なのだ。

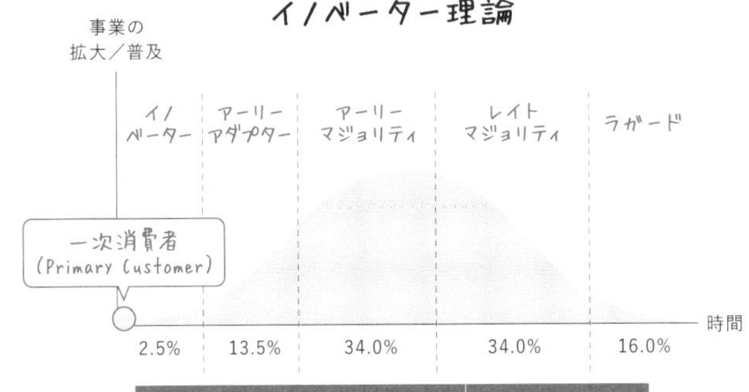

分類	全体に占める割合
イノベーター（革新者）	2.5%
アーリーアダプター（初期採用者）	13.5%
アーリーマジョリティ（前記追随者）	34%
レイトマジョリティ（後期追随者）	34%
ラガード（遅滞者）	16%

では、一次消費者と出会うためにはどうすれば良いのか。これには３つの要素があるので統合型で説明すると分かりやすい。

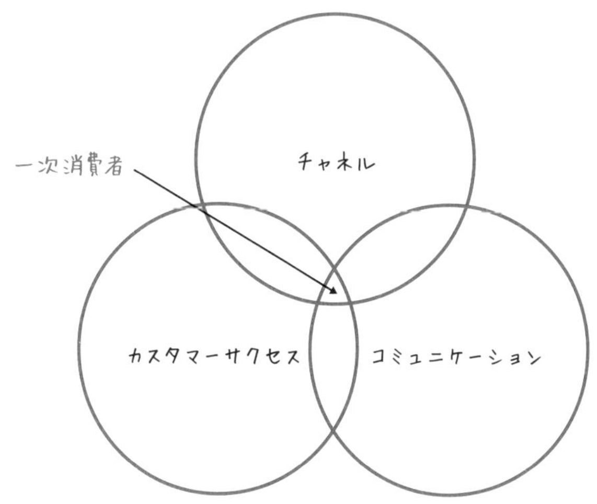

まずは、**「チャネル」**だ。一次消費者に出会うためには、「イベントへの参加」「広告」「SNSによる宣伝」さらには「口コミ」といったあらゆるチャネルを駆使してアピールしていく必要がある。ここでは効率や生産性は一切無視して構わない。泥臭く地道に発掘していけば良い。

そして２つ目は**「コミュニケーション」**だ。せっかく一次消費者と出会えたとしても、自分たちのサービスや商品の良さが相手に伝わっていなければ意味がない。それを再確認しよう。

ターゲット層は正解でも上手く伝わっていなければ意味がない。ここでメンバーの「交流力」が大事になってくる。

さらに3つ目は**「カスタマーサクセス」**だ。これは顧客がどんなサポートを望んでいるのか、そのサービスや商品を使ってもらう上で、どんな課題を持っているのか、それを上手く解決してあげることでLTVを高めていくというわけだ。

この3つの要素を用いて一次消費者の発掘からLTVの最大化までのPDCAを回すことで、事業を軌道に乗せていく。

このようにアイデアから生まれたビジネスのコアである仮説/仕組みでの「CACとLTVの関係性」をしっかり意識しながら、その領域での一次消費者を狙っていくことで、あなたのWISHである「アイデア」を「利益を生み出せるビジネス」にしていくのだ。

「バズる事業開発」のPDCAを回せ!

事業を成長させるためには、リーダーとしてあなた自身のPDCAを回さなくてはならない。もちろんPDCAとは「PDCAサイクル」のことだ。

ビジネスでは、サービスや商品の品質や業務管理における継続的な改善方法として、計画(Plan)→ 実行(Do)→ 評価(Check)→ 改善(Act)の4段階を繰り返す。

では、アイデアを事業として成長させるためのPDCAは何か。

それは「切り株バズ論/完成形」のそれぞれのエッセンスを分解し、定期的に繰り返してレビューすることに他ならない。

私はよく顧問先の企業経営陣に**「事業の成功は、5つのエッセンスによって生まれる」**と伝えている。

①「ビジョン」
②「アセット」
③「課題」
④「コンセプト」
⑤「USP/ターゲット」(サービス/商品)

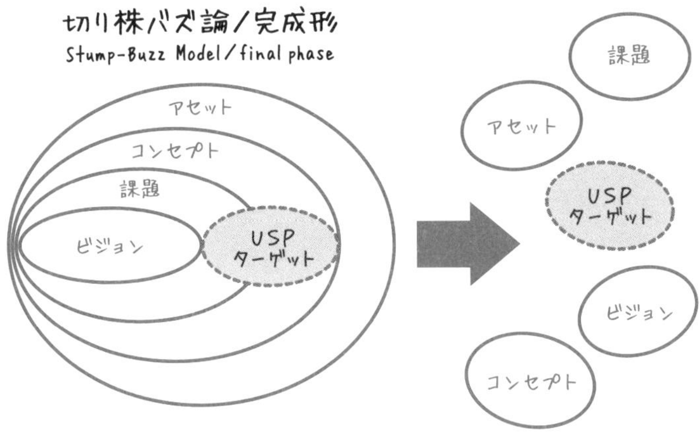

これらの要素こそ、「切り株バズ論/完成形」を分解したものであり、それぞれのエッセンスの内容を定期的に確認することで、ブレのない事業を育てていくことができる。それぞれのチェックポイントを見てみよう。

①「ビジョン」

- 中長期的なビジョンになっているか
- 社員がそれぞれの立場で解釈できるものか
- 社内で浸透しやすいものになっているか
- シンプルで理解しやすいものになっているか
- 社員が自発的に行動できる原動力になっているか

②「アセット」

・社内のアセットは十分に活用できているか
・無駄な人材配置をしていないか
・社員のモチベーションを最大化できているか
・成長する組織構造になっているか
・会社が持つ「強み」を十分に顕在化できているか
・削減できる経費はきちんと把握しているか
・行政機関の制度を活用しているか

③「課題」

・現状の課題はきちんと把握しているか
・自社課題と社会課題の区別はできているか
・未来の課題を予測できているか
・「解決できる課題」と「解決できない課題」を区別できているか

④「コンセプト」

・自社サービスや商品のコンセプトが明確なのか
・課題を解決する新しい視点になっているか
・事業の仕組みに「欠陥」はないか
・今の時代の「概念」と合っているか
・SDG s などの社会課題を解決できるものか
・スモールビジネスに留まらないイノベーションがあるか

⑤「USP／ターゲット」（サービス／商品）

- 自社サービスや商品に対するターゲット層を認識できているか
- 自社サービスや商品のUSP（強み）が顧客に伝わっているか
- そのサービスや商品は既存の業界を変える大きな威力を持っているか

一見、簡単なようだが私の経験上、実はこの5つのエッセンスの確認をしっかりできていない企業は意外に多い。

どんなビジネスも最初はアイデアから生まれる。そのビジネスが一度成功すると、今度はルーティン化することで継続されるわけだが、その継続が何十年たっても改良されていないケースがかなりある。

一方、時代や世の中の流れは常に変化し続けている。定期的にPDCAを実行しないと、あっという間に「イノベーションのジレンマ」に陥ってしまうことがあるのだ。

昔大ヒットしたサービスや商品の売り上げが、落ちて悩んでいる経営者がいるとしたら、**今一度、「切り株バズ論／完成形」を分解してみる**ことをお勧めする。

アイデアよりも大切なことがある

ここまでアイデアをいかに生み出し、そこからどのようにビジネスにしていくかをひたすら説明してきたが、**そのアイデアと生み出したビジネスは世の中の流れによって、いずれ淘汰されるだろう。**悲しいことにそれが現実であり、文明を発展させる歯車でもある。

では、アイデアを連続的に生み出し、それを継続的な事業にしていくためには何が必要なのか。

それは**「人材のモチベーション」**だ。興味深い例として、スマイルズが運営する「スープストックトーキョー」というスープ専門店がある。今では有名なチェーン店だが、以前は大赤字に苦しんでいた時期があった。

しかし、どの店舗も経営が上手くいかなかったにもかかわらず、1店舗だけ業績が良い店があった。

そこの店長は本部に内緒でスープカレーをご飯にかけ、新しい「カレーライス」のメニューとして出していたのだ。

さらに本部に無断で「カレーライス」のポスターまで作って店に貼り出していたというのだから驚きだ。

これを知った本部は本格的に「カレーライス」を全店舗に採用し、スマイルズは経営の危機を脱した。

この事例が良いか悪いかはさて置き、重要なのは会社が赤字に苦しむ中、その店長はただ本部からの**指示を待っていたのではなく「能動的に考え、行動した」**ということだ。

そして、その「カレーライス」がグループ全体を救った。これは高いモチベーションなしにはとうていできないことだ。

私が「人材のモチベーション」の重要性に気づいたのは、かつて所属していた空軍ROTCに入隊したばかりの頃だ。

実技演習でひたすら空軍のコアバリューなどを大声で叫びながら繰り返し暗記させられた。

Integrity first, Service before self, excellence in all we do.

今でもスラスラと言えるほど覚えている。また講義では入隊資格として「キャラクター」、つまり人格が最重要と教えられた。

兵隊の上に立つリーダーとして何が大切で何が人を惹きつけるのか、いわゆるリーダーシップ教育だ。

その中でもアメリカの軍事教育が優れていると思うのは**「外発的動機(Extrinsic Motivation)」**と**「内発的動機(Intrinsic Motivation)」**を上手くつくり出していることだ。

ある日、私が軍事訓練を終え、軍服姿で大学のキャンパスを歩いていると、見知らぬ男性から「国のためにありがとう。良かったらランチを奢らせてくれないか」と話しかけられたことがある。

Chapter 4

とっさのことに驚いたが、詳しく聞いてみると彼は自分の息子も軍隊に所属していた、と話してくれた。これはアメリカ国民が軍人に対して敬意を払っているからで「周囲に期待されている」などの外発的動機と言える。

また軍服の左胸には「リボン」と呼ばれる功績などを示すバッジがつけられている。映画でもよく見るカラフルなものだ。これによって「自分がどの地位にあり、何をしているのか」、鏡を見る度に自覚できる。これは自分の立ち位置(セルフ・ポジショニング)を認識できる内発的動機なのだ。

つまり、**組織における人のモチベーションはこの「外発的動機」と「内発的動機」の２つで成り立っている。**

この２つが上手く成り立っていることで、どんなに過酷な任務であっても軍人は国家のために頑張れるのだ。

さらにお金による報酬や昇進のような外発的動機は「有限」であるのに対して、使命感、責任感、自己成長などの内発的動機は「無限」の場合が多い。

例えば「5000円あげるから、イベントで使う服を選んできて」というのは、**有限**の報酬だが、「君はセンスが良いから、イベントで使う服を選んできて」は、お金ではない**無限**(センスが良い＝期待されている)の報酬だ。

有限の報酬だと、報酬がその行動に見合わなければモチベーションは失せるが、無限の報酬だとそのようなことは起きにくい。

組織づくりにおいて、この内発的動機を最大化することが組織力の向上に最も有効だと言える。

ただ注意して欲しいのが、外発的動機もしっかり整えることも忘れてはならないということだ。

それが疎かになるとただの「やる気搾取」になってしまう。また一度「有限の報酬」にしてしまったら、その後「無限の報酬」に戻してもかえってシラケるだけなので、**最初から両方のバランスを考えながら、人材のモチベーションアップ**を図って欲しい。

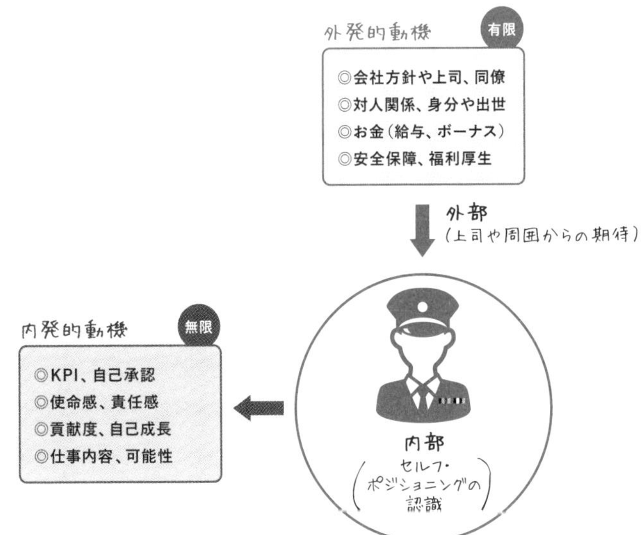

継続的なアイデアや事業は、カリスマ性のあるリーダーがつくった組織だと社員のモチベーションが高くなる。

これはアメリカのコンサルタントであるジム・コリンズ（Jim Collins）氏の著書である『ビジョナリー・カンパニー』と似ている。

優れた組織をつくり、そこにいる社員に活力を与え、社員の創造力が次々と面白いアイデアを生み出すのだ。

その**組織づくりに必要なことは「一気通貫した基本理念」だ。**「自分たちが何者で、何のために、何をしているのか」を分かりやすい言葉でシンプルに組織の中に浸透させることで、組織としての力が発揮される。

一見カルト集団と似ていると思われるかもしれないが、カルト集団との違いは「絶対に個人崇拝はしない」ということだ。

ビジョナリー・カンパニーが崇拝するのは、あくまでも「一気通貫した基本理念」だ。そしてビジョナリー・カンパニーではとにかく試行錯誤を繰り返し、成功したものを残す。さらに経営陣は外部から招き入れるのではなく、生え抜きを抜擢する。

例えば、サイバーエージェントの藤田社長は、このビジョナリー・カンパニーに影響を受けていることを自ら語っている。「21世紀を代表する会社を創る」というシンプルで浸透しやすい企業ビジョン、新卒や若手を子会社の社長に抜擢する制度、さらには新規事業への積極的な挑戦とそこでの撤退ルールは、ビジョナリー・カンパニーそのものと言える。

日本にある100年企業は、3万3000社あるが、それぞれに**基本理念があり、時代によって柔軟に変化している。**伊藤忠、トヨタ自動車、さらには東レなどの名だたる企業も近江商人の三方よし（売り手よし、買い手よし、世間よし）の影響を受けている。

私がつまるところ「人」が重要だ、と言い続けているのは、そういう理由からだ。ただ単にアイデアを生み出し、それをビジネスに変えるだけでは意味がない。組織全体が継続的にそれを生み出すためには、内発的動機に注力した組織づくりが大切なのだ。

アイディアは図で考えろ!

第5章

アイデアで、
自分のキャリアを
切りひらけ!

アイデアを持つ者が、リーダーである

働き方の変化や医療の発達によって人生100年時代と言われている現代、自分のキャリアを選択することは当然の権利だろう。

ギスギスした人間関係の中や時代遅れのステレオタイプな上司の下で働くことは、心身ともに極めて不健康と言わざるを得ない。

そんな時代だからこそ、自分のアイデアを積極的に仕事に取り入れ、選択できる環境にしていくべきだと思う。

もし**あなたのアイデアが事業になれば、あなたはその事業のリーダーであり、創設者だ。**投資家や企業内での一定の方向性はあるものの、あなたにはプロジェクト・リーダーとしてある程度の裁量権が与えられる。

実はこの裁量権こそが、あなたのキャリアを輝かせ、人生を健康なものにしてくれるのだ。私は別に大きな権限が必要だと言っているわけではない。

「ある程度の選択ができる環境」がキャリアや人生では必要な

のだ。

コロンビア大学ビジネススクールのシーナ・アイエンガー(Sheena Iyengar)教授の著書『選択の科学』では選択をすることは動物の本能だと言っている。

外敵がいない動物園の中にいる動物と、危険が多い環境下にいる野生の動物では、野生の動物の方が何倍も長生きするのは、選択できる環境下にいるからだ。

自分の状況をコントロールできないことによって生まれるストレスは、生命そのものを早死にさせる。

イギリスの男性公務員1万人を数年間にわたって調査したところ、一番下の地位にいる公務員は、最高位の公務員よりも冠状動脈性心疾患による死亡率が3倍も高かった。

つまり、最高位の公務員が持つ仕事上の責任の重圧よりも、最下位の公務員が抱える「選択できない」ストレスの方が、明らかに健康に良くないということになる。

ここで言う選択の権限は大きさではない。

あくまでも選択できるかどうかの認知だ。どんなに小さいことでも「選択できる自由」がその人の生存率を高めるのだ。

ただし、その選択がどれを選んでも苦痛なものであれば、選択することを手放すことも忘れてはならない。

いずれにせよ、自分のアイデアをビジネスに変えるということは、**自分にある程度の「選択できる自由」を与え、キャリアを健全な方向に導くことにもなる。**

さらに人は選択を繰り返すことで、優秀なリーダーに近づくことが可能だ。

スタートアップ企業などの新興企業では常に選択の連続だ。整備された規則もなければ、個々の事象に対する前例もない。入社間もない新卒社員であっても、目の前に立ちはだかる課題に対して、何かの選択をしなければならない。

その選択の繰り返しが経験となり、今後の仕事に役立つことになる。私も軍事訓練や外資スタートアップ企業などで数え切れないほどの選択を迫られた。その1つひとつが今の仕事で役立っている。

それを「勘」と言ってしまうのは少し乱暴かもしれないが、多様化するこれからの時代で「選択できる自由」を与えてくれる職場環境はますます重宝されるだろう。

特に伝統的で安定した業界では、若手に選択させる環境はつくりにくいかもしれない。

だからこそ、自分のアイデアをビジネスに変え、そのプロジェクトで**選択できる環境をつくることは、今後のキャリア形成のためにとても重要だ**と言える。

選択できる自由を自分の成長に活かす

ここまで「ビジネスパーソンになれ」とか、「アイデアで新しいビジネスをつくれ」とか、さらにはアイデアの考え方やつくり方を話してきたが、なぜそんなことをしなければならないのか。

日本経済や企業の成長のためか。そんな大それたことは結果論でしかない。

重要なのは「あなた自身のキャリアにどう関係してくるか」だ。

いまだに年功序列＝給与額が色濃く残るこの日本で、いずれは転職するかもしれない若手が、そこまでがむしゃらに頑張って何になるのか。

私がかつて、大手IT企業で受注率300％（ノルマの目標よりも3倍の成績）という好成績を出した時、ボーナスが3万円だけ上がったのは、今になっては懐かしい昔話だ。

拙著『通年採用時代の就活デザイン』を執筆した時も何人かの新社会人に「今の仕事が将来にどうつながるのかが見えない」と相談されたこともあった。

確かに今の仕事が企業のためになりはしても、個人のためになるかが不明な仕事はある。

だからこそ、ビジネスパーソンになって、新しく事業開発をする必要があるのだ。この仕事こそが個人のキャリアを飛躍的に成長させられると私は断言できる。その理由を説明しよう。

❶ 自分のマーケット・バリューを高められる

20代のうちは「質」よりも「量」が大事だ。ブレインストーミングと同じで、質を上げるにはまず量をこなす必要がある。

顧客の獲得から企画の実行、さらにはお金のことまでを能動的にできるのは新規事業開発が一番良い機会だと私は思う。

もちろん起業するのも同じことで、新しくビジネスをつくるという意味では変わりない。未熟でも不格好でも若いうちに何かのリーダーになることは、リーダーシップ論の観点から非常に重要だ。私がいた空軍ROTCでは卒業して少尉に任官した途端、何人かの兵隊を率いる隊長になる。

社会経験など関係ない。**試行錯誤しながら「量」をこなすことで「質」を高めていく。**リーダーというポジションがその人自身を育てるのだ。自分の専門領域は30代になってから決めても遅くはない。

20代でインプットした「量」を30代になって「選び」、それを「磨く」ことで自身のマーケット・バリューは上がる。

30代からの仕事は、所属する組織だけでなく、その人自身にとっても利益になるものであって欲しい。新規事業開発はそういう意味でも絶好の機会だと言える。

❷ 新規事業開発は飛躍的な急成長が期待できる

もう1つの理由として、社内または外部の既存事業のコア・コンピタンスを活かした新規事業開発は、成功したら既存の事業よりも飛躍的に急成長する可能性があることがあげられる。

ここで言う新規事業開発は「社内外でのスタートアップ」だ。慎ましくやっている個人商店のようなスモールビジネスではない。

もちろん一定の利益を上げながら、顧客に価値を提供するスモールビジネスも立派なビジネスだ。

ただし、本書で扱っているのは、短期間で急成長を狙うためのクリエイティブ思考やビジネスセオリーだ。テクノロジーの発達によって、時代はあっという間にIoTに突入している。これからの時代での新規事業開発にテクノロジーを取り入れないことは考えられないだろう。

私は**既存事業は、コーラの「原液」**だと思っている。そして**テクノロジーはそれを広めるための「炭酸水」**だ。自社のコア・コンピタンスである原液をテクノロジーという炭酸水で広げていくことで、事業の急成長が見込めるだろう。

もしあなたがそれに成功すれば、あっという間にスターになれるし、下剋上にもなる。

新規事業開発にはそういう栄華があるのだ。次ページに、スタートアップとスモールビジネスをそれぞれ比較の図で記載したので、確認して欲しい。

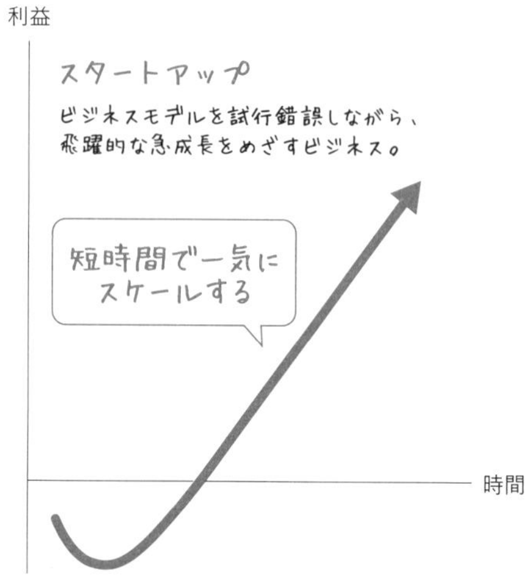

利益

スタートアップ

ビジネスモデルを試行錯誤しながら、
飛躍的な急成長をめざすビジネス。

短時間で一気に
スケールする

時間

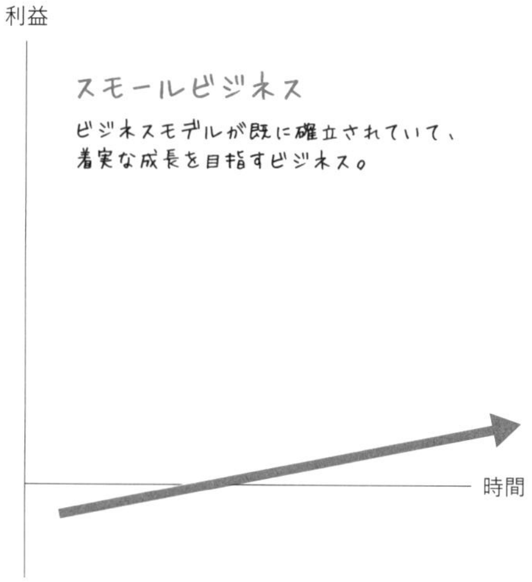

利益

スモールビジネス

ビジネスモデルが既に確立されていて、
着実な成長を目指すビジネス。

時間

組織パフォーマンスを上げるリーダーシップ

第4章の終わりでメンバーのモチベーションを上げるためには**「内発的動機」**が重要だと述べたと思うが、ここからリーダーシップについてもう少し考えを深めていこう。

アイデアをカタチにするためには、想像以上の険しい道を乗り越えていかなければならない。初期には信頼できる幹部メンバーに限られるが、資金調達などに成功すれば自ずとプロジェクトに携わるメンバーは増えてくる。

幹部メンバーだけが強い意志を持っていても、それについてくるメンバーのモチベーションが下がってしまうことがないとは言えない。

ギリギリのコストパフォーマンスでやっている中、メンバーの士気低下は事業の成長に大きな打撃を与える危険性もある。

リーダーとしてのキャリアの中で、高い成果を上げられる組織をつくるためには**「リーダーシップ」**というものを理解しなければならない。

これは私がいた空軍ROTCでも基本中の基本で、将校として兵力を率いる中で、自分がどんなリーダーであるべきかを常に自問自答していく必要があった。まず、リーダーシップには2種類のものがある。

①トランザクティブ・リーダーシップ
(Transactive Leadership)
②トランスフォーメショナル・リーダーシップ
(Transformational Leadership)

1つ目の**トランザクティブ・リーダーシップ**とは、名前の通りメンバーの自己意思を重んじながら、「取り引き」のようにやり取りをするという意味だ。さらに、このトランザクティブ・リーダーシップは3つに分類されている。

(1)コンティンジェント・リワード
(状況に応じた報酬)
(2)マネジメント・バイ・イクセプション(能動型)
(3)マネジメント・バイ・イクセプション(受動型)

まず、コンティンジェント・リワード(Contingent Reward)とは、状況に応じた報酬という意味で、成果に応じて金銭的な報酬を支払うものと、「よくやった」や「頑張っているね」などのコミュニケーションを用いた報酬などがある。
(2)のマネジメント・バイ・イクセプション(能動型/Management by exception, Active)は、問題が起こる前に「このままだとヤバいよ」と注意して介入する方法だ。

そして、(3)のマネジメント・バイ・イクセプション(受動型/Management by exception, Passive)は、実際に部下やメンバーに失敗させてから対処する方法だ。

「失敗から学べ」的な指導方法である。この3つをまとめてトランザクティブ・リーダーシップと言う。特に確定要素が多く、安定した事業環境ではこのようなリーダーが求められている。

では、②の**トランスフォーメショナル・リーダーシップ**とはどういったものなのか。

これはメンバーなどを正しい知識に導く方法で、一般的に「カリスマ的なリーダー」とはこれを指す。特にスタートアップ企業や新規事業のような不確実性が高い事業環境では、このようなリーダーが必要とされている。

アイデアをビジネスに変えるような環境下ではこのタイプのリーダーが適していると言えるだろう。さらにメンバーを導く方法として主に4つある。

(1)組織ミッションの明確化
(メンバーのロイヤリティ向上)
(2)事業の可能性と魅力を伝える
(モチベーションアップ)
(3)新しい視点でメンバーを刺激していく
(4)それぞれのメンバーに向き合い、
その成長を重視する

実際にこれらのリーダーシップを用いた研究として『The Leadership Quarterly,1998』や『Journal of Applied Psychology, 2003』で発表された論文がある。

それによると、組織で高い成果を上げられたのは「トランザクティブ・リーダーシップ」の**「コンティンジェント・リワード」**と**「トランスフォーメショナル・リーダーシップ」**の2つだった。

そして成果が低かったのが、「トランザクティブ・リーダーシップのマネジメント・バイ・イクセプション（能動型）」で、最も良くなかったのが「トランザクティブ・リーダーシップのマネジメント・バイ・イクセプション（受動型）」だった。

つまり問題が起こる前だろうが、起こった後だろうが、メンバーに対して「外発的動機」または「内発的動機」の動機づけができないリーダーは、メンバーからは歓迎されないということだ。

「比較型」でシンプルにまとめてみたので、あなたの上司がどんなリーダーなのか、またはあなた自身がどのタイプのリーダーなのかを改めて考えてみてはいかがだろうか。

メンバーの満足度・組織パフォーマンス

高

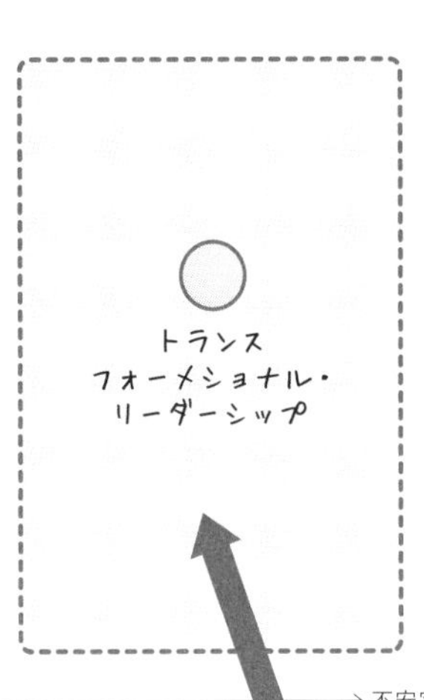

トランザクティブ・
リーダーシップ
コンティンジェント・リワード

事業環境　安定　不安定

アイデアを
カタチにする時に
必要なリーダーシップ

トランザクティブ・リーダーシップ
マネジメント・バイ・
イクセプション（能動型）

トランザクティブ・
リーダーシップ
マネジメント・バイ・
イクセプション（受動型）

低

リーダーに必要な勇気とは？

第1章で、事業開発に必要なものは「面白いアイデア」「狂っているように見えるアイデア」そして**「勇気」**と述べたが、この最後の「勇気」という言葉が腑に落ちない人もいたのではないだろうか。

なんとなく抽象的というか、精神論というか、もちろん人の心を動かす仕事に「1割の感動」のような感情的なものは必要だが、もう少しロジカルに解釈していく。

ここで使うのが「解釈型」なのだが、これまでに述べたことを思い出しながら、この勇気とは何を指すのか考えてみよう。そもそもなぜ勇気が必要なのか、それは「狂っているように見えるアイデア」を実行に移すかどうかを決めなければいけないからだ。

つまり、それは**「決める力」**であり、**「リーダーとしての決断力」**なのだ。プロジェクトをリードする立場であれば「プロジェクトを判断する力」になるし、経営の立場であれば「経営を判断する力」ということになる。

それとは別に「勇気」は、**何かを伝える力**でもある。コミュニケーション能力がある人ならまだしも、他人に何かを伝えることに勇気は必要だ。

特に「狂っているように見えるアイデア」を説得する労力は、並大抵のものではない。経営者であれば役員陣に、企業に所属していれば上司と上層部を説得する必要がある。つまり社内での**根回しをする力**だ。

これは、日本だからというものではない。他の国でも同じだ。社内を説得する力は万国共通であり、事業開発でのクリエイティブ・ディレクションにおける「勇気」は根回しする力でもある。

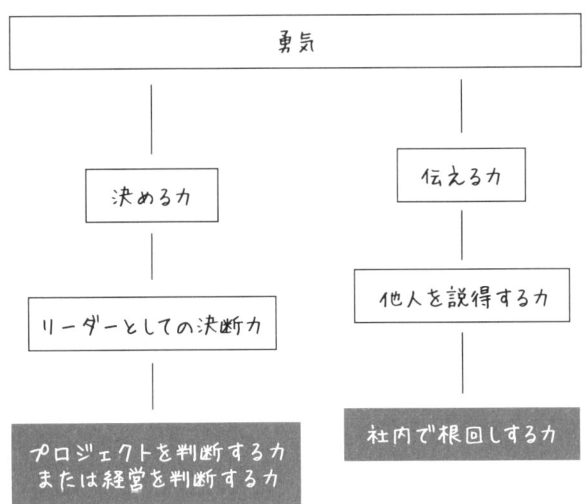

Chapter 5

興味深い論文としてワシントン大学のマーカス・バエアー（Markus Baer）氏が2010年に発表したものがある（Putting Creativity to Work：The Implementation of Creative Ideas in Organizations.）。

これは社内でクリエイティビティを持つ人がそれを実現させるには何が必要かを研究したもので、クリエイティビティを持つ人には前提条件がある。それがこの2つだ。

①実現への高いモチベーション

②社内での広い人脈

バエアー氏は500人規模の農産物加工企業の従業員とその100人以上の上司を対象に研究した結果、従業員のクリエイティビティを実現するためには、この2つの条件が揃ってこそイノベーションが起きると結論づけた。

つまり、**クリエイティビティだけではイノベーションは起きない**ということだ。

自らがアイデアを生み出し、勇気を持って周囲を説得し、時には大いなる根回しをしなくてはならない。

もちろん、一度では済まない時もある。試行錯誤しながら何度も挑戦し、ようやく決済が下りるようなことも日常茶飯事だ。

事業開発に必要な「勇気」は、言葉で表現するのは簡単だけれど、とてつもない精神力と行動力が必要なものだ。

もしアイデアはあっても勇気が少し足りないような時は信頼

できる上司や先輩などに頼るのも方法だ。

その企業にいる期間が長い方が社内での人脈も広いし、根回しにも慣れているはずだ。

あなたを必要としている会社であれば、どんなに「狂っているように見えるアイデア」であっても、きっと1人くらい味方はいるはずだ。

ただ、その未知のアイデアが正しいかどうかは、その人たちでも判断はできないので、自分の考えをしっかり持つことも忘れてはならない。

私自身もいろいろな先輩や信頼できる上司に助けられてきた。彼らのサポートがなかったら、こうして事業開発のクリエイターとして仕事をすることもなかったと思う。

本書を読んでいる皆さんの状況はさまざまだろう。当たり前のことかもしれないが、自分の味方になってくれる人がいることは、どんな勇気よりも心強いと思う。

チームが同じ方向に進む「伝える力」

せっかくなので、リーダーの「伝える力」についてもう少し考えてみよう。

自分でプロジェクトを立ち上げ、選択できる環境をつくったとしよう。そうなるとプロジェクト・メンバーに指示をしたり、伝えたりする必要が出てくる。

実は**この伝え方によって効果は違ってくる。**

先ほどリーダーシップの種類について話したと思うが、カリスマ性が高く、評価されるリーダーには特有の伝え方がある。

『Administrative Science Quarterly,2001』と『Leadership Quarterly,2005』に面白い研究論文がある。

これらはアメリカ合衆国歴代大統領の演説を分析し、どの演説が高く評価されているか、またその傾向を導き出したものだ。

研究チームは「イメージ的な言葉」と「コンセプト的な言葉」の2つで分析をした。

①イメージ的な言葉（映像や光景が思い浮かぶ言葉）
②コンセプト的な言葉（論理的な解釈ができる言葉）

1つ目のイメージ的な言葉は、映像や光景が思い浮かびやすい言葉で、「口の中に入れる」または「風が肌にあたる」といったようなものだ。

それに対して2つ目のコンセプト的な言葉とは、「食べる」または「くつろぐ」といったような表現だ。

第44代大統領バラク・オバマ氏の就任演説の一部分、「we will extend a hand if you are willing to unclench your fist(もしあなたがこぶしを開こうとするなら、私たちは手を差し伸べる).」での「手を差し伸べる」はまさにイメージ的な言葉だと言える。

コンセプト的な言葉であれば、「手を出す」になる。研究チームによる分析の結果「イメージ的な言葉」を使う頻度が高い大統領の方が、カリスマ性が高く、偉大なリーダーとして後世でも評価されていることが判明した。

さらに比喩的な表現（メタファー）を使う頻度も調べた。例えば「我が国は偉大な航海に出発した」はメタファーな表現だ。ここでも「カリスマ性が高く、評価されるリーダーは、メタファーを使う頻度が高い」ということも判明した。

そしてこの「イメージ的な言葉」と「メタファー」共に使用頻度が高かった大統領ベスト４に、ニクソン大統領とケネディ大統領の２名がランクインしていた（共に１位）。

ニクソン大統領は外交の面で高く評価された政治家であり、ケネディ大統領は言わずと知れた歴史に残る人物だ。

つまり、カリスマ性が高く、偉大なリーダーとして評価される人は、自分が持つビジョンをイメージ的な言葉やメタファーを用いて、分かりやすく相手の五感に訴えかけているのだ。

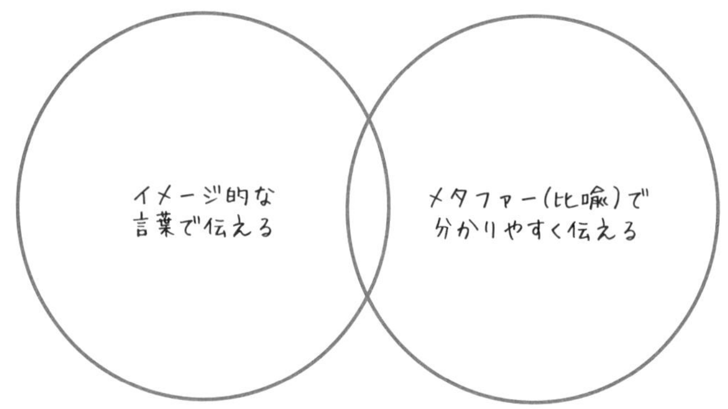

アイデアの事業化に全てを集中させろ

オックスフォード大学の教授だったアイザイア・バーリン（Isaiah Berlin）氏は、著書『ハリネズミと狐』でこう述べている。

「狐は狡猾でいつもいろいろなことを考え、回りくどい作戦を使い目的を達成しようとする。一方、ハリネズミは単純で狐に襲われそうになったら、ただ単に身体を丸めるだけの防御に入る。結局、狐はいつも諦めてしまい、ハリネズミの捕獲に失敗する。」

これは人間にも言えることで「社内で人間関係をいじくり回して自爆する人」と「シンプルに自分がするべきことにだけ集中して成果を出し続ける人」の2種類がいる。

私はアメリカの大学時代、司法行政学（Administration of Justice）という専攻の中で諜報（スパイ活動など）や警察学を勉強していた。

警察の捜査や諜報活動というものは情報などを収集・整理し、その事実を踏まえながら、何をすべきかを考えて実行するものだ。

映画やドラマのように、机上の空論とロジックだけで容疑者に仕掛けをしたり、追い詰めたりすることはほぼない。

諜報の世界でも歴史的に行われてきたハニートラップ、暗殺（狙撃や毒殺など）、盗聴などの世界各国のスパイの手口はどれも単純なものが多い。

たとえ諜報活動であってもその実態はとてもシンプルだ。

なぜなら、神様でない限り、全ての人間の思考や行動をコントロールすることは不可能だし、そうするように仕向けたとしても、さまざまな環境要因によって瞬く間に覆される。狐のように狡猾な人間は良い末路を迎えることはほとんどない。

逆にシンプルに成果を出し続けられる人は、多少の邪魔が入ったとしても少し環境を変えれば、たいていはやっていける。

何を言いたいかというと、これはビジネスにも当てはまることで、**ハリネズミのように単純明快な作戦の方が成功する可能性は高い。**

自分のアイデアをカタチにする時、スタートアップ企業のようにスピード感があり、周囲の勧誘が少ない場合は当てはまらないかもしれないが、社内起業や新規事業部のような会社の中にいる人たちは何から手をつけたら良いのか迷う場合が多いかもしれない。

「社長がこの分野に注力しているから、その分野で良いアイデアを事業化した方が良い」とか「こっちの業界の規模が大きいので、同じやるならそっちの方が評価されるぞ」などのありがた迷惑な勧誘も想定される。

そんな状況になった場合、答えはシンプルだ。

「ハリネズミ戦略」を取れば良い。これは『ビジョナリー・カンパニー』を書いたジム・コリンズ(Jim Collins)教授が5年後に出した『ビジョナリー・カンパニー2　飛躍の法則』でも説明している。

「ハリネズミ戦略」でのエッセンスは3つある。

①世界一になれる可能性があるもの
②情熱を持って取り組めるもの
③利益をもたらすもの

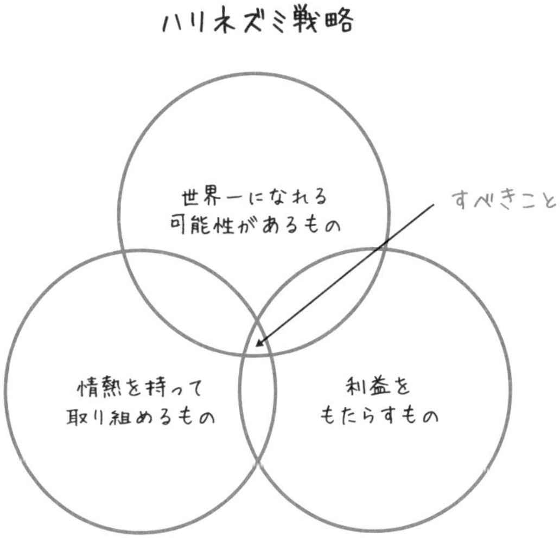

ハリネズミ戦略

世界一になれる
可能性があるもの

すべきこと

情熱を持って
取り組めるもの

利益を
もたらすもの

この３つが当てはまれば、十分に挑戦する価値はある。改めて考えれば人間関係もキャリアも至ってシンプルで、狐のように複雑に考える必要はない。

ハリネズミのようにシンプルになれば、余計な勧誘や意見に惑わされることなく、アイデアの事業化に専念できるだろう。

あとは、己の才能を身震いするほどに沸騰させ、

時間を忘れるくらい**「もがき楽しめる」**仕事をやるだけだ。

企業文化という大きな壁と戦え!

ただ、アイデアをビジネスに変える時、避けて通れないのが企業文化という大きなオバケだ。

もっと日本語っぽく言えば「社風」になるが、これが自分にとって向かい風の場合は本当に厄介なものだ。

スタートアップ企業が投資から資金を得る時は、投資側が新規事業にポジティブな姿勢から始まっているので、まだ良いものの、企業内の新規事業部や何の根拠もないアイデアの段階で社内を説得するのは非常に難しい。

たいていの場合「重箱の隅を楊枝でほじくる質問大会」になってしまう。「うちの会社がそれをする意味は何だ」「損益分岐点はきちんと計算されているのか」「本当にリスクはないのか」など、やってみなければ分からないことを事細かく聞かれる。

でも、それは決して悪いわけではない。

会社はあなたのアイデアに投資をするわけだから、事業計画や想定されるリスクを吟味するのは、当たり前と言えば当たり前だ。安定した既存事業の経営陣からしたら、不確定要素が多い新規事業はリスクでしかなく、全てにおいて逆行している。

よく「社風に合っている」とか「社風をよく知る」などと言われることがあるが、この企業文化こそが「企業という集団社会での価値観の拠り所」なのだ。

そもそも人間は弱い生き物だ。例外を除いて、1人になれば孤独を感じるし、心のどこかで何かしらの拠り所を探している。つまり、何かの判断を下す時、それが正しいのか否かの判断材料として「その企業の過去の経験を基に、蓄積された成功体験」を参考にするのだ。

例えば、トップダウンで成功してきた企業なら、新規事業への投資の是非もその企業のトップに任せる傾向にある。

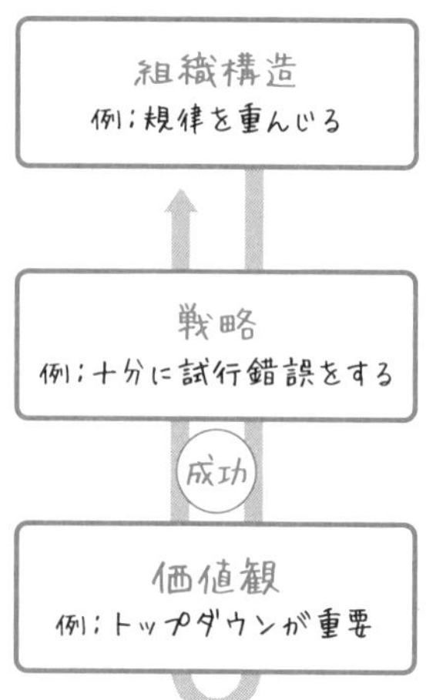

またフラットな議論によって成功した企業であれば、みんなで議論しながら新規事業への投資判断を下すだろう。よって**企業文化は「その企業の過去の成功体験に付随する」**ということだ。

もしあなたのアイデアから生まれた事業が、この企業文化と少し違うところがあれば、社内から袋叩きにされるのは目に見えていることだ。

厄介な企業文化を突破する方法

では、どうすればいいのか。ここも主に5つのエッセンスに分かれている。これらをしっかり準備しておくことで、こちらのアイデアをより現実的なものにし、企業内での事業化または投資を説得していくのだ。

①数字のロジックをしっかり準備する
②顧客の声を調査しておく
③社内または社外の権威者の意見を準備する
④ルールなどの規定を調査しておく
⑤リスクと撤退ルールを定めておく

❶ 数字のロジックをしっかり準備する

まず数字のロジックだが、これは事業化する上で基礎中の基礎だ。「想定される数字の根拠が何なのか」「どうしてこの数字なのか」などをしっかり準備しておくことで、ちゃんと考えて提案していることを理解してもらう。

先ほども述べたように、新規事業のプレゼンは重要なフェーズになればなるほど「重箱の隅を楊枝でほじくる質問大会」になることが多い。数字は嘘をつかないので、隅々まで想定して準備されることをお勧めする。

❷ 顧客の声を調査しておく

次は顧客の声を調査しておくことだ。まだ見ぬ未知なものの「仮説/仕組み」はどんなに説明したところで、その信憑性は低いことが多い。

「本当にその仮説が成り立つのか」、この疑問を解決してくれるのが、顧客の声だ。どんな事業計画でも、この顧客の声以上に信憑性が高いエッセンスは他にない。前に説明したフードロス事業であれば、それを買ってくれる顧客が実際にいることが、その事業を成功に導く。結局のところ、**実感が持てない疑問を払拭するのはこの顧客の生の声が一番**なのだ。

❸ 社内または社外の権威者の意見を準備する

疑問を払拭するもう1つの方法として、社内または社外の権威者の意見を取り入れることも大切だ。社内であればその領域に詳しいライン長になるし、社外であれば大学教授などの専門家がそれに該当する。

特に日本では「根回し」文化が強いため、事前に意見を聞いておくのと、おかないのでは、結果は大きく違うだろう。

そもそもそれらのキーパーソンが認めない事業を社内検討会議に持ち込んだところで、認められないのは目に見えている。

❹ ルールなどの規定を調査しておく

ルールなどの規定を知っておくことも重要だ。

例えば、事故物件に関する新規事業であれば、国土交通省のガイドラインを把握しておく必要がある。これまでは借り主に対しての事故物件の報告義務は間に１人跨げばその必要はなくなることになっていた。

つまり事故物件を１回駐車場にした後、その後に建てた建物は事故物件ではなくなるのだ。しかし、国土交通省のガイドラインの変更によって「〇〇年経てばその報告義務がなくなる」ということになれば、事故物件に関する事業計画も変わってくるだろう。

物事の法令などのルールを把握することで、その事業の信憑性も上下する。

❺ リスクと撤退ルールを定めておく

そして最後が**事業のリスク**と**撤退ルール**をしっかり明記することだ。実際に新規事業をバンバン生み出しているサイバーエージェントにも撤退ルールというものが存在する。

これは「いついつまでにこれができなかった場合、その事業からは撤退する」ということをルール化したものだ。撤退ルールがないと投資する側からしたら、最悪の状況下での損失が見えにくくなる。
「そのリスクはないので大丈夫」とか「こうならないので安心してください」では説明にならない。必ずリスクと撤退ルールを定めておくことが大切だ。

実はこの撤退ルールに関して、不確実性が高い近年の新規ビジネスでは**「リアル・オプション理論」**というものがある。
これは投資の柔軟性を高めながら、そのリスクをできるだけ抑える方法で、簡単に言えば、ある程度だけ投資をしてみて、その結果を見ながら追加投資の是非を考えることだ。
デジタルの発展によって、ビジネスの境界線が見えにくい現代、アイデアをビジネスにする上での不確実性は非常に高い。だからと言って二の足を踏んでいてはビジネス・チャンスを逃してしまう。
そこで「リアル・オプション」という方法を使って、まずは少しだけ投資をしてみるのだ。
例えば、1億円を投資する必要がある事業でも、まずは3000万円だけ投資をしてみる。もし市場の成長が5％のままなら撤退、10％にまで伸びるのであれば、残りの7000万円も追加で投資すればいい。
最悪、3000万円の損失で済むのなら、試してみる価値はあるかもしれない。投資ラウンドでのエンジェル、シード、シリーズAからCまでのステップがこれに似ている。

一般的な投資法

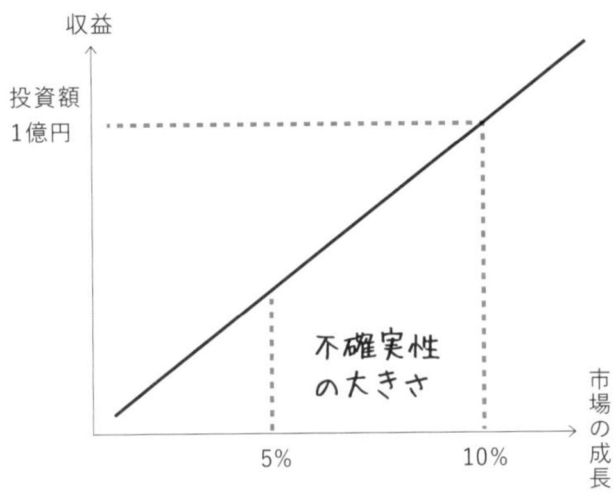

リアル・オプションの投資法

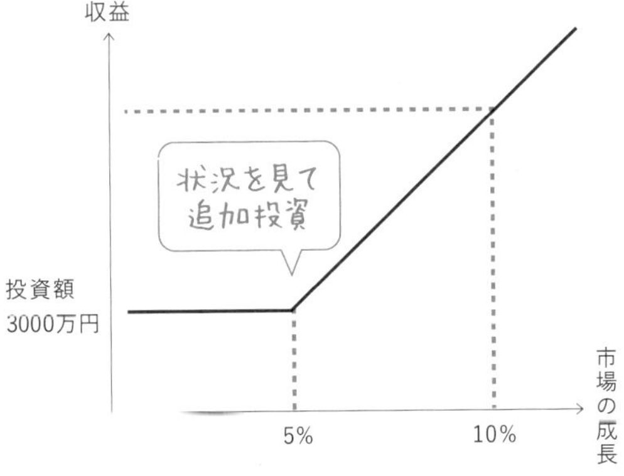

不確実性が高いIT業界のみならず、今後の多様化するビジネスでこの「リアル・オプション理論」を用いた投資方法は、さらに重要になっていくと思う。

さらに、今説明した5つのエッセンスに加え、アイデアをビジネスに変えるための環境要因も大きな追い風になってくる。

企業文化は意図的には変えられない。

特に確固たる成功を体験し、そこから学んできた企業にとって、その成功と学習ルーティンを捨ててまで、何の根拠もない新しいことに挑戦をするのは、自決することに等しい。

企業文化を変える「変容モデル」

そこでまずは経営陣に環境要因から徐々に説得していく必要がある。

マサチューセッツ工科大学のエドガー・シャイン(Edgar H. Schein)教授は、これを「変容モデル」として提唱している。

第1段階　変化の動機づけ
第2段階　新たな概念と意味を学習する
第3段階　新たな概念と意味を取り込む

第1段階としては、現状の把握をさせなくてはならない。企業そのものとしての「生き残りに対する不安」や「それを取り巻く競合他社の現状」を理解することで「このままではヤバい」という危機感を持つことから始まる。

今や海外の博物館で展示されているFAX（ファックス）が、日本で生き残っているのも、それを良しとする危機感のない環境が原因だ。

「メールができなくてもファックスが使えれば良い」と思っているからで、もしファックスを法律で禁止する、またはファックスの会社が全部潰れてしまったら、ファックスを使っている企業はようやくメールを使う方法を勉強し出すだろう。

第２段階は、**新しい概念と意味を安心して学べる環境**を用意してあげることだ。誰でも新しいことをする時は不安だ。

そういう時は他の業界から似たような仕組みを学習させたり、模範となるような事例や人を引っ張ってきたりして安心させる必要がある。

これこそ「応用型」を使えば良いのだが、そもそも新し過ぎるアイデアだと、まだ事例やその先駆者自体が存在しないため、どの最先端の事例や人物を持ってくるかは非常に悩ましい。

どうしても見つからない場合は、大学などの専門家を招いて話をしてもらうだけでも効果はあるはずだ。

第３段階では、**いよいよ新しい概念と意味を取り入れていく。**

ここまで来れば、ある程度は経営陣もやる気になっていると思うので、着々と進めていくことで企業の成功体験として根付かせていこう。

これがやがて新しい企業文化として定着していく。

ただし、失敗をしてしまうと「やはり新しいものには手を付けるべきではなかった」と経営陣がヘソを曲げてしまう場合もあるので注意が必要だ。

今の時代、失敗しても良いような文化がある企業は生き残るので、それを良しとしない企業はいずれ淘汰されていくだろう。その場合、早々に見切りをつけて転職することをお勧めする。

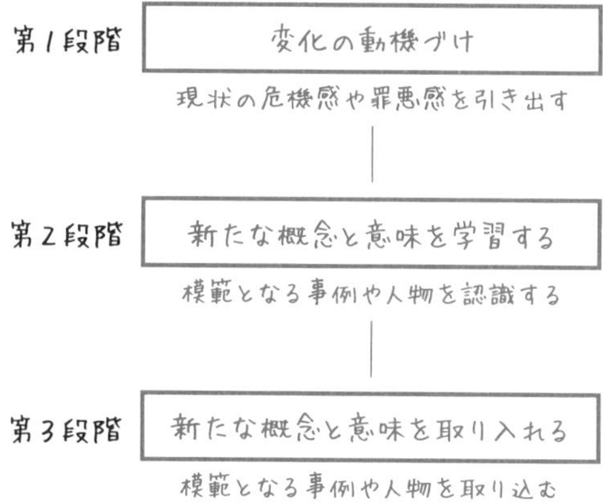

アイデアの行方を左右する「ブラック・スワン」

日本の漫画が原作で実写化された映画に『約束のネバーランド』がある。

個人的に好きな映画の1つでキャストから映像まで非常に良くできている。

簡単なあらすじを話すと、いろいろな孤児が集まる孤児院に世話役のママがいて、孤児たちはここで勉強を教えられ、定期テストの順位で成績の良し悪しが決まる。彼らは12歳から16歳（実写化映画での設定）の間に里親に引き取られる、と教えられていた。

ところがある日、主人公のエマは自分たちがいる世界は鬼によって支配されているもので、孤児院はただの人間飼育場であり、里親が決まった孤児たちは食肉として出荷されていた事実を知る。

また勉強の時間や定期テストが設けられていた理由は、鬼にとって頭が良い人間の脳みその方が美味しいからだ。というなんとも衝撃的な事実からスタートする作品だが、これはビジネスで用いられる「ブラック・スワン理論」と同じだ。

孤児院にいる子供たちは出荷される前日まで、明日も明後日も同じ平和な日常が訪れると信じて疑わなかったはずだ。しかし、何年も暮らしてきた日常がたった1日で覆される。

この「起こりえないことが突然起こることで、壊滅的な被害を及ぼすこと」を金融業界では**「ブラック・スワン理論（Black Swan Theory」**と呼んでいる。一度ブラック・スワンが発生すると、これまでのデータや確率論、さらには常識が通用しなくなる。白鳥（スワン）は白いものだと信じて疑わない人が、黒い白鳥に出合うことはまさに「想定外」なのだ。

ブラック・スワン理論

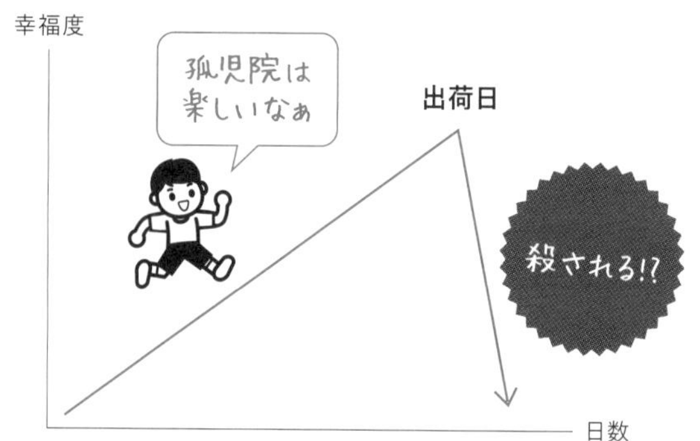

アイデアもこれまでの経験やデータを基に思いつき、その延長線として「だからビジネスとして成り立つ」という主張に投資してくれる企業や個人にプレゼンをする。

ところが、ブラック・スワンが現れてしまうと、全てが通用しなくなる。この話をすると「じゃあこれまでの話は何だったんだ」と思う人もいるかもしれないが、現実とはそういうものだ。

逆にブラック・スワンが悪い方向に進むとは限らない。良いブラック・スワンが起こったことで大成功を収めた事業だってある。

例えば、島津製作所の研究員だった田中耕一氏は、別々の実験で使うつもりだった物質を間違って混ぜてしまい、捨てるのがもったいなかったので分析してみたところ、タンパク質をイオン化することに成功。2002年にノーベル賞を受賞した。

他にもデリーの堀江社長はフードデリバリー事業で大赤字を経験。社員がみんな辞めていく最中、ダメもとでレシピ動画サービス「クラシル」を始めたら大バズりした。

そのおかげで会社を立て直したという良いブラック・スワンだって起こり得る。短期的に見たら悪いブラック・スワンかもしれないが、長期的に見たら良いブラック・スワンの可能性もある。

結局のところ、**セオリーやロジックさらに本書も冒険に持っていく「羅針盤」でしかない**のだ。突然、大海原が荒れることも、雷雨が起こることも、予想するのは簡単なことではない。ただ羅針盤があるのとないのとでは、やはり違うと思う。

ではこのブラック・スワンにどう対応したら良いのか。その答えに「**バーベル戦略（Barbell Strategy）**」がある。

これも金融業界の言葉で、ハイリスクとローリスクを組み合わせて運用する投資戦略だ。つまり、安定的で確実性があるものには85％前後を投資し、不安定で不確実性が高いものには15％前後を投資するのだ。

もし、後者が大きな被害を被ってもそれほどの傷にはならないし、大化けしたらそれはそれで儲けものということになる。

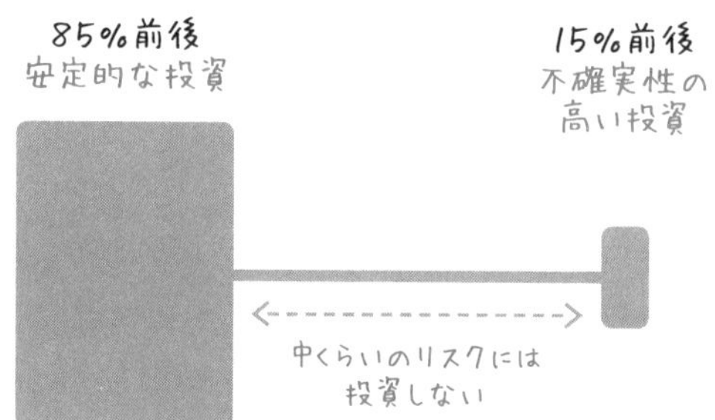

これは「両利きの経営」のところでも言えることで「知の探索」と「知の深化」の割合をどうするかが非常に重要だ。保守的になり過ぎてもいけないし、だからと言って革新的なことをやり過ぎるのも怖いものがある。

しかし、私から言わせれば、ビジネスが多様化する現代において既存事業が淘汰されるまでの時間は従来よりも短くなっているのは間違いないはずだ。

あなたのアイデアが本当に良くて、一見狂っているように見えるものであれば、その価値を正しく判断できる人間は現時点では存在しないはずだ。

またブラック・スワンはそうそう起こるものではない。少し多めの革新的な投資は肯定しても良いのではないだろうか。

アイデア、キャリアも「計画された偶然」でしかない

拙著『通年採用時代の就活デザイン』を出した時、会社が大々的に「電通ホール」でイベントを開催してくれた。

その中で印象に残ったのが「変化する環境の中で、自分に適したキャリアを積むにはどうしたらいいですか」という質問だ。

本来であれば「今日までのキャリアは、学生時代から1つひとつ計画してきた」とカッコ良く言うべきかもしれないが、残念なことにそれは無理な話だ。

なぜなら、**キャリアはいろいろな環境によって変化する。**人事異動、転職活動、さらにはその時代に適したビジネスモデルなど、自分ではコントロールできない環境要因が多過ぎる。

例えば「○○のスポーツで金メダルをとる」や「○○の音楽コンクールで金賞をとる」のような達成の可否には自分の努力が大半を占める目標であれば、早々に計画して実行することは可能かもしれない。

しかし、キャリアはそうはいかない。メアリー・ウォレス・ファンク（Mary Wallace Funk）氏は女性宇宙飛行士候補「マーキュリー13」の1人に選ばれたが、NASA（アメリカ航空宇宙局）が計画を打ち切ったことにより彼女はずっと宇宙には行けなかった。

結局アマゾンのジェフ・ベゾス（Jeffrey Bezos）氏からの招待で2021年7月に82歳でやっと宇宙に行けたが、NASAの計画が頓挫したこともベゾス氏からの招待も、彼女にとっては予想できなかった「ブラック・スワン」だ。

あなたが明日、どんなアイデアを思いつき、それをいつ、どのようにビジネスに変えるか、ということも当初の計画通りに行くことはまずないだろう。

その時の行動によって生じた事象に柔軟に対応しながら、答えを見つけていくしかない。

では、キャリアはいかにして積み上げれば良いのか。

その答えは**「計画的偶発性理論/Planed Happenstance Theory」**にある。

これはスタンフォード大学のジョン・クランボルツ（John D. Krumboltz）教授が提唱した理論で、「個々のキャリアの8割は予想できない偶発的なことで決定される」というものだ。

先ほど述べた自分ではコントロールできない環境要因がこれにあたる。

「予想できない未来をただ待つ」のではなく、自分で積極的に行動することで「偶然を計画的に変化させてチャンスにできるかが重要」なのだ。

つまり、どんなブラック・スワンが己の身に降りかかろうが、臨機応変に対応しながら、良い方向に持っていけるように努力をしていけば良い。

クランボルツ教授はそのための行動指針を5つ提示している。

①好奇心(Curiosity)
②持続性(Persistence)
③楽観性(Optimism)
④柔軟性(Flexibility)
⑤冒険心(Risk Taking)

新しい機会を常に模索できる「情報強者」になるためには好奇心は欠かせない。

どんな状況になっても粘り強く続けられる忍耐力もアイデアをビジネスに変える上では重要だ。また物事をポジティブに考えられる熱意や情熱を持つことで、ついて来てくれる仲間もできるはずだ。

変化する環境要因に対応できる柔軟性も持ち合わせる必要があるし、リスクを取る冒険心もなくてはならない。

ただ、ここでの**「リスク」は「無謀」とは違う。**それこそ「バーベル戦略」を参考にしながら、良い塩梅でリスクを取っていくことだ。

これらを踏まえて改めて考えると、アイデアをビジネスに変えることは、生半可な気持ちでは決してできない。

私が冒頭で述べた「能動的なビジネスパーソン」はあくまでも基本中の基本で、ただ受動的に与えられた仕事だけをしている人には、とうてい真似できない所業なのだ。

もし「アイデアをビジネスに変える」大きな航海に出るのであれば、この行動指針はあなたの羅針盤として役立つはずだ。

アイデアは
図で考えろ!

〈おわりに〉
過去に固執せず、未来をつくろう

南カリフォルニア大学のキャンパスで軍事訓練に勤しんでいた日から12年以上が経ち、最近ではDX（デジタル・トランスフォーメーション）やBX（ビジネス・トランスフォーメーション）という言葉を聞くことも多くなった。

かつて空軍将校が私に言った「デジタルの波が来る」は本当だった。アルファベット（グーグル）、フェイスブック、アマゾンのようなアメリカの民間企業はデジタルという巨大な領域で世界に進出した。一方、中国はそれらに対抗すべく、バイドゥ（百度）、ウィチャット（WeChat）、アリババがデジタルという見えない壁を築き上げた。

それに比べて日本では超一流と言われている企業でも業績の低迷などの理由で、外資に買収されるようになり、東証一部から降格したものも現れた（発展的買収や未上場による戦略的業績強化の場合は除く）。事情はいろいろだとは思うが、やはり根本的な原因は変化するビジネスについていけなくなったことだ。

今、**ビジネスでは「アイデア」というクリエイティビティが確実に求められるようになった。**

平成元年（1989年）、世界時価総額ランキングのトップ5を日本企業が独占し、上位50社中32社が日本企業という事実は、もはや過去の話だ。平成最後（2019年）の世界時価総額ランキングのトップは、アップルを先頭にマイクロソフト、アマゾン、アルファベット（グーグル）と続き、上位50社に日本企業はわずか１社（トヨタ自動車）のみがランクインしただけである。

さらに30年前に１位だったNTT（日本電信電話）よりも９倍以上の時価総額でアップルが１位に君臨している事実を見ても分かるように、商品やサービスの品質や生産力だけで良しとされる時代はもうとっくに終わっている。

日本の年金制度は定年後20年くらいまでを想定してつくられたもので、人生100年時代と言われている今、この制度はもはや幻想になったことは、皆さんも薄々気づいているはずだ。

さらにマーケットの多様化によって、事業の寿命は増々短くなってきている。かつてヒット商品と呼ばれたものは10年以上も繁栄し続けられたが、今では５年も続く事業は少ない。

ネットサービスにおいては短くて半年以内が相場だろう。しかし、ビジネスの現場ではこのスピード感を想定して行動している人はまだ少ない。

いつまでも過去のビジネスモデルにすがっていては、この国の未来は決して明るくはない。これからの日本企業に何が一番必要なのか、それは**「能動的なビジネスパーソン」**なのだ。そんな思いから筆を執った。

本書の原稿を執筆するにあたり、どんな手法で伝えれば良いのか考えていたら、自分の小学生時代を思い出した。

祖父が戦後、上海にあるアメリカ軍の駐在拠点である「洋房」に勤めていたことを両親から聞かされていたこともあり、いつか自分が渡米することに違和感はなかったが、私が最初に異国の地としてその土を踏んだのは日本の東京だった。

私がいた小学校の図書室には、漫画を通して勉強する本がたくさん置かれていた。まだ慣れない日本語よりも絵や図の方がはるかに親しみやすかった。

絵や図は文字よりも全体的な構造が理解しやすいため、最初の取っかかりとしてはとても良い。そんな思いもあって、アイデアをビジネスに変えるセオリーを私が実践している図を通して説明をさせてもらった。

アイデアを生む。それを仕事として事業化していく。そんな未来の価値を何もない状態からつくり出すことは決して簡単なことではない。一緒に頑張る仲間や協力してくれる先輩を見つけ、お金を出してくれる企業や出資者を探すことも必要になる。

でも、その過程を経たアイデアが世の中の新しい概念や価値観として成り立った時、私はクリエイティブ・ディレクターとしてこれほど嬉しいことはない。

本書を読んだ皆さんが、変わりゆく時代の狭間で新しいアイデアをビジネスに変えられることを心から願っている。

最後に本書の出版に際し、多大なるご協力とご尽力をいただいた関係各所の皆さま、広告事例の使用をご承諾いただいたクライアントさま、電通の先輩や後輩方、心より御礼を申し上げます。そして読者の皆さま、最後まで読んでいただき、ありがとうございます。皆さんがアイデアでより良い未来を切り開き、素晴らしいキャリアを歩まれることを願って、筆をおきます。

Very Respectfully,

Aaron Z. Zhu

〈参考文献〉

ベンチャー・マネージメント「事業創造入門」（長谷川博和、日本経済新聞出版社）

デジタルで読む脳×紙の本で読む脳「深い読み」ができるバイリテラシー脳を育てる（メアリアン・ウルフ著、大田直子訳、インターシフト）

「すべての企業に『利き手』がある」Harvard Business Review（2006年3月号、ダイヤモンド社）

A longitudinal Study of the Relation of Vision and Vision Communication to Venture Growth in Entrepreneurial Firms. Journal of Applied Psychology, vol.：83：43-54, 1998.

Weick, K. E. 2005. Managing the Unexpected: Complexity as Distributed Sense making, In R. R. McDaniel Jr. and D. J. Driebe (Eds.), Uncertainty and Surprise in Complex Systems: Questions on Working with the Unexpected (pp. 51-65), Springer-Verlag.

コア・コンピタンス経営（ゲイリー・ハメル、C.K.プラハラード、日経ビジネス人文庫）

Exploration and Exploitation in Organizational Learning. Organization Science, Vol.2：71-87.1991.

ブランディング22の法則（アル・ライズ、ローラ・ライズ、東急エージェンシー出版部）

通年採用時代の就活デザイン（アーロン・ズー、白桃書房）

フロー体験入門（M.チクセントミハイ、ジョナサン・リットマン、世界思想社）

発想する会社!（トム・ケリー、早川書房）

両利きの経営（チャールズ・A・オライリー、マイケル・L・タッシュマン、東洋経済新報社）

イノベーションのジレンマ（クレイトン・クリステンセン、翔泳社）

アイデアのつくり方（ジェームス・W・ヤング、CCCメディアハウス）

逆説のスタートアップ思考（馬田隆明、中公新書ラクレ）

Putting Creativity to Work：The Implementation of Creative Ideas in Organizations. Markus Baer, Academy of Management Journal, vol.55：1102-1119

ビジネススクールでは学べない世界最先端の経営学（入山章栄、日経BP社）

世界のエリートが学んでいるMBA必読書50冊を1冊にまとめてみた（永井孝尚、角川書店）

一生食える普遍的スキルが身につく新規事業の実践論（麻生要一、ニューズピックス）

ここらで広告コピーの本当の話をします。（小霜和也、宣伝会議）

ビジョナリー・カンパニー　時代を超える生存の原則（ジム・コリンズ、日経BP社）

ビジョナリー・カンパニー２　飛躍の法則（ジム・コリンズ、日経BP社）

企業文化　生き残りの指針　（エドガー・H・シャイン、白桃書房）

Effectiveness correlates of Transformational and Transactional Leadership：A Meta-Analytic Review of the MLQ The Literature. Leadership Quarterly, vol.7：385-415, 1996.

Predicting Unit Performance by Assessing Transformational and Transactional Leadership. Journal of Applied Psychology, vol.88：207-218, 2003.

Does Leadership Matter? CEO Leadership Attributes and Profitability under Conditions of Perceived Environmental Uncertainly, The Academy of management Journal, vol.44：134-143, 2001.

選択の科学（シーナ・アイエンガー、文藝春秋）

Images in Words：Presidential Rhetoric, Charisma, and Greatness. Administrative Science Quarterly, vol.46：527-557.2001.

Presidential Leadership and Charisma：The Effects of Metaphor. The Leadership Quarterly, vol,16：287-294.2005.

「経営人材は企業内で育てられるのか」 Harvard Business Review（2015年5月、ダイヤモンド社）

Stanford Professor John D. Krumboltz, who developed the theory of planned happenstance, dies（Stanford University, May 9th, 2019）

Mitchell, K. E., Al Levin, S., & Krumboltz, J. D. (1999). Planned happenstance：Constructing unexpected career opportunities. Journal of counseling & Development, 77(2), 115-124.

デジタル社会における広告代理店の新しいビジネスモデル～ラベル創造モデル/Creative Labels Model・早稲田大学ビジネススクール・プロジェクト研究論文・2019年）。

【著者略歴】

アーロン・ズー（Aaron Z. Zhu）

電通 / クリエーティブ・ディレクター

南カリフォルニア大学卒業。在学時は米空軍ROTCに所属。専門は警察学や諜報など。大手IT企業や外資スタートアップの社外顧問を経て、早稲田大学大学院でMBAを取得。電通に入社後、事業開発やブランド・エクステンションに従事。グッドデザイン賞、厚生労働省医政局長賞など受賞。

アイデアは図(ず)で考(かんが)えろ!

2021年11月 1日 初版発行

発行 **株式会社クロスメディア・パブリッシング**

発行者 小早川 幸一郎

〒151-0051 東京都渋谷区千駄ヶ谷4-20-3 東栄神宮外苑ビル

https://www.cm-publishing.co.jp

■本の内容に関するお問い合わせ先 …………………… TEL (03)5413-3140 ／ FAX (03)5413-3141

発売 **株式会社インプレス**

〒101-0051 東京都千代田区神田神保町一丁目105番地

■乱丁本・落丁本などのお問い合わせ先 …………… TEL (03)6837-5016 ／ FAX (03)6837-5023

service@impress.co.jp

(受付時間 10:00～12:00、13:00～17:00 土日・祝日を除く)

※古書店で購入されたものについてはお取り替えできません

■書店／販売店のご注文窓口

株式会社インプレス 受注センター ……………………… TEL (048)449-8040 ／ FAX (048)449-8041

株式会社インプレス 出版営業部 ……………………………………………………… TEL (03)6837-4635

カバー・本文デザイン 金澤浩二

DTP 内山瑠希乃

印刷・製本 中央精版印刷株式会社

図版作成 長田周平

ISBN 978-4-295-40615-0 C2034

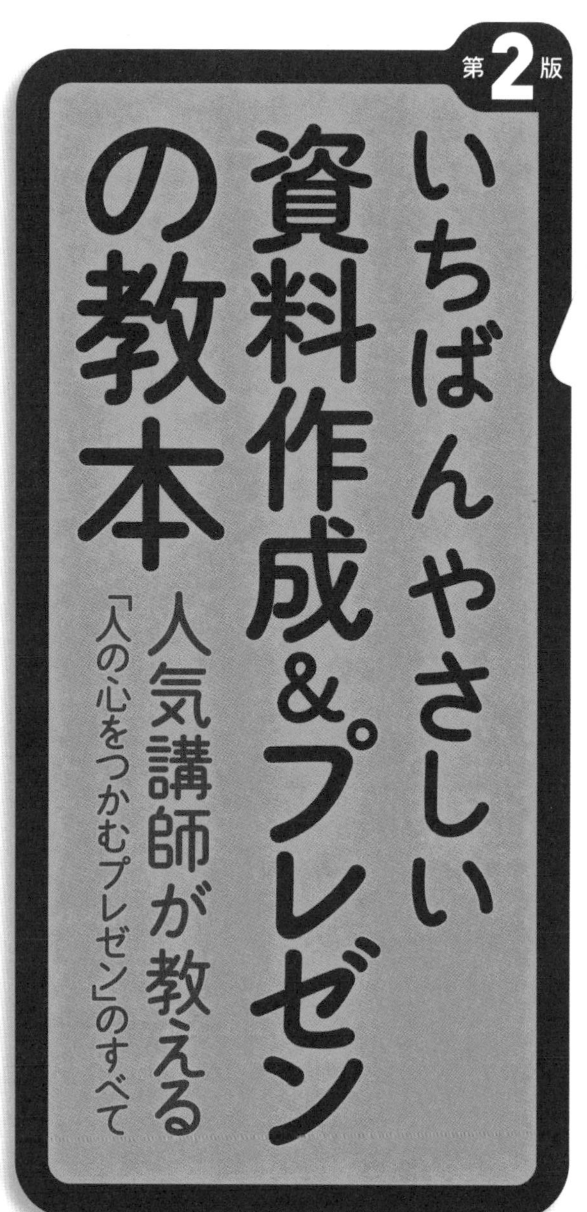

インプレス

Profile

著者プロフィール

髙橋惠一郎（たかはし けいいちろう）

PRESENTATION PLANNING
プレゼンテーション・プロデューサー

ビジネス系YouTuber
ザ・プレゼン大学

2003年に早稲田大学教育学部理学科を卒業後、日立製作所に入社。官公庁をクライアントとしたシステム営業に従事する。その後、金融機関での営業企画や教育系ベンチャーでの新規事業企画を経て、2014年にプレゼンのデザインを手掛けるスタートアップにコアメンバーとして参画。同業界においては異例の「人材育成事業」を立ち上げ、事業責任者として戦略立案および推進を行う。

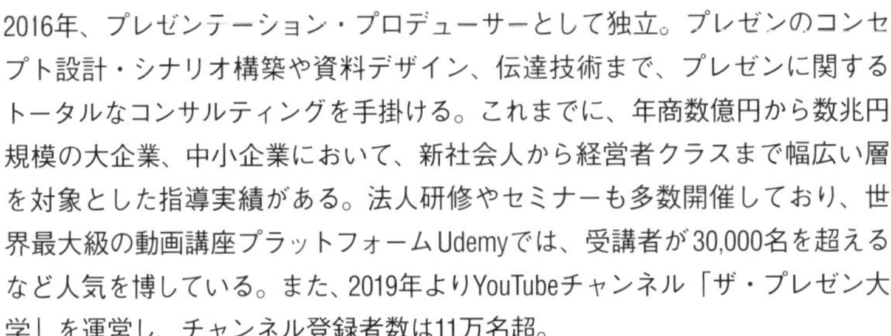

2016年、プレゼンテーション・プロデューサーとして独立。プレゼンのコンセプト設計・シナリオ構築や資料デザイン、伝達技術まで、プレゼンに関するトータルなコンサルティングを手掛ける。これまでに、年商数億円から数兆円規模の大企業、中小企業において、新社会人から経営者クラスまで幅広い層を対象とした指導実績がある。法人研修やセミナーも多数開催しており、世界最大級の動画講座プラットフォームUdemyでは、受講者が30,000名を超えるなど人気を博している。また、2019年よりYouTubeチャンネル「ザ・プレゼン大学」を運営し、チャンネル登録者数は11万名超。

自身の、さまざまな成功&失敗体験を通じて構築した、表面的でない本質的なプレゼンメソッドが売り。再現性の高さやわかりやすい説明に定評がある。

- PRESENTATION PLANNING：https://www.presentationplanning.tokyo/
- YouTubeチャンネル「ザ・プレゼン大学」：https://www.youtube.com/@tpu
- Udmeyのページ：https://www.udemy.com/user/gao-qiao-hui-yi-lang/

はじめに

数あるプレゼン関連書籍の中から、本書を手に取っていただいて誠にありがとうございます。プレゼン専門のコンサルティングを行っている髙橋惠一郎と申します。世の中には、すでにたくさんのプレゼン指南書が出版されていますが、そんな中、私がこの本を書かせていただいた理由は2つあります。1つ目は「プレゼンのすべてを体系的に網羅した書籍がない」ということ。そして、2つ目は「多くの書籍は内容が細かすぎて読者が再現できない」ということです。

まず1つ目の理由について説明します。書店のプレゼン書籍コーナーに行くと「コンサルタントが教える資料作成術」や「アナウンサーが教える伝わる話し方」など、「資料作成」や「話し方」に特化した書籍はたくさん陳列されています。しかし、プレゼン全体を網羅している書籍はなかなか見つかりません。全体を網羅しているとしても、TIPS集のような書籍が多く、俯瞰して理解することが難しいのです。そこで私は、本書を「プレゼンのすべてを体系的に網羅した書籍」にしました。1つ1つの情報を体系的に整理しているため、はじめてプレゼンを勉強される方でも理解しやすい構造になっています。

そして2つ目の理由です。非常に細かな内容の書籍が多く、一般のビジネスパーソンが果たしてどれだけ再現できるのか、疑問に思います。一冊すべて読んでも、再現できるのは1つ2つのテクニックだけではないでしょうか。
本書では読者の皆様すべてが自身のプレゼンで実践できるように、「再現性の高いルール」だけで構成しました。本書を参考に実際にプレゼンをつくっていただけば、すべてのパートが再現性の高いルールばかりで構成されていることに気づいていただけると思います。

私はコンサルティング以外にも、法人向け研修や個人向けセミナー、動画講座もご用意しており、大変ありがたいことに、これまでに計40,000名を超えるビジネスパーソンに受講いただきました。その皆さんから「次のプレゼンが楽しみになりました！」「早くプレゼン資料をつくってみたくなりました！」というご感想を多数いただいております。
次はあなたの番です。本書が、あなたの「プレゼン嫌だなぁ…」を「プレゼン楽しみ！」に変える一助となることができれば、著者としてとても嬉しいです。

2024年3月　髙橋 惠一郎

「いちばんやさしい資料作成&プレゼンの教本」の読み方

「いちばんやさしい資料作成&プレゼンの教本」は、はじめての人でも迷わないように、わかりやすい説明と大きな画面で資料作成とプレゼンのテクニックを解説しています。

「何のためにやるのか」がわかる!

薄く色の付いたページでは、資料作成とプレゼンに必要な考え方を解説しています。実際の操作に入る前に、意味をしっかり理解してから取り組めます。

タイトル
レッスンの目的をわかりやすくまとめています。

レッスンのポイント
このレッスンを読むとどうなるのか、何に役立つのかを解説しています。

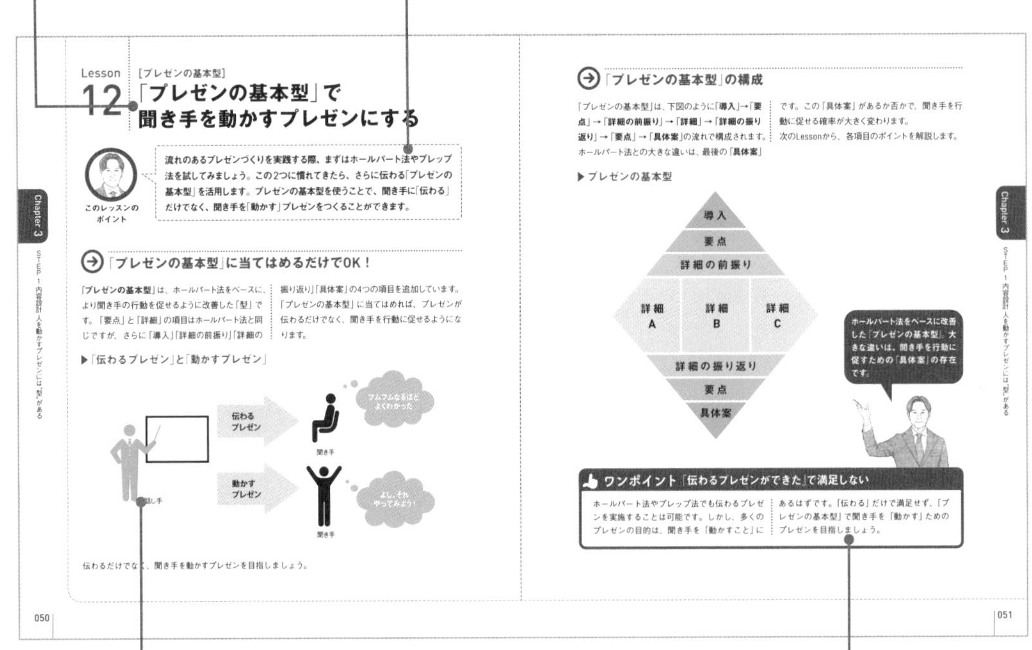

解説
資料作成とプレゼンを行う際の大事な考え方を、画面や図解をまじえて丁寧に解説しています。

ワンポイント
レッスンに関連する知識や知っておくと役立つ知識を、コラムで解説しています。

「どうやってやるのか」がわかる！

バージョン管理の実践パートでは、1つひとつのステップを丁寧に解説しています。

手順
番号順に操作していきます。入力するコマンドがわかりやすいよう大きめな文字で掲載し、スペースを入力する位置も記号で示しています。

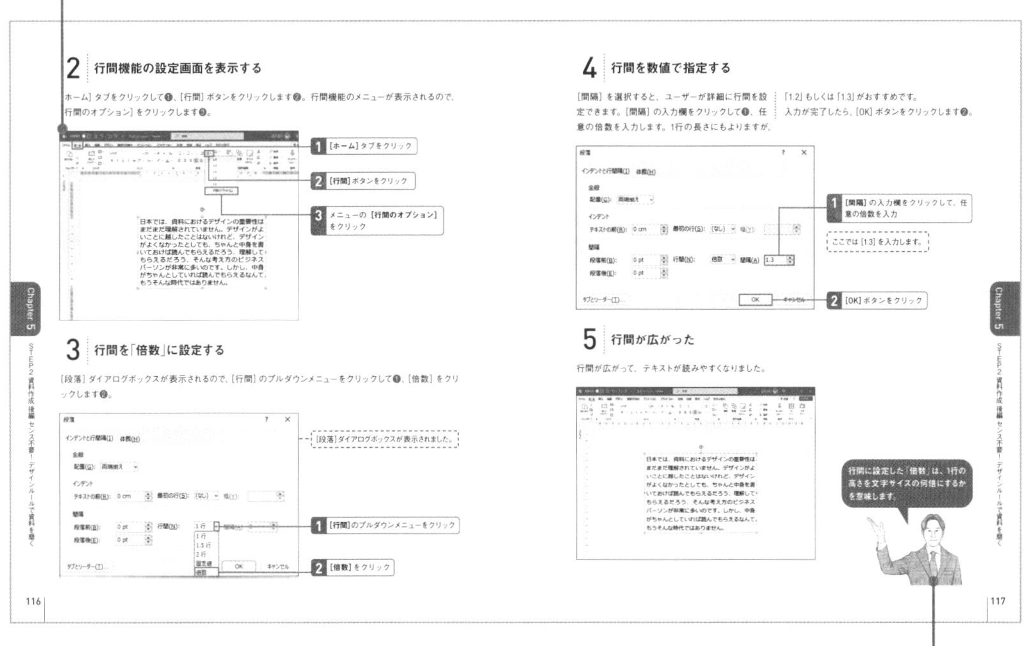

2 行間機能の設定画面を表示する

ホーム］タブをクリックして❶、［行間］ボタンをクリックします❷。行間機能のメニューが表示されるので、行間のオプション］をクリックします❸。

3 行間を「倍数」に設定する

［段落］ダイアログボックスが表示されるので、［行間］のプルダウンメニューをクリックして❶、［倍数］をクリックします❷。

116

Chapter 5
STEP2 資料作成 後編 センス不要！デザインルールで資料を磨く

4 行間を数値で指定する

［間隔］を選択すると、ユーザーが詳細に行間を設定できます。［間隔］の入力欄をクリックして❶、任意の倍数を入力します。1行の長さにもよりますが、「1.2」もしくは「1.3」がおすすめです。
入力が完了したら、［OK］ボタンをクリックします❷。

5 行間が広がった

行間が広がって、テキストが読みやすくなりました。

117

講師によるポイント
特に重要なポイントでは、講師が登場して確認・念押しします。

いちばんやさしい
資料作成&プレゼンの教本 第2版
人気講師が教える
「人の心をつかむプレゼン」のすべて

Contents
目次

Chapter 3 STEP1 内容設計 人を動かすプレゼンには“型”がある

Chapter

1

プレゼンの学習を始める前に

今なぜ、すべてのビジネスパーソンにプレゼンスキルが求められるのでしょうか？　プレゼンの学習を始める前に、その理由について説明します。

Lesson 01 [プレゼン力]

プレゼンは人生100年時代を生きるための必須スキル

このレッスンのポイント

「プレゼン」というビジネススキルが、今注目を集めています。人生100年といわれる、これからの時代において、すべてのビジネスパーソンにとってプレゼンが必要不可欠なスキルになるからです。では、これからの時代に求められるものとは何なのか、まずはその再確認から始めましょう。

自分らしく働くために必要なスキル

少し前までは、与えられた仕事をちゃんとこなしていれば、会社を勤めあげることができる時代でした。しかし、ご存じの通り、今はそのような時代ではありません。こなすだけの仕事はITによって劇的に効率化され、今後はAIによってさらに仕事が減ると言われています。
そんな時代に、自分のアイデアを生かして自分らしく働きたいと考えるならば、**プレゼン力は必須**です。なぜなら、どんなに優れたアイデアを持っていても、**アイデアはそれ自体に価値はなく、人に伝わってはじめて価値を持つから**です。
人生100年時代に自分らしく働くためには、自分のアイデアを確実に相手に伝える力、つまりプレゼン力が欠かせません。

▶ プレゼン力は今求められるスキル

与えられた仕事をこなす時代は終わり、自分のアイデアを生かして働く時代となった現代では、プレゼン力は必須です。

新卒から社長まで幅広い層がプレゼンを学ぶ時代

私はプレゼンに関する法人研修を開催しており、受講生のほとんどは20～50代のビジネスパーソンです。新社会人からベテラン社会人、中には企業の経営者層の方もいらっしゃいます。自分のアイデアを生かした仕事というと、なんだか特殊な仕事のように聞こえるかもしれませんが、そうではないのです。新社会人が意見を求められることもあれば、マネジャーが自分のプロジェクトを部下に説明する機会もあります。また、企業のトップは自分の理念を社内外問わず発信し続けなければなりません。

つまり、プレゼン力は、年齢や階層を問わず、あらゆるビジネスパーソンに求められる力なのです。

▶階層別に求められるプレゼン力

新卒	ベテラン	経営者
自分の意見を伝える力	プロジェクトを説明する力	企業理念を発信する力

これらはすべて「プレゼン力」。プレゼン力は、あらゆる階層で求められるスキルなのです。

▶職種別に求められるプレゼン力

営業部門	管理部門
お客さまにサービスの魅力を伝える力	社内に自社のルールを説明する力

外向け／内向け問わず、あらゆる部門でプレゼン力は必要になります。

現代は、業種・職種問わずプレゼン力が求められる時代です。その証拠に、私に研修を依頼してくださるクライアント企業は、ITやメーカー、広告やフードサービスなど、多岐にわたります。また、新人研修を担当することもあれば、マネジャー研修をご依頼いただくこともあります。

Lesson 02

[プレゼン力]

プレゼンがうまくいかないたった1つの理由

このレッスンのポイント

年齢や階層を問わず、すべてのビジネスパーソンに求められるプレゼン力。そんなに大切なプレゼンを、なぜ多くの人は苦手とし、うまくできないのでしょうか。課題解決のためには、その原因を知ることも大切です。本題に入る前に、プレゼンがうまくいかない理由について考えてみましょう。

うまくいかないのは「勉強・練習」したことがないから

プレゼンがうまくいかない理由はシンプルです。**プレゼンの勉強や練習をしたことがないから**です。「したことある」という方でも、「ロジカルシンキング」や「口ぐせをなくす方法」など、断片的なテクニックだけではないでしょうか。それは、車の運転でいえば、「エンジンのかけ方」や「ハンドルの操作」だけを学んだようなもの。当然それだけではうまく運転できませんよね?

プレゼンも、「**内容のつくり方**」や「**資料のデザイン**」、「**話し方の練習**」など、さまざまな要素で成り立っています。部分的に習得しても、プレゼン全体としては成功させることは難しいのです。

▶ プレゼン力アップのために必要な要素

内容のつくり方 ＋ 資料のデザイン ＋ 話し方の練習

プレゼン力をアップするには、部分的にではなく、これら全体を網羅的に勉強して練習する必要があります。

プレゼンがうまくならない悪循環から脱出しよう

あなたにはこんな経験、ありませんか？　ちゃんと勉強したことがないのに、ある日突然上司から「プレゼンしろ」と言われて、慌てて準備をします。先輩の見よう見まねでやってみるけれど、結局うまくいかない。うまくいかないと、当然プレゼンを避けるようになります。でも、やらざるを得ない機会が再びやって来る。イヤイヤやらされて、また失敗。これでは、ますますプレゼンが嫌いになってしまいます。この悪循環を繰り返すのはもうやめましょう！

プレゼンはちゃんと勉強と練習を繰り返せば、誰でもできるようになります。本書では、その方法を詳しく解説していきますので、安心して、読み進めてください。

▶ プレゼンがうまくならない悪循環

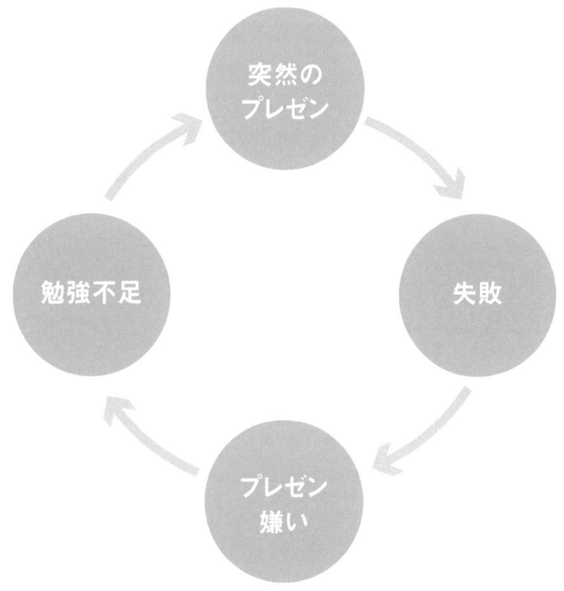

ちゃんと勉強して練習を繰り返し、この悪循環から脱出しましょう。

プレゼンは、上達すると「楽しく」なります。楽しくなると、もっとプレゼンしたくなります。そして、プレゼンを重ねれば、さらに上達します。このスパイラルに入ればしめたもの。私自身、このスパイラルでプレゼン力をレベルアップしてきました。

ワンポイント 私が、プレゼンの仕事を手掛ける理由

プレゼンのコンサルティングという仕事をしていると、「この人はもともとしゃべるのが得意なんだろう」と思われがちですが、はっきり言って、もともとの私はその真逆。たとえば、見知らぬ方と話をするとき、天気の話題が終わった瞬間に、「ヤバい、次は何の話をしよう……」と黙り込んでしまうような、典型的なコミュニケーション下手だったのです。

そんな人間だったので、プレゼンして企画をバシバシ通していくビジネスパーソンに強い憧れを抱き、社内の研修を受けたり、書籍を読んだりして、とにかくプレゼンを勉強しました。そして、ありがたいことに、勉強するだけではなく、会議でプレゼンしたり、打ち合わせでファシリテーションしたりと、学んだ知識を実践する場が多かったのです。そうやって、インプットとアウトプットを繰り返すうちに、私のプレゼン力は着実にレベルアップしていきました。社会人6～7年目のあるとき、自分でも肝いりのプレゼンを披露する機会がありました。「これは絶対うまくいく」。自分でもそう思えるプレゼンで大成功を収め、多くの聞き手から感謝の言葉をいただきました。この経験が、私にプレゼンの楽しさを教えてくれて、プレゼンの仕事を目指すきっかけとなりました。「日本には、プレゼンで苦しむビジネスパーソンがたくさんいる。そんな方々に、自分が感じた『プレゼンの楽しさ』をぜひ知ってもらいたい」。そんな気持ちで、この仕事に携わっています。

本書は、プレゼンの天才やカリスマが書いた本ではありません。もともとコミュニケーション下手だった私が、以前の私と同様、プレゼンを苦手とする方に向けて書いた本です。この本を読んでも、プレゼンの天才と呼ばれた故スティーブ・ジョブズ氏のようにはなれないかもしれません。しかし、プレゼンの苦手意識をなくし、むしろ楽しめるようにはなっていただけるはずです。ぜひ、肩ひじ張らず、気楽に読み進めてください。

Chapter 2

はじめに知っておきたい“プレゼンの本質”

プレゼンの学習でまずはじめに学ぶべきは、その本質です。どんなテクニックよりも大切な、プレゼンの本質について説明します。

Lesson 03

［プレゼンの定義］

そもそもプレゼンテーションとは何かを知ろう

このレッスンのポイント

プレゼンに対するイメージは、人それぞれ異なります。「人前で話すこと」という方もいれば、「商品を説明すること」という方もいるでしょう。正解・不正解はありませんが、認識がブレると学習効果が薄れます。ここで、本書における「プレゼン」の定義を統一しましょう。

自分の考えを伝えて、聞き手に変化を求めること

プレゼンとは「**自分の考えやアイデアを伝えて、聞き手に変化を求める行為**」と私は定義しています。たとえば、営業職のプレゼンはとてもイメージしやすいですね。お客さまに商品・サービスを買ってもらうことで、お客さまの人生を豊かにしたり、生活を便利にしたりすることができます。つまり、お客さまを変化させているわけです。

また、営業職ではなくとも、仕事上、打ち合わせや会議で自分の意見を投じることがあると思います。自分の意見を発信することで、プロジェクトを活性化したり、メンバーのモチベーションを上げたりします。これもまた、プレゼンの1つなのです。

▶ビジネスシーンにおけるプレゼン

営業職は商品やサービスをプレゼンして、お客さまに変化を求めます。

打ち合わせや会議で自分の意見を投じることも、実はプレゼンの1つです。

プライベートでも身近なプレゼン

プレゼンを使うのは、ビジネスシーンだけではありません。プライベートのワンシーンを思い浮かべてみてください。たとえば、友人との海外旅行、あなたはヨーロッパに行きたいと思っています。しかし、友人はアジアに行きたいと言っています。そんなとき、どうしますか？　ヨーロッパで食べられる美味しい食べ物や楽しいアトラクションの話をして、なんとかヨーロッパに旅行できるように友人を説得しますよね？　先ほどの定義に当てはめると、実はこれもプレゼンといえます。

もう1つ例を挙げましょう。子供がお母さんに「仲間外れにされちゃうから買って！」とオモチャをねだる。自分の意見を伝えて、お母さんに「オモチャを買う」という変化を求めるわけですから、これも立派なプレゼンです。

つまり、私たちは、ビジネスだけでなく、日頃からプレゼンに接しているということになります。

▶ プライベートシーンにおけるプレゼン

プライベートで聞き手を変化させようとする行為もプレゼンです。

駄々をこねているだけに見える子供も、実はお母さんにプレゼンしているのです。

「プレゼン」というとビジネス用語のように聞こえますが、実はプレゼン力が求められるのはビジネスシーンだけではありません。プレゼン力を身につければ、ビジネスだけでなく、プライベートでも自分の意見が通りやすくなります。

Lesson 04

[プレゼンの主役は誰]

主役を「聞き手」にすればプレゼンがバージョンアップ！

このレッスンのポイント

ビジネスでもプライベートでも、自分の伝えたいことがうまく伝わらないことや、相手の言っていることがよく分からないことが多々あると思います。そんな「退屈で伝わらないプレゼン」から脱却して、「魅力的で聞き手を動かすプレゼン」にする方法を学びます。

PRESENTATION 1.0とは「話し手が話す」プレゼン

専門用語のオンパレードなど難解な説明が続くプレゼンや、聞き手を意識することなく、常にスライドを見ながら話すプレゼンを聞いたことはありませんか？これは、PRESENTATION 1.0の典型です。
また、プレゼン資料のデザインについても、プレゼンの内容に関係なく、話し手の趣味で装飾が施されていたり、意味のない派手なアニメーションが散りばめられていたり。
このように、話し手が話したいことを話すこと自体が目的になってしまっているプレゼンを「PRESENTATION 1.0」と呼んでいます。

▶ PRESENTATION 1.0の具体例

- ☑ 話し手が伝えたいことを話し手のペースで説明する
- ☑ 話し手が伝えたいことをそのままスライドに記載していて、話し手は常にプレゼン資料を見ながら話す
- ☑ 聞き手が理解しがたい専門用語を多用する
- ☑ プレゼン資料には備忘を目的とした情報がギッシリ詰まっていて、聞き手の見やすさや分かりやすさが配慮されていない
- ☑ プレゼン資料のデザインは、話し手の好みで装飾する
- ☑ 目的なくアニメーションを使う

PRESENTATION 2.0とは「聞き手が主役」のプレゼン

PRESENTATION 1.0の「話し手が話すだけ」のプレゼンに対して、PRESENTATION 2.0は「**聞き手に伝わる**」プレゼンです。
話し手が話すこと自体を目的にせず、聞き手に伝わるようなプレゼンを意識することによって、PRESENTATION 1.0からPRESENTATION 2.0にバージョンアップすることができます。

具体的な注意点としては、「聞き手に合ったペースで話す」「聞き手が理解できる分かりやすい言葉を使う」「聞き手が理解しやすいデザインのプレゼン資料をつくる」といった点が挙げられます。
プレゼンは、聞き手に伝わらなければ意味がありません。常に聞き手を意識することで、伝わるプレゼンを目指しましょう。

▶ PRESENTATION 2.0の具体例

- ☑ 聞き手に合ったペースで話す
- ☑ 視線は聞き手をメインにして、聞き手を意識した話し方
- ☑ 聞き手でも理解できる分かりやすい言葉を使う
- ☑ プレゼン資料は、聞き手が理解しやすいデザイン
- ☑ 聞き手に伝わりやすくすることを目的としたアニメーションを使う

▶ プレゼン中は「聞き手」にフォーカス

意識を「話し手」から
「聞き手」に移す

PRESENTATION 3.0とは「聞き手を動かす」プレゼン

「PRESENTATION 2.0＝聞き手に伝わるプレゼン」とお伝えしました。これを聞くと、「え？　プレゼンは伝われば成功なんじゃないの？」と思われる方がいらっしゃるかも知れません。
たしかに、たとえば「上司に報告するためのプレゼン」や「部下に連絡するためのプレゼン」など、いわゆる報連相といわれるケースにおいては、相手に伝わるプレゼンで問題ありません。
しかし、たとえばお客さまに商品の購入を勧める営業プレゼンにおいて、お客さまから「なるほど、この商品のことはよくわかったよ。でも今回は遠慮しておくね」と言われてしまったらどうでしょうか。
伝えたいことは伝わったかも知れませんが、結果として商品を買ってもらえなかったら、そのプレゼンは成功とは言えません。このプレゼンの成功は、お客さまが商品を購入すること、つまり、お客さまが「商品を購入する」という行動を起こして、はじめて成功と言えるのです。
この「聞き手を動かす」プレゼンのことをPRESENTATION 3.0と呼んでいます。プレゼンをするときは、もちろん、自分が話すこと自体を目的にしてはいけませんし、聞き手に伝わるだけでも足りないことがある、最終的には、聞き手を動かすことができてはじめて成功となる、ということを忘れないようにしましょう。

▶ PRESENTATION 3.0の具体例

- ☑ 聞き手にとっての価値を提供する
- ☑ 聞き手の共感を得るストーリーを話す
- ☑ 聞き手がすぐ実行できる具体案を提示する

プレゼンの主役は「話し手」ではなく「聞き手」

本書で私がいちばんお伝えしたいのは、『プレゼンの主役は「話し手」ではなく「聞き手」である』ということです。

プレゼンでは、基本的に話し手が話す場面がほとんどですよね。だから、「聞き手が主役」なんて言われると驚くかも知れません。でも、主役はあくまで聞き手です。話し手本人が主役になってはいけないのです。

たとえどんなに流ちょうに話せても、どんなにきれいなスライドがつくれても、「話し手が主役」というスタンスではそのプレゼンは失敗する可能性が高いです。話し方や見た目だけ見繕っても、自分よがりなスタンスは隠せないからです。

逆に、少したどたどしい話し方でも、少しガチャガチャしたスライドでも、「聞き手が主役」というスタンスを忘れなければ、きっとその気持ちは聞き手に伝わります。まずは、どんなテクニックよりも先に、「聞き手が主役」というスタンスを身につけてください。

▶ PRESENTATIONをバージョンアップしよう

- PRESENTATION 1.0 「話す」プレゼン
- PRESENTATION 2.0 「伝わる」プレゼン
- PRESENTATION 3.0 「動かす」プレゼン

1.0 → 2.0:
・プレゼン資料のわかりやすさ
・プレゼン技術のわかりやすさ

2.0 → 3.0:
・聞き手にとっての「価値」
・共感を得る「ストーリー」
・すぐ実行できる「具体案」

プレゼンで緊張する方は多いですが、それは自分（話し手）が主役だと思っているからです。聞き手が主役であると認識できれば、スポットライトが自分から聞き手に移り、必要以上に緊張することもなくなります。

Lesson 05 [プレゼンの本質]

聞き手に価値を提供すれば プレゼンはうまくいく

このレッスンのポイント

どんなに上手に話しても、どんなにきれいなプレゼン資料をつくっても、本質をつかめていなければそのプレゼンはうまくいきません。逆に、本質さえ理解できれば、プレゼンの成功率はグンと上がります。どんなテクニックよりも大切な「プレゼンの本質」について、理解を深めましょう。

プレゼンを成功させたければ「価値を提供」しよう

PRESENTATION 3.0は「聞き手が主役」のプレゼンでした。そして、その具体例をP.22の図に記しましたが、この中にプレゼンの本質があります。それは、いちばん上の「聞き手にとっての価値を提供する」ことです。

Lesson 03で、私はプレゼンを「自分の考えやアイデアを伝えて、聞き手に変化を求める行為」と定義しました。人は現実的な生き物ですので、何か提案されたとしても、そこに価値を感じなければその提案を受け入れません。**自分にとって価値があってはじめて、その提案を受け入れようと考える**わけです。ですので、プレゼンを成功させるためには、話し手自身が伝えたいことだけでなく、「**聞き手にとっての価値**」を常に意識する必要があります。

▶ プレゼンの成功パターン

聞き手に
価値を提供

行動を起こす

多くのプレゼンターが陥る「機能の説明」

プレゼンの本質が「聞き手への価値の提供」と頭でわかっても、実行するのはなかなか難しいものです。なぜなら、そもそも「価値」とは抽象的な言葉なので、具体的にどのようにすれば「価値の提供」になるのか、わかりづらいからです。そこで多くの方が陥ってしまうのが、「**機能の説明**」です。

たとえば、新発売のある筆記具についてプレゼンするとしましょう。多くのプレゼンターは次のようにプレゼンします。「この新製品は、4色のボールペンとシャープペンシルを備えた筆記具です。ボールペンの先端の『スムーズボール』を改良することで、従来品に比べて紙との摩擦率を50%軽減いたしました。さらに、ペンの中心に新機能『バランサー』を搭載し、常に最適な重量感を得ることが可能となりました」

さて、このプレゼンを聞いて、聞き手はこの新製品を欲しくなるでしょうか？　おそらく、この単なる機能説明となってしまっているプレゼンでは、聞き手の心を動かすことはできないでしょう。

▶機能を説明しているプレゼン

これは営業現場でやってしまいがちなプレゼンです。営業担当者は、当然ながらその商品に関する知識が豊富なので、いろいろと機能を説明したくなってしまうのです。しかし、これではお客さまの心は動かせません。

「機能の説明」だけでなく「価値を提供」する

「機能の説明」に対して、「価値の提供」をするプレゼンは次のようになります。

「この新製品は、4色のボールペンとシャープペンシルを兼ね備えており、これ一本あればほかの筆記具は必要ありません。**ペンケースを持ち運ぶ必要もなくなり、かばんのかさ張りも防げます**。さらに、ペンの中心にバランス機能を搭載しましたので、**何時間使っていても疲れ知らずです**」

どうですか？　機能説明プレゼンとの違いはおわかりですね。価値の提供プレゼンの場合、新製品の機能の説明もしていますが、それだけでなく、その機能によって「**聞き手がどのような価値を享受できるか**」を説明しています。これが「価値の提供」です。聞き手は、自分が得られる価値を知ってはじめて、そのプレゼンを受け入れるかどうかを検討します。そして、その価値の大きさ次第で、そのプレゼンを受け入れるかどうかが決まります。

▶聞き手にとっての価値を説明しているプレゼン

お客さまは、商品そのものに興味があるのではなく、その商品によって、自分がどんな価値を享受できるかに興味があります。商品の機能を説明したくなるのはわかりますが、機能だけでなく、その先のお客さまが得られる価値も一緒に伝えましょう。

「価値の提供」が聞き手の心を動かす

改めて「機能の説明」プレゼンを振り返ると、商品そのものにフォーカスしていることがわかります。商品自体が主役となってしまっているので、これはPRESENTATION 1.0の状態といえます。

これに対して「価値の提供」プレゼンはどうでしょうか。こちらの場合は、商品というよりも、その商品を使うお客さまにフォーカスしています。つまり、お客さま＝聞き手が主役になっているので、これはPRESENTATION 3.0です。

これが、「機能の説明」と「価値の提供」の違いです。**聞き手を動かすためには、「価値を提供すること」が必要不可欠なのです。**

▶機能の説明プレゼンまとめ

新製品の機能

- 4色のボールペンとシャープペンシル
- 「スムーズボール」を改良
- 紙との摩擦率を50%軽減
- 新機能「バランサー」を搭載

商品が主役

▶価値の説明プレゼンまとめ

新製品の機能

- これ一本あればほかの筆記具は不要
- かばんのかさ張りも防げる
- 何時間使っても疲れない

お客さまが主役

ワンポイント 日常にあふれる機能説明プレゼン

家電量販店に新しいパソコンを買いに行くと、売り場に「HDDが○○」や「CPUが○○」などいろいろな説明書きがありますよね。しかし、購入する側からすると、そのような情報だけでは購入を決められません。これはまさに、機能説明プレゼンの一例です。機能の説明だけでは、人の心は動かせないのです。プレゼンでは、機能によって得られる価値を伝えましょう。

Lesson 06

[潜在的価値]

「顕在的価値」ではなく「潜在的価値」を伝えよう

このレッスンのポイント

プレゼンで提供する「価値」には、「顕在的価値」と「潜在的価値」の2種類があります。同じ価値でも、「顕在的価値」では人を動かしづらく、「潜在的価値」こそが人を動かすプレゼンのキモになります。両者の違いを理解して、「潜在的価値」を伝えるプレゼンターになりましょう。

聞き手が自分でも気づける「顕在的価値」

Lesson 05で登場した筆記具について、たとえば「かばんがかさ張らない」「何時間使っても疲れない」というのは、聞き手が自分で気づける価値です。「4色のボールペンとシャープペンシルがあれば、ほかの筆記具が必要ない」→「ペンケースがいらない」→「かばんがかさ張らなくて済みそう」となりますし、また、試し書きすれば、「疲れにくそう」ということにも気づけます。

このように、特にプレゼンされなくても聞き手自身が気づける価値を**顕在的価値**といいます。

▶「顕在的価値」筆記具の事例

聞き手自身が気づける価値を「顕在的価値」といいます。

顕在的価値をプレゼンされても、聞き手はそれほど価値を感じることができません。

話し手が気づかせる「潜在的価値」

聞き手が自分で気づける顕在的価値に対して、**潜在的価値**は聞き手自身では気づけません。話し手がプレゼンすることではじめて気づける価値です。

たとえば、「この筆記具を使うことで思考力が高まります」「姿勢が改善されます」と言われたらどうですか？ 「え、筆記具でそんな効果があるの？」と思いませんか？ 「この筆記具はかさ張らないので、ぜひ常に持ち歩いてみてください。そして、何か考え事があるときは、すかさず紙に書いてみてください。そんなふうに書く習慣が身につくと、思考力が上がりますよ。また、パソコン仕事はどうしても姿勢が悪くなりますよね。パソコン仕事が続くときは、このペンに持ち替えてみましょう。ちょっとした休憩が、姿勢の改善につながります」

同じ商品でも、こんなふうに説明されたら、欲しくなってしまいませんか？　このように、話し手によって気づかされる価値を**潜在的価値**といいます。

▶「潜在的価値」筆記具の事例

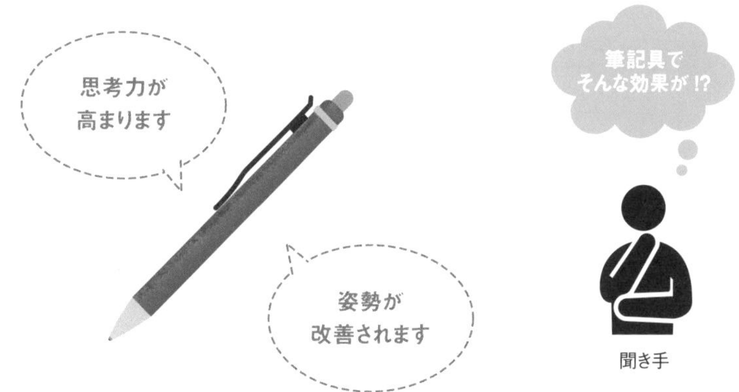

話し手がプレゼンすることで気づける価値を「潜在的価値」といいます。

▶機能説明と価値の比較

	機能	顕在的価値	潜在的価値
概要	商品が持つ機能	聞き手にとっての価値	聞き手にとっての価値
聞き手が得るもの	商品に対する知識	想定通りの満足	想定以上の満足
筆記具の事例	摩擦率の軽減 バランス向上	かばんがかさ張らない 何時間でも疲れない	思考力アップ 姿勢が改善

プレゼンでは「潜在的価値」を伝える

「顕在的価値」に人を動かす力はありません。プレゼンでは「潜在的価値」を聞き手に伝えましょう。「あなたのプレゼンを聞けてよかった」と聞き手に言ってもらえるような潜在的価値を、ぜひプレゼンに盛り込んでください。

ただし、**潜在的価値は人によって変わります**。先に「思考力が上がる」「姿勢が改善される」という例を挙げましたが、当然ながら、この2つの潜在的価値を伝えても、心が動かない聞き手は存在します。その理由は、人によって価値は異なるからです。「思考力が高まる」「姿勢が改善される」の2つの価値は、「健康志向の聞き手」には響くでしょう。しかし、残念ながら「ブランド志向の聞き手」の心を動かすことはできません。「ブランド志向の聞き手」にとっては、たとえば「このボールペンは、一本数万円するような有名高級ボールペンと同じ工場でつくられているんですよ」といった情報のほうが価値があります。つまり、潜在的価値は聞き手によって変わるということです。**あなたがプレゼンする相手が、どんなことに価値を見いだすのか**、そこを明確にできなければプレゼンは成功しません。

▶ 潜在的価値は聞き手によって変わる

お、それは
いいね！
姿勢が
改善されますよ！
健康志向の聞き手
話し手
お、それは
いいね！
高級ボールペンと
同じ工場です！
ブランド志向の聞き手

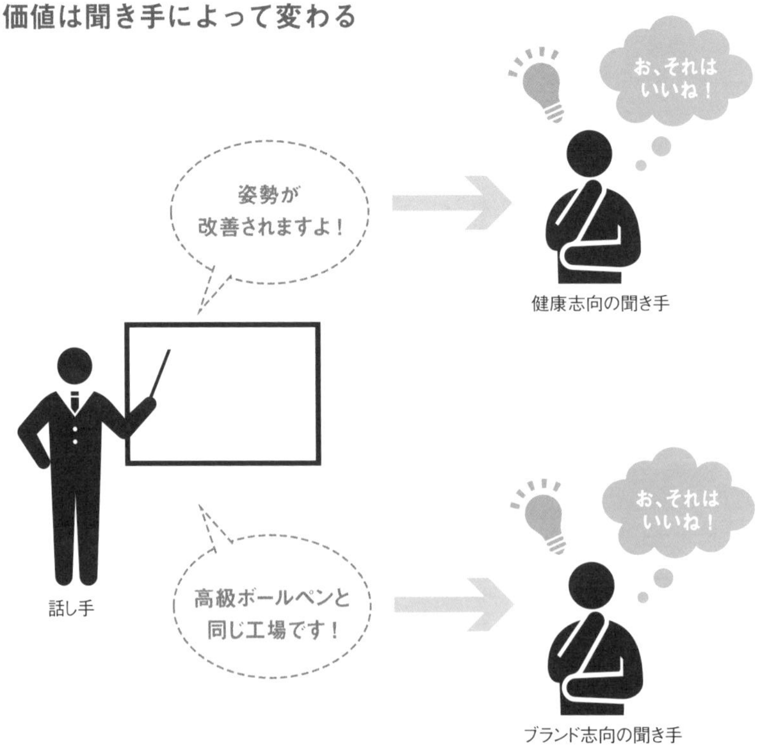

「潜在的価値」を知るために欠かせない事前準備

プレゼンを成功させるキモとなる潜在的価値。しかし、潜在的価値は聞き手によって変わります。では、どのように潜在的価値を準備したらいいのでしょうか。答えは**事前準備**です。プレゼンをする前に、聞き手に響く潜在的価値を調べればよいのです。いちばん確実なのは、聞き手に直接ヒアリングをすることです。ヒアリングによって聞き手から「潜在的価値」を引き出せたら、それをプレゼンに盛り込みましょう。ヒアリングが難しい場合は、インターネットなどでリサーチしましょう。

プレゼンには、この事前準備が欠かせません。**事前準備をしないでプレゼンをするのは、的が見えない状態で矢を射るのと同じ**ことです。それでは矢は的に当たりません。事前準備によって的がどこにあるのかを調べて、そこに向けてプレゼンという矢を放つから、的に矢が当たる、つまりプレゼンが成功するのです。プレゼンと事前準備はワンセット、と考えてください。

▶ 事前準備をしなかったプレゼン

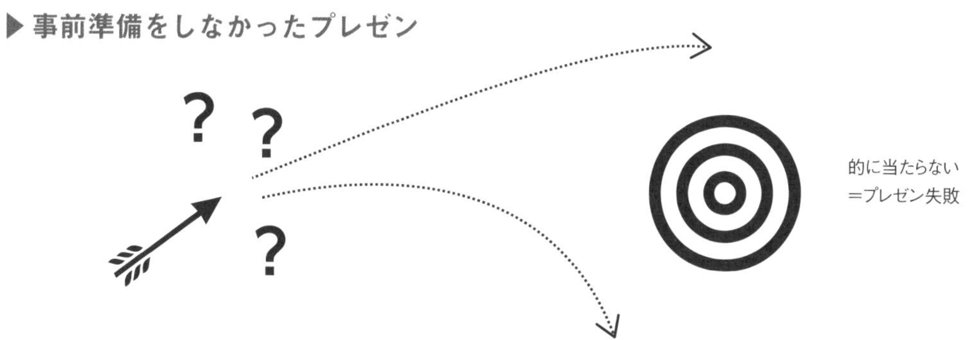

▶ 事前準備をしたプレゼン

プレゼンは聞き手が主役です。その主役のことを知ることからプレゼンは始まる、ということです。

Lesson 07

［プレゼンの3要素］

「3つの要素」の質を上げればプレゼンは必ずうまくいく

このレッスンのポイント

たとえばテニスを上達したいとき、がむしゃらにラケットを振り続けてもうまくなりません。「ストローク」「ボレー」「サービス」など、それぞれのショットに分けて練習することで、テニスの技術がレベルアップするのです。プレゼンも同じです。プレゼンを3つの要素に分解して、それぞれのレベルアップを考えましょう。

プレゼンを構成する3つの要素

プレゼンは、大きく3つの要素「**内容力**」「**人間力**」「**伝達力**」で構成されています。

内容力とは、プレゼンの内容における「聞き手にとっての価値の大きさ」や「構成（流れ）のわかりやすさ」のことです。Lesson 06でお伝えした「潜在的価値」を盛り込むことで、内容力を高めることができます。

次に人間力とは、プレゼンターの「性格」や「人柄」、「肩書」や「社会的地位」のことです。聞き手に対して、どれだけ影響力を持っているか、という点がポイントです。

そして伝達力は、伝える力のことで、大きく「プレゼン資料のわかりやすさ」と「プレゼン技術のわかりやすさ」に分かれます。プレゼン資料が聞き手にとって見やすいデザインになっているか、また、話し方や立ち居振る舞い方も自分本位ではなく聞き手に配慮できているか、これによって伝わり方が大きく変わってきます。

▶プレゼンの構成要素

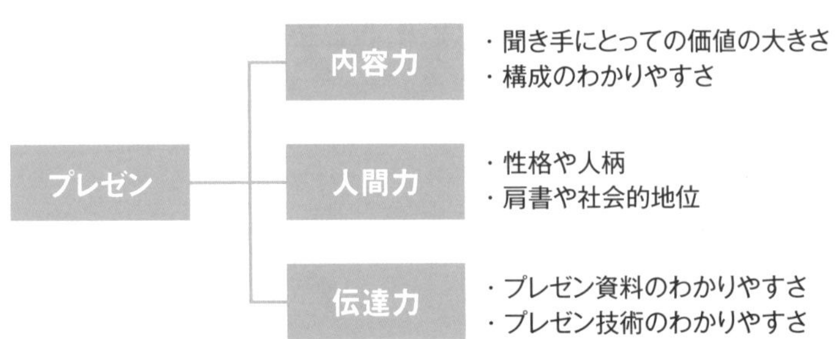

プレゼンは「内容力」「人間力」「伝達力」の3つで構成されています。

「内容力」「人間力」「伝達力」は掛け算の関係性

「内容力」「人間力」「伝達力」の関係性は、足し算ではなく**掛け算**です。どれか1つが100点であればなんとかなる、という性質のものではありません。どれか1つでも0点だと、プレゼン自体が0点になってしまいます。プレゼンを成功させるためには、**すべての要素をバランスよくレベルアップする必要があります。**

▶3つの要素は掛け算

例）内容力100点、人間力100点、伝達力0点の場合

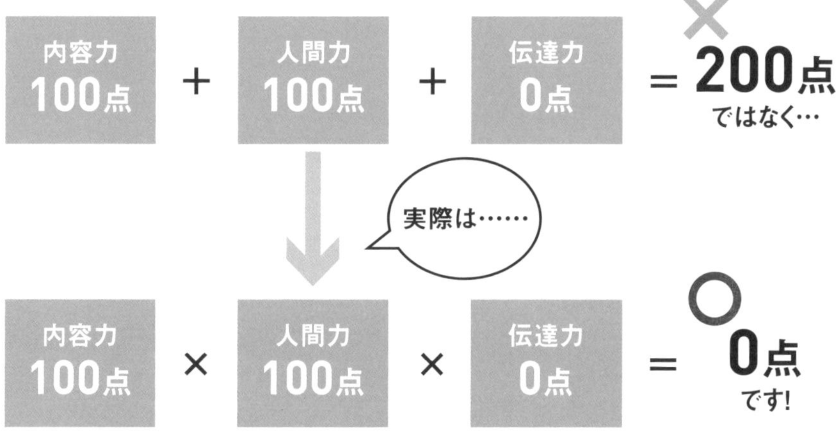

内容力と人間力がいかに優れていても、伝達力が0点の場合、そのプレゼンは0点です。

「内容力と人間力と伝達力、この3つのうちどれがいちばん大切だと思いますか?」と質問すると、多くの方が「伝達力」と答えます。たしかに「プレゼンは伝達力がいちばん大事」と教えている先生や書籍は数多くあります。中には「伝達力さえあれば、プレゼンの中身は関係ない」とまで言い切る方まで。しかし、実際は、上記の通りどれも欠かせない要素なのです。次のLesson 08では、その理由を解説します。

Lesson 08 ［聞き手の心理プロセス］

聞き手の心理を理解してプレゼンを成功に導こう

このレッスンのポイント

プレゼンの主役は聞き手。であるならば、その主役である聞き手の心理を理解することが、プレゼン成功への近道です。このLessonでは、聞き手の心理を主軸に置いて、プレゼンを成功させる方法を考えてみましょう。

聞き手が行動を起こすまでの5つの心理プロセス

プレゼンの定義は「自分の考えを伝えて、聞き手に変化を求める行為」でした。「聞き手に変化を求める」というのは、具体的に言うと「**聞き手に行動を起こさせる**」ということです。たとえば営業のプレゼンであれば、「その商品を購入する」という行動を、一緒に海外旅行へ行く友人へのプレゼンであれば、「アジアではなくヨーロッパに行く」という行動を聞き手に起こしてほしいわけです。つまり、**聞き手に話し手が期待する行動を起こしてもらうこと**、これがプレゼンのゴールとなります。

それでは、聞き手はそのゴール（＝行動）まで、どのように気持ちが変化するのでしょうか。そのプロセスは、「信用」「理解」「納得」「共感」「決断」の5つのステップで構成されます。

▶ 聞き手の心理プロセス

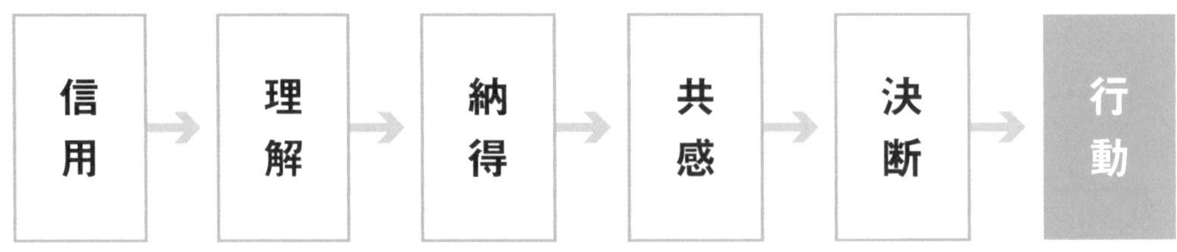

聞き手はプレゼンを聞くとき、このような心理プロセスをたどって、「行動」に至ります。

聞き手の心理プロセス1「信用」

最初のプロセスは「**信用**」です。どんなによさそうな話でも、その話し手が怪しかったらどう思いますか？　怪しい人の話なんて、信じられませんよね(笑)話し手が信用できないと、話の内容も信用できません。まず聞き手に信用してもらえなければ、プレゼンがスタートしないのです。

▶「信用」のポイント

信用できない人の話は聞き入れることできません。

信用できる人の話はスッと聞き入れられます。

聞き手の心理プロセス2「理解」

第1ステップをクリアして、話し手が信用できる人であることがわかりました。ただ、この話し手の声が小さくて全然聞き取れなかったり、プレゼン資料のデザインがぐちゃぐちゃしていて内容がわかりづらかったら、そのプレゼンをちゃんと理解することができません。次のステップに進むためには、自分のプレゼンを「**理解**」してもらう必要があります。

▶「理解」のポイント

聞き手の理解を促すためには、わかりやすいプレゼン技術とプレゼン資料の両方が欠かせません。

聞き手の心理プロセス3「納得」

プレゼンの内容を理解することができたら、次は「**納得**」です。内容を否定されることなく肯定してもらえたら、聞き手がそのプレゼンに納得した、ということになります。

たとえば、「英語」を例に考えてみましょう。「グローバル社会といわれる現代において、あなたは英語力が大切だと思いませんか？」という質問に対しては、おそらく多くの方が「はい、大切だと思います」と答えるのではないでしょうか。これはつまり、「英語が大切である」という考え方について「納得している」ということになります。

聞き手の心理プロセス4「共感」

納得の次は「**共感**」です。そのプレゼンの内容について、「自分事として捉えてもらえるかどうか」、これがカギです。

再度、「英語」を例に考えてみましょう。

「英語は大切」という考えに納得しているとしても、「大切だと思うのであれば、今、何かしら英語の勉強をしていますか？」と質問されると、「はい、勉強しています」と答えられる方は先ほどに比べて少なくなります。その理由は、「英語が大切だ」ということについて「納得」はしているけれど、「共感」していないのです。つまり、「英語は大切」が自分事になっていないのです。

たとえば、「来年から自社の公用語が英語になる」「次回の昇進試験でTOEICで800点が必須になった」など、英語が自分のキャリアに関わることによってはじめて「英語が大切である」ということに「共感」できるようになります。

▶「納得」と「共感」の違い

「納得」しているが「共感」していない人

「納得」していて「共感」もしている人

聞き手の心理プロセス5「決断」

共感の次は「**決断**」です。人は「社内の公用語が英語になるから、英語を勉強しなくちゃいけない」と自分事として捉えられると、「英会話スクールに通おう!」と決断します。そして、最後は「英会話スクールに通う」という行動に至ります。

「決断」のあとは、即座に「行動」に移せるのがベストです。時間が空いてしまうと決断が鈍ってしまいます。そこで、プレゼンの最後に「アクションプラン」を提示します。詳細はLesson 18でご紹介します。

5つのプロセスは飛び級できない

この5つのプロセスには飛び級はありません。「信用」から「決断」まで、**1つずつ順番にクリアしていく必要があります**。信用できない人の話は聞きませんし、どんなに信用できても、何を言っているのかわからなければ納得できません。さらに、どんなに納得できたとしても、自分事にならなければ、共感・決断はできないのです。

▶ 5つの心理プロセス

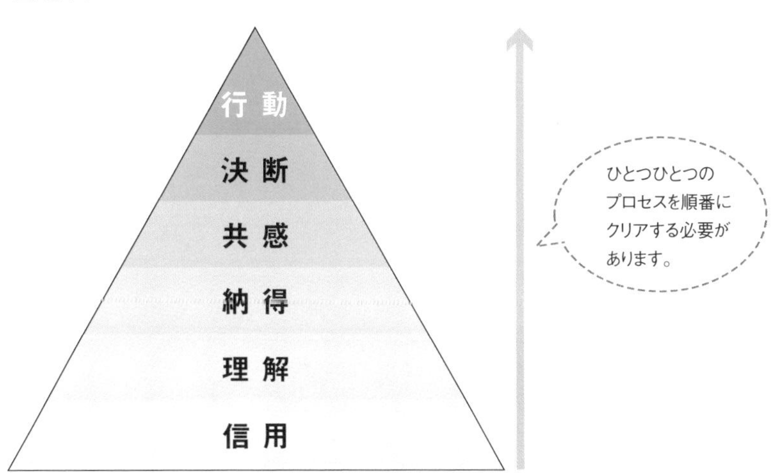

3要素で5つの心理プロセスをクリアする

「信用」から「決断」までの心理プロセスをクリアするために必要なのが、プレゼンを構成する3要素「**内容力**」「**人間力**」「**伝達力**」です。
まず、「信用」に対しては、あなたの「人間力」が問われます。聞き手が、すでにあなたのことを知っており信用されている状況であれば問題ありませんが、初見の方にプレゼンをする場合などは、最初にしっかり自己紹介をして、自分が信用に足る人間であることを伝えましょう。次のステップ「理解」に対しては「伝達力」、つまり、あなたのプレゼン技術やプレゼン資料のわかりやすさが問われます。聞き手にわかりやすい伝え方や資料デザインを習得しましょう。
そして、「納得」から「決断」に対しては、「内容力」が問われます。いかにその話し手を信用できても、いかにプレゼン技術やプレゼン資料がわかりやすくても、内容が自分にとって価値のないものだったら、そのプレゼンに心を動かされることはありません。聞き手が「納得」して、「共感」して、「決断」できるように、プレゼンには価値を盛り込みましょう。

▶「内容力」「人間力」「伝達力」がそれぞれのプロセスをクリアする

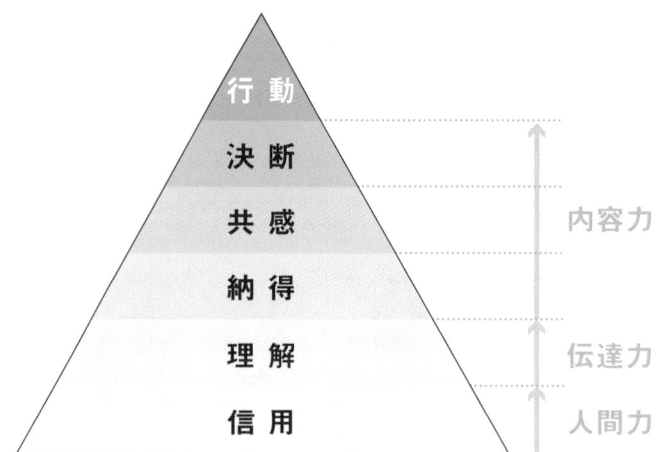

「人間力」を磨く方法

「人間力」の磨き方については、深く言及すると、もうこのテーマだけで1冊の本になってしまいます。詳細な話はほかの書籍に譲るとして、ここでは、私が特に意識している5つのポイント**「主体性」「誠実性」「共感性」「協調性」「貢献性」**だけご紹介します。完ぺきではありませんが、私自身が日々心がけているポイントです。それぞれ下の図のように意識しながら仕事に臨めば、あなたの人間力を高めてくれるでしょう。これらはビジネスパーソンとして当然のポイントです。しかし、この当たり前のことを当たり前に行えることがとても大切です。日頃から自分の言動を振り返るように心がけ、常に改善を意識しましょう。

▶「人間力」を磨く5つのポイント

- [ ] **主体性：仕事に意欲的かつ主体的に取り組む**
- [ ] **誠実性：大小にかかわらず約束を守り、ウソをつかない**
- [ ] **共感性：相手の立場に立って行動する**
- [ ] **協調性：所属する組織や社会との調和を重んじる**
- [ ] **貢献性：所属する組織や社会に貢献する**

「内容力」「伝達力」を磨く方法

そして、**「内容力」と「伝達力」の2つは、プレゼンを正しい順番で準備すれば磨くことができます。**正しい順番で準備する、たったそれだけです。しかし、ほとんどのビジネスパーソンが、この「プレゼンの正しい準備の仕方」を知りません。そこで、次のLessonでは、「プレゼンの正しい準備の仕方」について解説します。

左ページの心理プロセスのピラミッドをご覧いただくとわかるように、聞き手に行動を促すためには、「内容力」「人間力」「伝達力」のすべてが必要となります。どれか1つだけ優れていればよいというものではないのです。すべての要素をバランスよく磨き上げましょう。

Lesson 09

[プレゼンの準備]

95%のプレゼンターは間違えている！プレゼンの準備の仕方とは

このレッスンのポイント

プレゼンをつくるとき、ただやみくもにPowerPointを開いて資料をつくり始めればよいというものではありません。たかが準備の仕方と思われるかもしれませんが、これによってあなたのプレゼンの成功率が大きく変わります。正しい準備の仕方を知って、プレゼンの成功率を飛躍的に高めましょう。

こんな準備の仕方は間違っている

プレゼンをするとき、あなたはどのように準備をしますか？　おそらく、大抵の方が次のように準備をしているのではないでしょうか。
まず、PowerPointを開いて資料を作成し始めて、プレゼン本番の前日の夜にその資料を完成させます。そして、翌日に本番を迎えてイマイチな結果に終わる。イマイチな結果に終わるのは当然です。なぜなら、この準備の仕方は間違っているからです。

▶正しくないプレゼンの準備の仕方

間違った順番でプレゼンを準備して本番に臨むと、失敗する可能性が高まります。

正しい準備の仕方｜ステップ1「内容設計」

最初からPowerPointを開いてはいけません。資料をつくる前にやらなければいけないことがあります。それは、プレゼンの内容――いわば土台――を設計することです。「聞き手にとっての価値」を考え、「聞き手に伝わりやすい構成」で組み立てる。これがプレゼンの準備における最初のステップ「**内容設計**」です。Lesson 06でお伝えした、聞き手の潜在的価値を知るための事前準備も、このステップに含まれます。まずは、「内容設計」でプレゼンの土台をつくることから始めましょう。

▶「内容設計」でプレゼンの内容をつくる

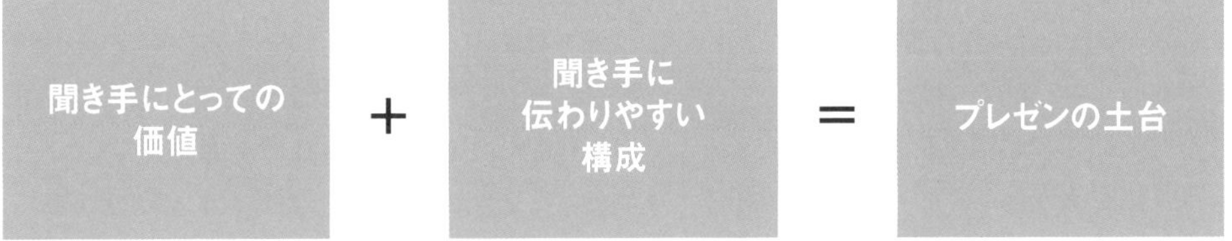

正しい準備の仕方｜ステップ2「資料作成」

内容設計でプレゼンの内容がつくれたら、ここではじめてPowerPointを開きます。PowerPointを使って、プレゼンの内容を元に資料を作成しましょう。これが「**資料作成**」のステップです。

なぜ、内容設計をしないでPowerPointを開いてはいけないのでしょうか？　それは、PowerPointを使い始めるとデザインやアニメーションばかりが気になってしまい、内容がおろそかになってしまうからです。PowerPointで資料をつくっていたら、細かいデザインが気になってしまって、その作業に時間を取られてしまった、という経験はありませんか？　デザインが気になって内容がおろそかになってしまうのは本末転倒です。しっかり内容設計してから資料作成に臨みましょう。

私は個人向けプレゼンコンサルティングも行っていますが、クライアントがちゃんと「内容設計」をしているケースはまれです。伝えたいメッセージをいきなりプレゼン資料に落とし込んでしまうので、聞き手に伝わるプレゼンをつくることが難しいのです。

正しい準備の仕方｜ステップ3「実践練習」

資料がつくれたら、その資料を使って練習を行う「**実践練習**」のプロセスです。練習が大切であることは言うまでもありません。しかし、多くの方が練習の時間を取りません。なぜなら、「練習＝プレゼンの内容を覚えること」だと勘違いしているからです。もちろん、練習の目的には、「プレゼンの内容を覚えること」も含まれます。ただ、練習の目的はそれだけではないのです。
実践練習では、実際につくった資料を使って行います。そうすると、「このままでは制限時間内に収まらないな」や「スライドの順番を変えた方がよさそうだ」など、必ず修正点が出てきます。それに従って資料を修正します。その修正後の資料を使ってまた練習します。そうすると、また修正点が見つかります。この繰り返しが大切なのです。「**資料を使った練習**」→「**修正点の発見**」→「**修正点の修正**」→「**資料を使った練習**」……このパターンを繰り返すことで、プレゼン資料にどんどん磨きがかかります。そして、練習をしているので、当然ながら話し方（プレゼン技術）も上達します。プレゼン資料がよくなり、プレゼン技術も上達すると、どうなるかというと、**そのプレゼンに対して「自信」がつきます**。この自信がとても大切なのです。話し手に自信がつくと、それだけでプレゼンの伝わり方が大きく変わります。

▶「実践練習」で自信をつける

「実践練習」で修正点が見つかったら、「資料作成」に戻って修正。修正したら、また「実践練習」を行います。これを繰り返すことで、「自信」をつけることができます。

日本人がプレゼン下手と言われてしまうのは、自信なさそうにプレゼンしてしまうことが理由です。聞き手の立場に立って考えればわかることですが、自信のない話し手のプレゼンなんて、聞きたくありませんし、聞いても受け入れる気になれませんよね。「自信」はプレゼンの成功に欠かせない要素なのです。

正しい準備で「内容力」と「伝達力」を高める

まとめると、プレゼンの正しい準備の仕方とは、①プレゼンの内容をつくる「内容設計」→②プレゼンの資料をつくる「資料作成」→③資料を使って練習する「実践練習」の3ステップとなります。実は、この順番でプレゼンを準備することは、必然的に「内容力」と「伝達力」のレベルアップにつながります。P.41で、「内容設計」では、「聞き手にとっての価値」を考え、「聞き手に伝わりやすい構成」を考えるとお伝えしました。「価値」と「構成」はまさに、「内容力」そのものです。

さらに、「資料作成」と「実践練習」を繰り返すことによって、「プレゼン資料」に磨きがかかり、「プレゼン技術」が上達するのでしたね。Lesson 07でお伝えした通り、この「プレゼン資料」と「プレゼン技術」の2つが「伝達力」を構成していますから、「資料作成」と「実践練習」を繰り返すことは「伝達力」のレベルアップに直結しているのです。つまり、**正しい準備の仕方をすれば、そのプレゼンの「内容力」と「伝達力」をレベルアップすることができる**、ということになります。

▶ プレゼンの正しい準備の仕方

正しい準備の仕方をすれば、プレゼンの成功率は飛躍的に高まります。

間違った準備の仕方を思い出してください。「資料作成」→「本番」でしたね。このプロセスでは、「内容力」も「伝達力」も磨くことができません。ということは、残りの「人間力」だけで勝負することになります。「人間力」だけでは、なかなかの苦戦を強いられそうですよね。ですから、正しい準備の仕方で「内容力」「伝達力」も高めてから、プレゼン本番を迎えるようにしましょう。

ワンポイント「伝え方がいちばん大事！」は本当？

Lesson 07で、「内容力」「人間力」「伝達力」の3つは、すべてをバランスよく磨かなければいけませんとお伝えしました。しかし、「ちまたにはなぜ、“伝え方がいちばん大事”という説が多いんだろう」と不思議に思いませんか？　そこで、「伝え方がいちばん大事」「話の中身はどうでもよい」説が出回っている理由を解説します。

その理由は、ずばり「メラビアンの法則」にあります。この法則は、プレゼンテーション研修のみならずコミュニケーション研修や営業研修などで、次のように紹介されます。

「メラビアンの法則によると、コミュニケーションにおける重要性は「視覚情報55%」「聴覚情報38%」「言語情報7%」です。つまり、言語情報（=話の中身）はどうでもよくて、視覚情報（=見た目）と聴覚情報（=話し方）を合わせた“伝え方”が重要なのです」

これは、半分ホントで半分ウソです。どういうことかというと、この法則には「感情や態度に対して矛盾したメッセージが発せられた場合」という条件があります。少しわかりづらいので、下の画像をご覧ください。

この写真を見て、パパは本当に置いていかれると思いますか？　きっと置いていかれませんよね。なぜなら、子供とママは、とても楽しそうだからです。楽しそうという「ポジティブな感情や態度」に対して、置いていくという「ネガティブなメッセージ」が発せられています。「感情や態度」と「メッセージ」が矛盾しています。

このような条件下だと、メラビアンの法則「視覚情報55%」「聴覚情報38%」「言語情報7%」が成り立つということなのです。つまり、メラビアンの法則は、すべてのコミュニケーションに当てはまるものではなく、限られた条件でのみ適用される法則なのです。誤解されて引用されるケースが多いので、注意しましょう。

Chapter 3

STEP1 内容設計

人を動かすプレゼンには"型"がある

Chapter 3では、「プレゼンの正しい準備の仕方」における1つ目のプロセス「内容設計」に入ります。聞き手に価値を提供できる内容のつくり方をしっかり身につけましょう。

Lesson 10 [プレゼンのゴール]

5W2Hでプレゼンのゴールを具体的に決めよう

このレッスンのポイント

プレゼンをつくるときは、まず「聞き手に何をしてほしいのか、どうなってほしいのか」という具体的なイメージを持ちましょう。つまりプレゼンの「ゴール」を決めます。このゴールを意識することによって、プレゼンをつくるときだけでなく、実際にプレゼンを行う際も、本筋からブレないようになります。

目的地を決めない旅行は迷子になる

私はプレゼンのコンサルティングを行う際、まずクライアントに「このプレゼンのゴールを教えてください」と質問します。この質問をすると、約半数の方が答えに窮します。「え～っと、そうですねぇ、このプレゼンのゴールは……」と、その場で考え始めてしまう方が意外に少なくないのです。

プレゼンづくりは旅行と同じと考えてください。旅行は、「目的地」があってはじめてそこを目指して出発することができます。プレゼンも同様で、「ゴール」があるからつくり始めることができます。よく「プレゼン中に、自分が何を話しているのかわからなくなってしまう」というご相談を受けますが、これはそのプレゼンに「ゴール」がないからです。旅行も、「目的地」がなければ途中で迷子になってしまいます。それと同様のことがプレゼンで起きているのです。

プレゼンをつくるときは、まず「ゴール」を決めましょう。「ゴール」を決めるだけで、プレゼンづくりが格段に楽になり、実際にプレゼンを行う際にも役立ちます。

▶ プレゼンづくりに「ゴール」は必須

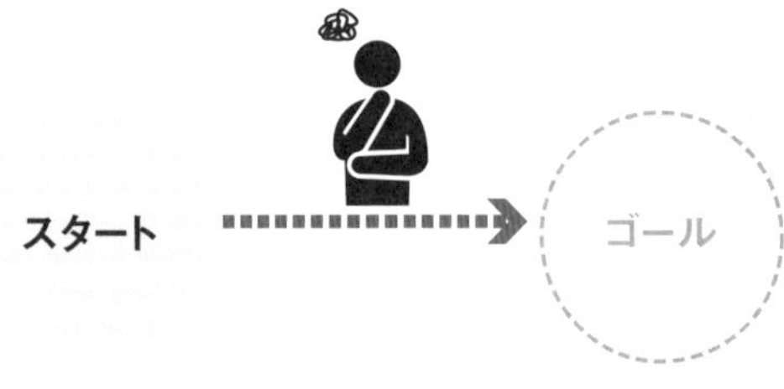

ゴールがないとプレゼン中に迷ってしまいます。

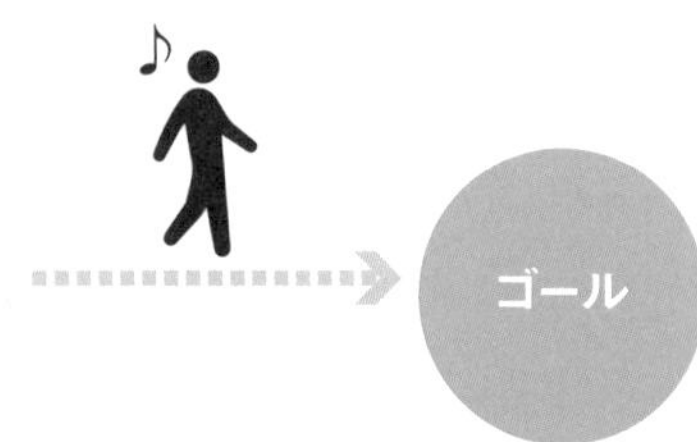

ゴールがあれば迷いません。

5W2Hでゴールをイメージする

プレゼンのゴールを決める際のポイントは、できる限り具体的にすることです。聞き手に何をしてほしいか、どうなってほしいかを、具体的にイメージします。具体的に決めるときは、**5W2H**を使うと便利です。「**What**（何をしてほしいのか）」「**Who**（誰にそれをしてほしいのか）」「**Why**（なぜそれをしてほしいのか）」「**When**（いつそれをしてほしいのか）」「**Where**（どこでそれをしてほしいのか）」「**How**（どのようにそれをしてほしいのか）」「**How much**（いくらでそれをしてほしいのか）」——の7つの項目を可能な限り具体的に考えてみましょう。なお、**「What（何を）」「Who（誰に）」「Why（なぜ）」**の3つは必ず明確にしなければいけませんが、そのほかの4つの項目は、必要に応じて考えます。無理に具体化する必要はありません。

▶ プレゼンのゴールを5W2Hで具体的にする

What 何を	Who 誰に	Why なぜ	
When いつ	Where どこで	How どのように	How much いくらで

5W2Hの中で特に重要なのが、「What」「Who」「Why」の3つ。ここを明確にすると、自然とプレゼンのゴールも定まってきます。

同じ営業におけるプレゼンでも、ゴールが「お客さまに自社サービスを知ってもらうこと」なのか、「お客さまにサービスを購入してもらうこと」なのかで、そのプレゼン内容は大きく変わります。途中でブレないように、最初にゴールをきちんと決めましょう。

Lesson 11

[プレゼンの流れ]

聞き手に伝わるプレゼンには「流れ」がある

このレッスンのポイント

もし「伝わるプレゼンをつくるときの最も大切なポイントは？」と尋ねられたら、私は「流れをつくること」と答えます。聞き手に伝わるプレゼンをつくるためには、きれいな「流れ」が必須なのです。このLessonでは、「流れ」の重要性と、流れをつくるための「型」について学びます。

伝わるプレゼンに欠かせない「流れ」

よくある伝わらないプレゼンでは、情報を単にダラダラと羅列してしまいます。私はこのようなプレゼンを「情報の羅列プレゼン」と呼んでいます。これは多くのプレゼンターが直面する課題です。情報を羅列しただけでは、聞き手には伝わりづらいのです。この課題を解決するのが、「流れ」です。プレゼンに「流れ」をつけると、そのプレゼンは理解しやすく伝わりやすくなります。

たとえば、『カメとウサギ』や『シンデレラ』などの物語は、大筋であれば誰でも説明できるのではないでしょうか。それは、話に「流れ」があるからです。物語は、ひとつひとつの情報が大きな「流れ」の中で表現されているので、理解しやすいのです。「情報の羅列プレゼン」ではなく、「流れのあるプレゼン」にすることは、聞き手に伝わるプレゼンづくりの中でもとても大切なポイントです。

▶「情報の羅列プレゼン」では伝わらない

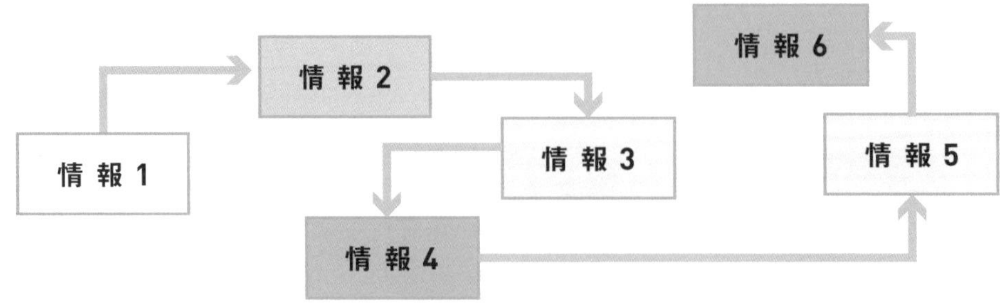

単に情報を羅列しただけのプレゼンは理解しづらく、伝わりづらくなってしまいます。

ホールパート法とプレップ法

流れのあるプレゼンをつくるためには、「型」を使います。ここで、代表的な2つの型を紹介しましょう。

1つは、**ホールパート法**という、ホール（全体、まとめ）とパート（部分、詳細）で構成する型です。プレゼンの最初に「ホール」を伝え、その後「パート」を伝える。最後に、もう一度「ホール」で締める、という流れです（本書では、「ホール＝要点」とします）。

そしてもう1つは、**プレップ法**です。プレップは「PREP」と書きます。最初のPはPoint（要点）、RはReason（理由）、EはExample（具体例）、Pは再度Point（要点）の頭文字です。

▶ホールパート法

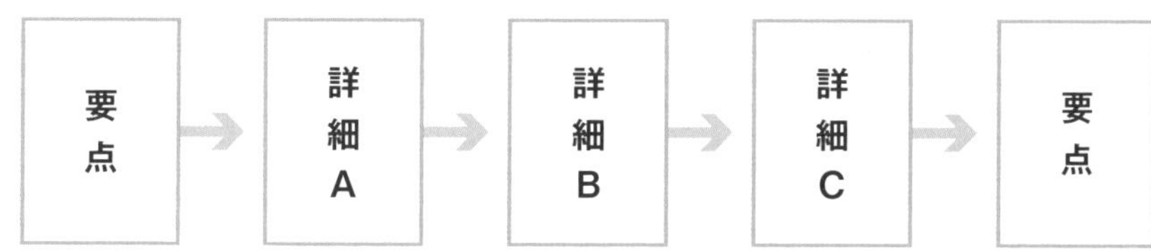

▶プレップ法

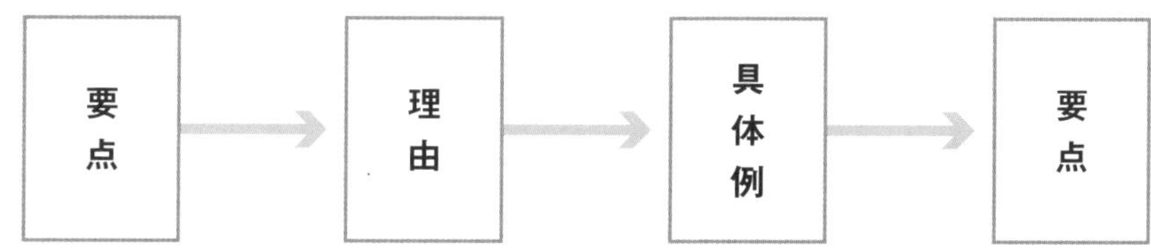

ワンポイント 「要点・結論」を最初に伝える

プレゼンのコンサルティングをしていると、よく「『何を言いたいのかわからない』と言われてしまうんです」という相談を受けます。このように言われてしまう方は、**上記の2つの型のように、そのプレゼンの「要点」や「結論」を最初に伝える**ようにしましょう。聞き手からすると、その話が最終的にどう落ち着くのかわからずに聞かされるのはつらいものです。最初に着地点を知らせてから具体的な詳細を話せば、聞き手は落ち着いてプレゼンを聞くことができます。

Lesson 04で、「PRESENTATION 3.0は聞き手が主役」とお伝えしましたが、プレゼンの構成も、主役である聞き手にストレスをかけないように組み立てることが求められるのです。

Lesson 12

[プレゼンの基本型]

「プレゼンの基本型」で聞き手を動かすプレゼンにする

このレッスンのポイント

流れのあるプレゼンづくりを実践する際、まずはホールパート法やプレップ法を試してみましょう。この2つに慣れてきたら、さらに伝わる「プレゼンの基本型」を活用します。プレゼンの基本型を使うことで、聞き手に「伝わる」だけでなく、聞き手を「動かす」プレゼンをつくることができます。

「プレゼンの基本型」に当てはめるだけでOK!

「**プレゼンの基本型**」は、ホールパート法をベースに、より聞き手の行動を促せるように改善した「型」です。「要点」と「詳細」の項目はホールパート法と同じですが、さらに「導入」「詳細の前振り」「詳細の振り返り」「具体案」の4つの項目を追加しています。「プレゼンの基本型」に当てはめれば、プレゼンが伝わるだけでなく、聞き手を行動に促せるようになります。

▶「伝わるプレゼン」と「動かすプレゼン」

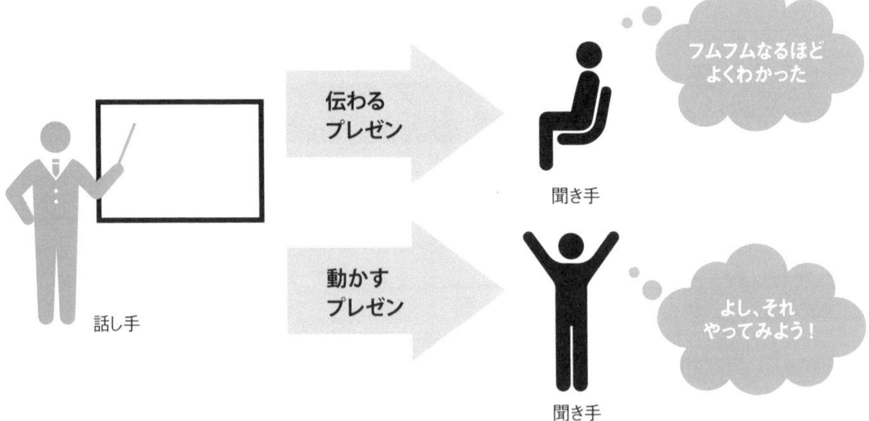

伝わるだけでなく、聞き手を動かすプレゼンを目指しましょう。

「プレゼンの基本型」の構成

「プレゼンの基本型」は、下図のように「**導入**」→「**要点**」→「**詳細の前振り**」→「**詳細**」→「**詳細の振り返り**」→「**要点**」→「**具体案**」の流れで構成されます。ホールパート法との大きな違いは、最後の「**具体案**」です。この「具体案」があるか否かで、聞き手を行動に促せる確率が大きく変わります。

次のLessonから、各項目のポイントを解説します。

▶プレゼンの基本型

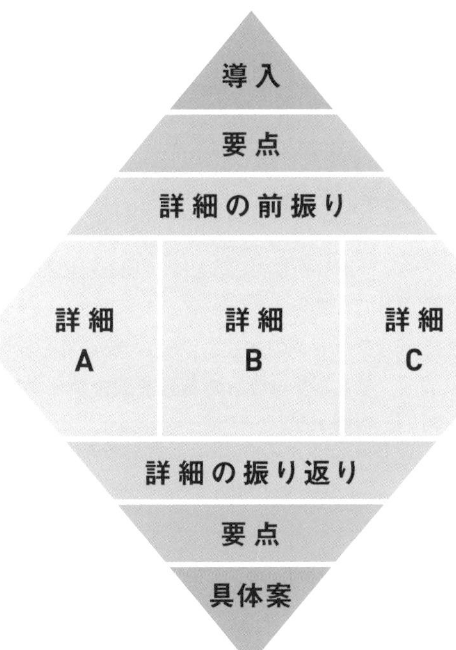

ホールパート法をベースに改善した「プレゼンの基本型」。大きな違いは、聞き手を行動に促すための「具体案」の存在です。

ワンポイント 「伝わるプレゼンができた」で満足しない

ホールパート法やプレップ法でも伝わるプレゼンを実施することは可能です。しかし、多くのプレゼンの目的は、聞き手を「動かすこと」にあるはずです。「伝わる」だけで満足せず、「プレゼンの基本型」で聞き手を「動かす」ためのプレゼンを目指しましょう。

Lesson 13 [プレゼンの基本型]

「導入」で背景を共有し聞き手の共感を得る

このレッスンのポイント

たかが「導入」ですが、されど「導入」です。導入をきちんと準備すると、聞き手がプレゼンを聞きやすくなると同時に、話し手自身も本題に入ってからプレゼンしやすくなります。このLessonでは、導入の役割やつくり方について学びます。

導入ではプレゼンの背景を共有する

プレゼンの基本型における最初の要素は「**導入**」です。プレゼン開始後すぐに本題に入るのではなく、まず導入から始めて、聞き手が違和感なく本題に入れるようにします。

たとえば、プレゼンターの自己紹介をしたり、本題を取り囲む周辺の話題で場を温めたり、改めてプレゼンの目的やプレゼンする理由を伝えたりします。プレゼンの本題をしっかり聞いてもらうためには、これら**プレゼンの背景を聞き手と共有することが重要**です。

▶「導入」の役割

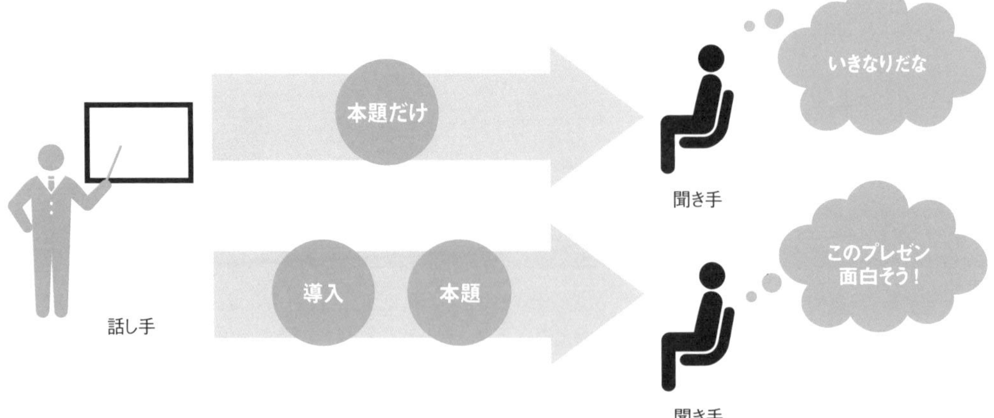

本題に入る前に導入を挟むことで、聞き手が違和感なくプレゼンを聞けるようになります。

導入が必要なときと必要ないとき

導入の目的は、聞き手が違和感なく本題に入れるようにすることです。よって、社内の同僚にプレゼンするときや、本題についての予備知識を持っている方にプレゼンするときなど、聞き手がすでに本題を聞く準備が整っている場合は、わざわざ導入を話す必要はありません。逆に、社外の初見の方にプレゼンするときや、本題について詳しくない方にプレゼンするときは、導入から始めつつ段階的に本題に移る必要があります。**聞き手の属性を見極めて、導入の要不要を判断しましょう。**

▶聞き手の属性によって導入の必要性は変わる

導入の要不要	聞き手の属性	聞き手の具体例
導入が必要	プレゼンの本題について予備知識がない	社外の方、初見のお客さま、プレゼンの本題に関わりがなさそうな方、など
導入が不要	プレゼンの本題について予備知識がある	社内の同僚、普段から取引のあるお客さま、プレゼンの本題に関わりがありそうな方、など

聞き手に両方の属性が含まれる場合は、「はじめての方もいらっしゃるので、改めてお話ししますと……」などひと言挟んだ上で、導入から開始するようにしましょう。

導入のつくり方1「プレゼンターの自己紹介」

Lesson 08でお伝えした通り、プレゼンは聞き手の信用を得るところから始まります。従って、自己紹介から始める導入は、非常に有効です。自身の所属や肩書、また、自分がプレゼンする理由を伝えると、より聞き手の信用を得ることができます。自己紹介は、導入にぜひ取り入れましょう。

導入のつくり方2「周辺の話題」

突然詳細な話から始めると、聞き手にとっては唐突感があります。そこで、もっと大きなくくりからプレゼンを開始しましょう。「昨今、この業界の動向は○○のような状況にありまして……」という導入は、聞き手の共感を得られる可能性が高く、導入の定番といえます。

導入のつくり方3「プレゼンの目的や理由」

プレゼンの目的や理由は、聞き手に事前に知らされているケースがほとんどです。しかし、導入で改めて伝えることで、それらを再認識させることができます。中には、明確な目的意識を持たずにプレゼンの場に来る聞き手もいるので、目的や理由を取り入れた導入も、有効なプレゼンの始め方です。

▶「導入」で聞き手の共感を得る

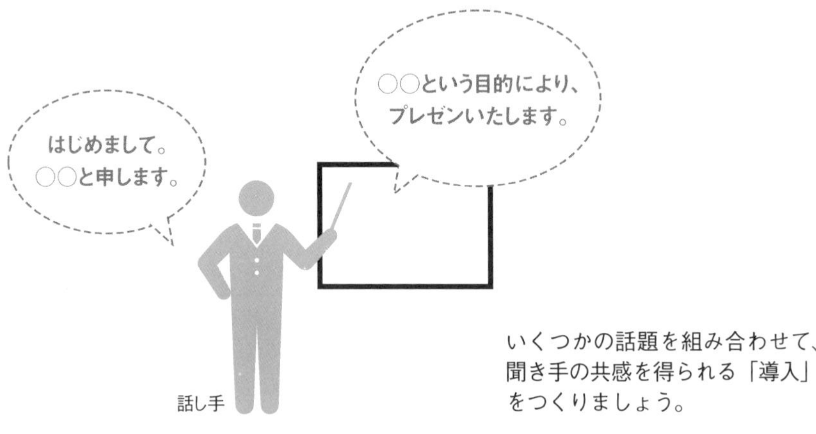

導入をおろそかにしない

プレゼンの本題は、誰もが重要だと考えるので、しっかり準備します。しかし、導入については、多くの方が軽視してしまいがちです。「導入なんてわざわざ考えなくても、当日の出たとこ勝負でなんとか乗り切れるだろう」と考えてしまうのです。

しかし、実際はどうでしょう。準備しなかった導入がグダグダになってしまって、プレゼン後、「導入も、もっとちゃんと考えておけばよかった……」と思ったことはありませんか？　導入は、そのプレゼンの入り口。入り口でつまずくと、聞き手の共感をなかなか得られず、その後本題に入ってからも、聞き手との距離感を縮めるのに苦労します。ですので、**導入もおろそかにせず、しっかりと準備することが大切です。**

▶「導入」の成否による違い

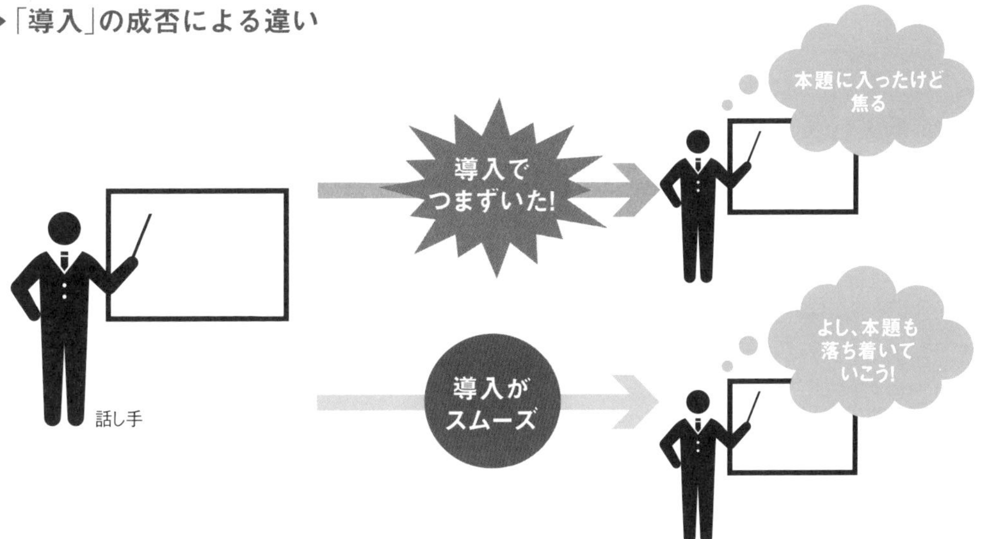

導入がスムーズにいけば、本題も落ち着いてプレゼンできます。

導入は一度つくってしまえば、異なるプレゼンで使い回せることも少なくありません。実際に私も、自分のサービスをプレゼンさせていただく際の自己紹介は、お決まりのテンプレートがあります。一度ちゃんとした導入をつくると、以降の導入に自信を持てますし、プレゼンづくりの作業効率にもつながるので、おすすめです。

Lesson 14

[プレゼンの基本型]

聞き手にとっての価値を「要点」で示す

このレッスンのポイント

導入の次は、そのプレゼンにおいていちばん大切なこと「要点」を伝えます。ただし、聞き手に価値を提供できなければ、そのプレゼンは失敗してしまいます。「自分の伝えたいこと」と、それによって「聞き手が得られる価値」を、うまく融合して「要点」をつくりましょう。

「要点」で聞き手を前向きな状態にする

プレゼン開始早々に「**聞き手にとっての価値**」を伝えられれば、聞き手は「それなら聞いてみよう」とプレゼンに対して前向きになります。逆に、価値がわからないままでは「果たしてこのプレゼンは自分に価値があるのだろうか？」という疑問を持ちながらプレゼンを聞くことになります。当然ながら、前向きな状態でプレゼンを聞いてもらえるほうが成功率は高まります。要点には、「自分が伝えたいこと」だけでなく、「聞き手にとっての価値」を必ず組み込みましょう。

▶「要点」のつくり方

要 点 ＝ 伝えたいこと ＋ 聞き手にとっての価値

要点で「聞き手にとっての価値」を提示すれば、聞き手が前向きな状態になります。

たとえば、「本日お伝えしたいことは〇〇〇〇です。これにより見込める効果は〇〇〇〇です」という要点であれば、「自身の伝えたいこと」と「聞き手の価値」をうまく融合できます。

この一文が書ければ「価値」を提供できる

本書では「聞き手に価値を提供すること」の大切さを繰り返しお伝えしていますが、これを実践するとなると、皆さんなかなか苦労されます。頭で理解できても、実践できるかどうかは別の話なのです。そこで、「このプレゼンは聞き手に価値を提供できているだろうか?」と不安になったら、「**このプレゼンを聞いていただくことで、あなた(聞き手)は○○できるようになります**」という一文を書き出してみてください。この一文が書ければ、そのプレゼンにはちゃんと聞き手の価値が含まれています。逆に、この一文が書けない場合は、まだ聞き手にとっての価値を明確にできていないということになります。

▶「聞き手の価値」の確認方法

このプレゼンを聞いていただくことで、
あなたは〇〇できるようになります

書けない場合

聞き手にとっての価値が明確になっていない

書ける場合

聞き手にとっての価値を明確にできている

私が友人から格安SIMをすすめられたとき、彼は「携帯電話を格安SIMに変えれば、月々の電話料金を安く抑えて、年に一度、海外旅行に行けるようになるんだけど、聞きたい?」と話し始めました。私がその話に前のめりになったことは言うまでもありません。最初に価値を提示されると、聞き手はそのプレゼンを聞かざるを得ない状況になります。

Lesson 15 ［プレゼンの基本型］

「前振り」で聞き手に聞く準備を促そう

このレッスンのポイント

細かい項目ではありますが、「前振り」を組み込むだけで、プレゼンの聞きやすさが一気に高まります。ほかの要素のように深く考える必要もなく、定型的な表現でかまいません。ただプレゼンに組み込めばよいだけですので、ぜひ活用しましょう。

「前振り」で聞き手のストレスを軽減しよう

「わかりづらい」「聞きづらい」プレゼンは、聞き手の関心を失わせてしまう原因となります。プレゼンをつくるときは、なるべく「わかりやすく」「聞きやすく」することが大切です。

そこで便利なのが「**前振り**」です。「前振り」をプレゼンに組み込むだけで、聞き手のストレスを減らすことができます。これは、書籍でいう「もくじ」のようなものです。本を読むときは、まずもくじを確認して、その本の全体像をつかもうとしませんか？

理由は、人は全体像をつかめると安心するからです。もし本にもくじがなかったら、最初から最後まですべて読まないと全体像がつかめませんよね。最後まで、「この先はどのような内容なんだろう？」とモヤモヤしながら読まなければなりません。これはストレスです。もくじで全体像を把握してから読み始めることで、このモヤモヤ感なく、安心して読み進めることができるようになります。

プレゼンでは、「前振り」がこの役割を担っています。

最後までモヤモヤしたほうがよい本（小説など）の場合は、当然全体像がつかめないほうがよいですよね。プレゼンも一緒で、あえて「前振り」を省いて聞き手をモヤモヤさせるというテクニックもあります。

これから話す内容の「数」と「概要」を示す

「前振り」は、具体的には「これから3つお話しします。1つ目が○○、2つ目が○○、そして3つ目が○○です」と伝えるだけです。これから話す内容の「**数**」と「**概要**」を伝えるだけで、聞き手の聞く準備を促すことができます。なお、「3」**という数字はマジックナンバー**といわれていて、2つではなんとなく物足りない、4つ以上あると逆に多すぎると感じるので、できれば3つにまとめると聞き手の納得感を得やすくなります。

▶「前振り」の効果

「数」と「概要」の前振りをすれば、聞き手に聞く準備を促すことができます。

前振りの表現を揃える

具体的な前振りを考えてみましょう。たとえば「1つ目が『最新の業界動向について』、2つ目が『弊社新サービスのご紹介』、そして3つ目が『今後のスケジュール』です」という前振りはどうでしょうか。実際、多くの方がこのような前振りをされるのですが、**表現がバラバラな**印象を受けます。

この表現を改善するとしたら、たとえば「1つ目が『最新の業界動向』、2つ目が『弊社の新サービス』、3つ目が『今後のスケジュール』についてです」とします。このように**表現を揃えるだけで、プレゼンが聞きやすくなる**ものです。たかが前振り、と考えず、細部まで意識して組み立てましょう。

▶概要の表現を揃える

1. 最新の業界動向について
2. 弊社新サービスのご紹介
3. 今後のスケジュール

1. 最新の業界動向
2. 弊社の新サービス
3. 今後のスケジュール

Lesson 16 [プレゼンの基本型]

論理とストーリーで納得・共感する「詳細」をつくる

このレッスンのポイント

いよいよ、プレゼンの中核である「詳細」に取り組みます。「詳細」は、プレゼンの中でいちばんボリュームが出やすい部分。ボリュームがあるからこそ、聞き手にストレスのかからない伝え方が必要となります。ポイントは「論理性」と「ストーリー性」です。

論理的なプレゼンをつくれ

プレゼンには「論理性」が必須です。内容が論理的でないプレゼンでは、聞き手を納得させることができません。論理的なプレゼンにするコツは、複数の詳細内容の構造を、「モレ・ダブりなく、全体を網羅している状態」かつ「レベル感が一致してる状態」にすることです。この構造をつくるときは、「要素分解」「時系列」「対照概念」という3つのフレームワーク（枠組み、考え方）が役立ちます。

▶「モレ・ダブりなく、全体を網羅」して「レベル感を一致」させる

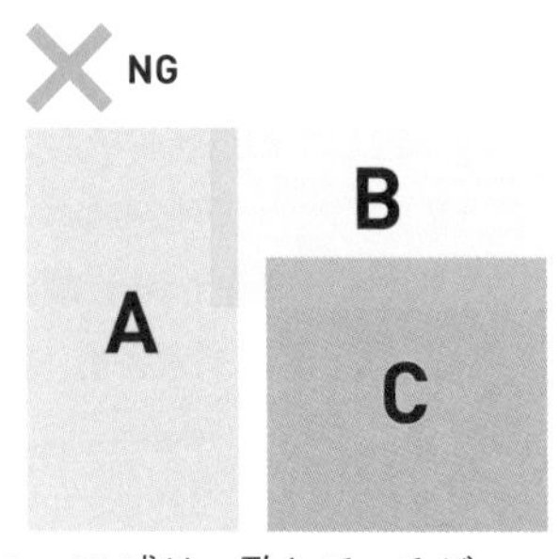

レベル感は一致しているが、モレ・ダブりがあります。

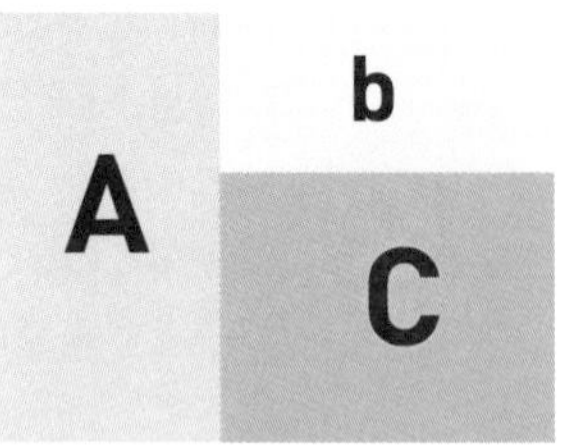

モレ・ダブりはないが、「b」だけレベル感が違います。

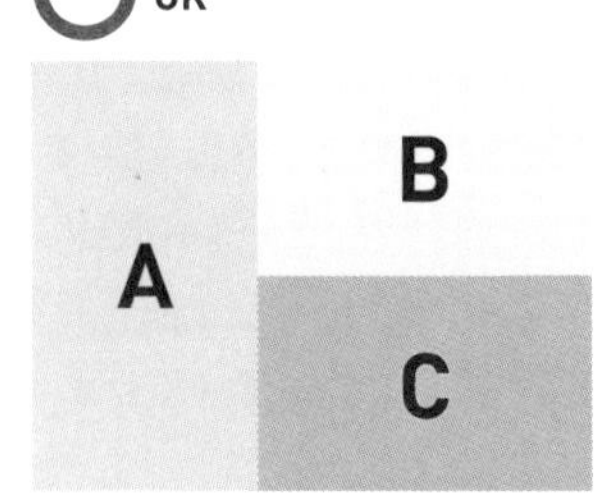

モレ・ダブりなく、全体が網羅されており、レベル感も同じです。

モレ・ダブりなく、全体が網羅されている状態を「MECE (Mutually Exclusive, Collectively Exhaustive)」といいます。これはロジカルシンキングの基本概念で、これに従うと論理的なプレゼンをつくることができます。

フレームワーク1「要素分解」

基本的なフレームワークの1つとして、「要素分解」が挙げられます。有名なフレームワークでは「人（ひと）・物（もの）・金（かね）」や「3C（Customer市場・顧客、Competitor競合、Company自社）」などがあります。たとえば、「人・物・金」であれば問題ありませんが、この3つに「商品」が加わって、「人・物・金・商品」となったらどうでしょうか。「物」と「商品」は重複していますし、「商品」だけほかの要素に比べてレベル感が細かいですよね。これでは、聞き手にとって「論理性に欠くプレゼン」となってしまうのでNGです。

▶「要素分解」の例

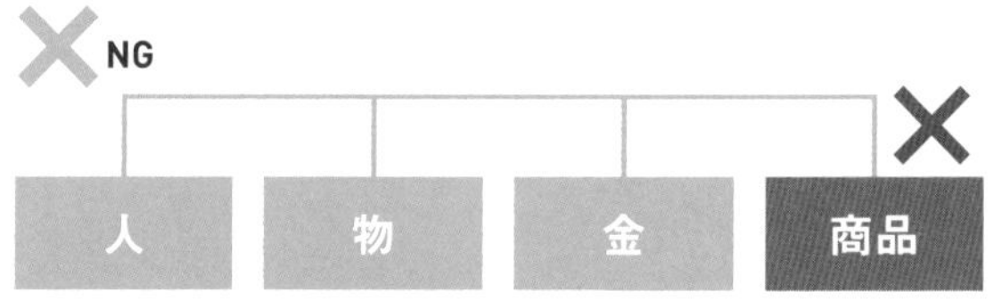

「物」と「商品」が重複しており（ダブり）、さらに「商品」だけレベル感が違います。

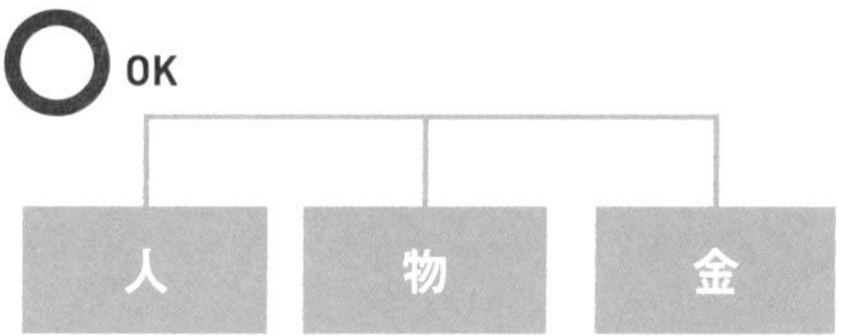

モレ・ダブりなく、すべての要素のレベル感も一致しています。

フレームワーク2「時系列」

もう1つの基本的なフレームワークが「時系列」です。「過去・現在・未来」や「第1四半期、第2四半期、第3四半期、第4四半期（この場合は要素が4つになります）」などが挙げられます。なお、業務の継続的改善手法として知られる「PDCA」は、「Plan（計画）」「Do（実行）」「Check（評価）」「Action（改善）」の要素の組み合わせであると同時に、時系列の意味合いも含まれているフレームワークです。

▶「時系列」の例

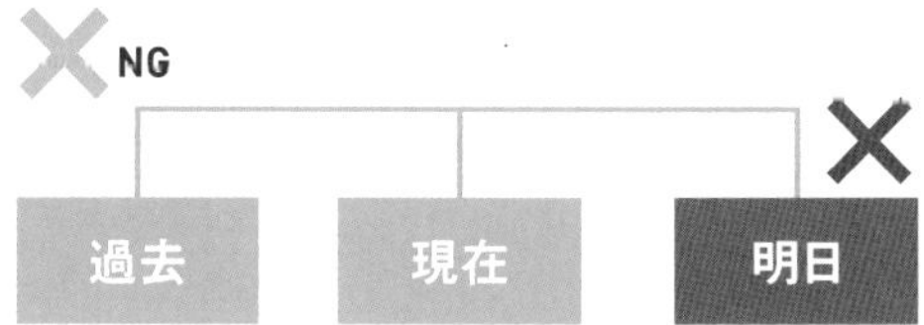

モレ・ダブりはないが、「明日」だけレベル感が違います。

モレ・ダブりなく、すべての要素のレベル感も一致しています。

フレームワーク3「対照概念」

それぞれの要素がお互いに対照的な場合は、「**対照概念**」のフレームワークに当てはまります。たとえば、「質と量」や「効率と効果」などです。「対照概念」の場合、お互いに補完し合うので、要素が3つではなく2つとなります。

▶「対照概念」の例

具体的な内容をつくるための4ステップ

フレームワークを決めたら、次は具体的に内容をつくります。つくり方は4つのステップ「**発散**」「**集約**」「**要約**」「**選択**」で構成されます。次のページから1つずつ見ていきましょう。

▶内容をつくる4つのステップ

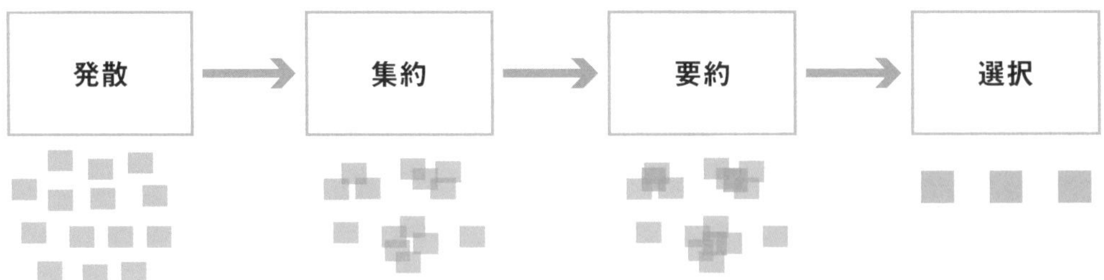

内容をつくるときは、「フセン」を使うと便利です。ノートにアイデアを書き出してしまうと、アイデアの場所や順番を入れ替えることができませんが、フセンを使えば自由に並び替えできます。ぜひフセンを有効活用しましょう。

内容のつくり方ステップ1「発散」

まず、自分の頭の中にあるアイデアを、よいか悪いかは別として、すべて書き出す「**発散**」からスタートします。内容をつくり始めるとき、すでになんとなくの道筋は思い浮かんでいると思います。しかし、その道筋がベストであるとは限りませんので、いったんその道筋は横に置いておきましょう。ゼロスタートで、まずアイデアを書き出してみることで、よりよい道筋が発見できる場合があります。

▶ フセンを使ってアイデアを「発散」する

フセンにアイデアを思い付く限り書き出してみましょう。

内容のつくり方ステップ2「集約」

頭の中にあるアイデアをすべて書き出せたら、次は「**集約**」です。書き出したアイデアを俯瞰（ふかん）して、似ているアイデアや重複しているアイデアを同じグループにグループ分けしていきます。

▶ 発散したアイデアを「集約」する

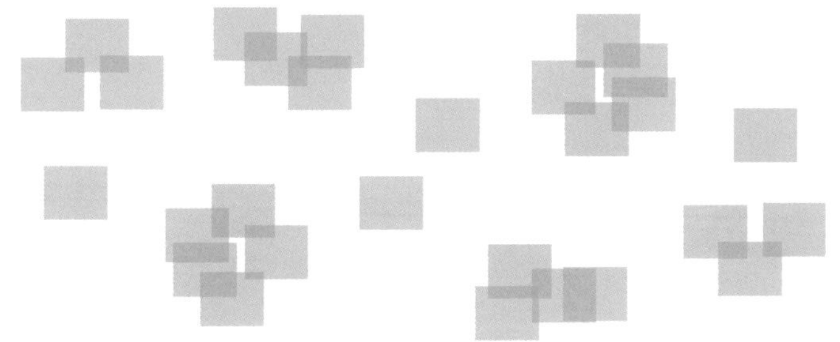

アイデアを書き出したフセンを、グループ分けしてみましょう。

内容のつくり方ステップ3「要約」

それぞれの情報をグループ化したら、そのグループを「**要約**」します。グループ化したフセン（複数の情報）の上に、それらをひと言で表現するメッセージを書いた新しいフセンを置きます。

▶集約したアイデアを「要約」する

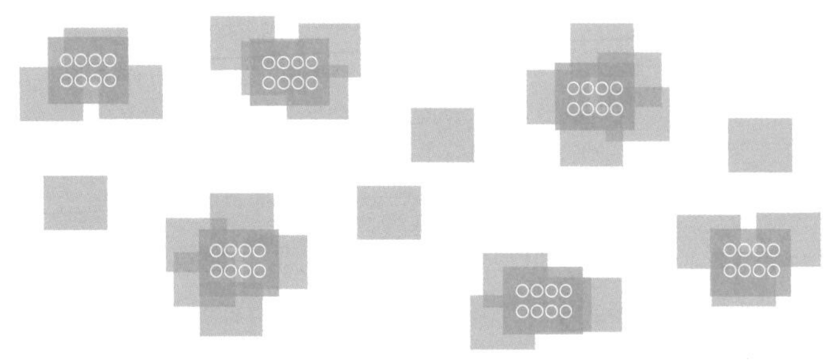

グループ化したフセンの上に、それらをひと言で表現したメッセージを置いていきます。

内容のつくり方ステップ4「選択」

そして最後は「**選択**」です。ここまでのプロセスで、いくつかのグループができあがっているはずですが、そのすべてをプレゼンに使うことはできません。「聞き手にとっての重要度・優先度」および「モレ・ダブりがなく全体を網羅かつレベル感が一致している関係」を基準に、取捨選択する必要があります。このとき、**ベストなのは3つに収めること**。Lesson 15でお伝えした通り、「3」はマジックナンバーだからです。聞き手に理解しやすくするために、**多くても5つには収めたい**ところです。もし、どうしても選び切れず情報が6つ以上になってしまう場合は、さらに情報同士をまとめられないか再検討しましょう。

▶プレゼンで使用するアイデアを「選択」する

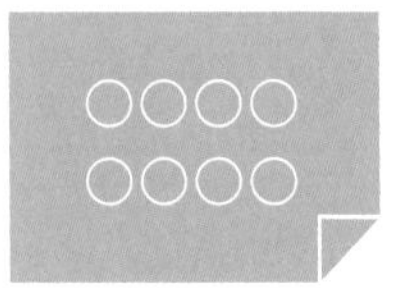

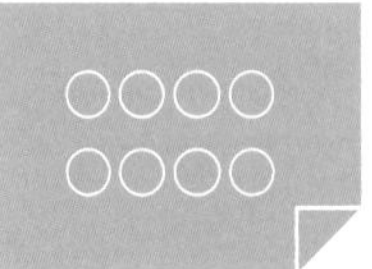

要約したフセンの中からプレゼンで使用するものを選びます。選ぶ数は3つがベスト。

「論理」で納得させ、「ストーリー」で共感させる

それでは最後に、具体的にどのような内容にすれば聞き手を動かすことができるのか、その方法についてお伝えします。一般的にプレゼンでは、「客観的なデータや根拠となる数値を示すこと」が大切であるといわれます。
たしかに、人を納得させる上でこれらの情報は必要不可欠です。しかし、Lesson 08でお伝えした通り、人は納得しただけでは行動を起こしません。共感してはじめて行動を起こすのです。
そこで、**聞き手の共感を得るために「具体的な事例やストーリー」をプレゼンに盛り込みましょう。**

▶ 論理は頭に響き、ストーリーは心に響く

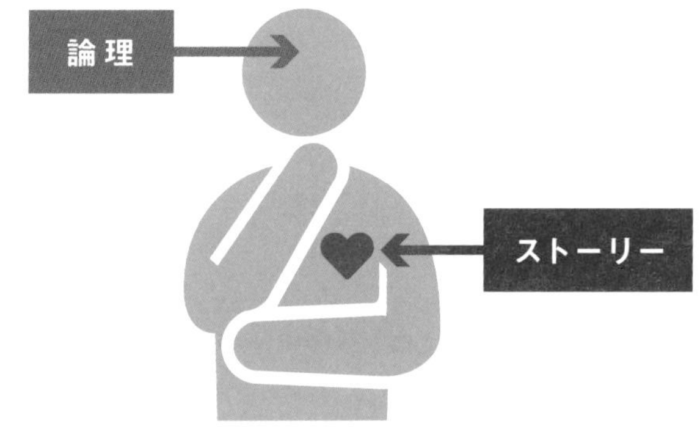

聞き手を動かすためには、「頭」と「心」の両方にアプローチする必要があります。

食べログを使って、レストランを選ぶときの流れを思い出してみましょう。まず、☆3以上のお店を探しませんか？　そして、☆の数で足切りをしたあと、各レストランの口コミを見てさらに絞り込んでいく、という流れでレストランを選ぶのではないでしょうか？これはまさに「客観的なデータや根拠となる数値＝☆の数」と「具体的な事例やストーリー＝口コミ」で行動を起こす典型的な事例です。

Lesson 17

[プレゼンの基本型]

「振り返り」と2回目の「要点」で聞き手の頭を整理しよう

このレッスンのポイント

詳細の話が終わったら、「振り返り」でプレゼンの流れを整理しましょう。「前振り」と同じことを繰り返すだけですが、聞き手の頭の中をスッキリさせ、プレゼンに対する理解を深めることができます。また、「要点」も終盤で改めて伝えることで、その重要性を再認識させましょう。

聞き手に頭の中を整理させる

人のプレゼンを理解することは、それほど簡単ではありません。話し手からすればとてもわかりやすいプレゼンでも、それをはじめて聞く聞き手にとっては難解というケースが少なくありません。「こんなにわかりやすく話しているのに、なぜわかってもらえないんだろう」「その質問の答え、さっき話したばかりなのに」と思ったことはありませんか？　それだけ、話し手と聞き手の間にはギャップがあるのです。

このギャップを埋めるためには、プレゼンの構成を理解しやすくして、重要なポイントを強調する必要があります。それをサポートするのが「**振り返り**」と「**2回目の要点**」です。

▶「振り返り」と「2回目の要点」で聞き手に頭を整理させる

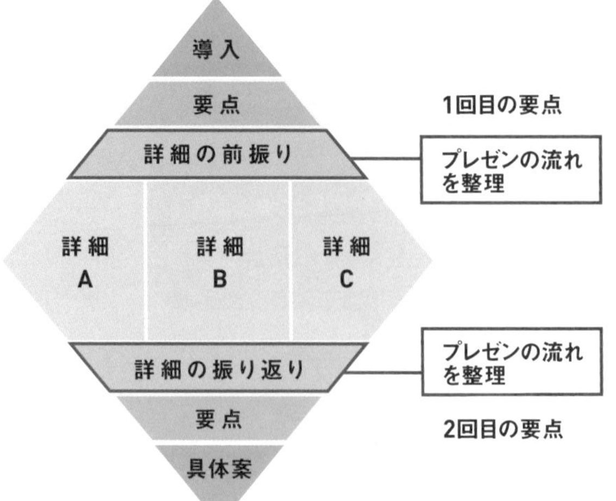

「前振り」と「振り返り」でプレゼンの流れを整理し、「要点」を繰り返してその重要性を再認識してもらいます。

聞き手の理解を促す「振り返り」

「詳細」の部分を伝え終えたとき、聞き手の頭の中は、さまざまな情報であふれていることでしょう。このとき聞き手の意識は、プレゼンの全体ではなく、各論に向いています。そこで、**プレゼンの全体を改めて示すことで聞き手の理解を深めます**。それが「振り返り」です。

具体的には、「前振り」と同じく、「数量」と「概要」を示すだけです。たったそれだけですが、聞き手の理解度は大きく変わります。

▶「振り返り」の効果

「数量」と「概要」の振り返りをして、プレゼンの全体的な流れを整理します。

大切なこと「要点」は2回伝えよう

「要点」はプレゼンの中で最も大切なポイントでした。「振り返り」に続いて、「この要点を伝えるために、今日のプレゼンをしてきたんだよ!」ということを強調するために、もう一度「要点」を伝えます。内容は、冒頭の要点と同じでかまいません。重要なのは、繰り返し伝えることです。

▶「2回目の要点」の効果

「2回目の要点」で、プレゼンの重要なポイントを再認識してもらいます。

Lesson 18 [プレゼンの基本型]

「具体案」を示して聞き手に行動を促す

このレッスンのポイント

どんなによいプレゼンをしても、「いい話」で終わってしまっては、聞き手を動かすことはできません。プレゼンの最後で「具体案」を提示して、聞き手を具体的なアクションに促しましょう。「具体案」はハードルの高すぎない、聞き手のレベルに合わせたものに設定します。

具体案で聞き手の背中をプッシュしよう

基本的に、**人は行動を起こしたがりません**。リスクを負って変化するよりも、現状を維持するほうがリスクもなくて楽だからです。

あなたのプレゼンの聞き手も同じこと。聞き手にとって価値のあるプレゼンができたとしても、それを受け入れて行動を促すのには労力がかかるのです。そこで、プレゼンの最後に「**具体案**」を提示して、聞き手が一歩踏み出せるように後押ししてあげましょう。具体案の内容が具体的であればあるほど、聞き手は行動を起こしやすくなります。

▶最後に具体案を提示する

「具体案」を示すことで、聞き手は行動を起こしやすくなります。

人はハードルが高いと行動できない

私はあまり海外旅行に行ったことがありません。そのため「海外旅行」と聞くと、少し身がまえてしまいます。そんな私が、「この3つの国を旅行してみるととてもよいですよ。ぜひ近いうちに、いずれかに行ってみてください」とプレゼンされたとします。果たして、私はこの提案を受け入れるでしょうか。

もちろんプレゼンの内容にもよりますが、おそらく私は受け入れません（笑）　なぜなら、「いずれかに行ってみてください」という提案は、私にとって**ハードルが高すぎるから**です。

たとえば、「この3つの旅行先をすべてYouTubeチャンネルにまとめています。まずは私のYouTubeチャンネルを見て、これらの国の魅力を感じてみてください」と提案されれば、「YouTubeチャンネルくらいなら見てみよう」というように、きっとそのYouTubeチャンネルを訪問するでしょう。

つまり、**具体案は、聞き手にとってハードルが低い必要があります**。聞き手がまず一歩を踏み出せるような、そんな具体案を用意しましょう。

▶「具体案」は聞き手のレベルに合わせる

聞き手のレベルに合った「具体案」は、聞き手を行動に促します。

当然ながら、具体案の内容は、事前に設定したプレゼンのゴールにつながらなければいけません。もちろん、ゴールそのものを具体案としても問題ありませんが、ハードルが高い場合はもっと手前のアクションプランを用意しましょう。

Lesson 19 ［プレゼンのインパクト］

「インパクト」で記憶に残るプレゼンにする

このレッスンのポイント

「基本型」を使ってプレゼンを一通りつくれたら、聞き手の頭にいつまでも残るようなインパクトを加えます。これにより、あなたのプレゼンが忘れられてしまうことを防ぎ、聞き手が行動に至る可能性を高めることができます。

聞き手の頭に突き刺さるプレゼンをつくろう

テレビや新聞、インターネットやSNSなど、私たちはさまざまな媒体から情報を得ています。現代人が1日で触れる情報量は江戸時代の1年分といわれるようですが、今、とにかく情報があふれています。

そんな中、あなたのプレゼンを聞き手の頭に残す方法は、「**インパクト**」を与えることです。インパクトには「**数字**」「**演出**」「**ストーリー**」の3種類があります。

▶ プレゼンに「インパクト」を与える

「インパクト」を与えて、聞き手の頭に残るプレゼンをつくりましょう。

インパクトは、プレゼンの成功率を大きく変化させます。ぜひ積極的に取り入れましょう。

インパクトの種類1「数字」

数年前に、ある学生のプレゼンを聞かせていただく機会がありました。彼女は「猫の殺処分」をテーマとしてプレゼンされたのですが、冒頭、聞き手にこのような質問を投げかけました。
「今、猫が1年間で何匹、殺処分されていると思いますか?」
私は「1万匹くらいかな〜」と思ったのですが、その答えは「10万匹」でした。「そんなに殺処分が多いのか」と驚いた私は、そのプレゼンにくぎ付けになり、最後まで集中して彼女のプレゼンを聞いてしまいました。
この事例からわかるように、インパクトのある数字はとても有効です。使えそうな数字がある場合は、ぜひプレゼンに取り入れましょう。

▶インパクトのある「数字」

インパクトのある数字は、とても効果的です。

インパクトの種類2「演出」

たとえば、何かモノのプレゼンをする場合は、聞き手にその**モノ自体を触らせてあげる**と記憶に残りやすいです。また、ご自身が実演できるテーマであれば、聞き手の前で**実演**してみましょう。私はよく自身のプレゼンセミナーの中で、解説するだけでなく、実際にそのテクニックを使って実演します。そうすると、聞き手の視覚や聴覚を刺激して、記憶に残りやすくなります。

インパクトの種類3「ストーリー」

Lesson 16でお伝えした「**ストーリー**」は、インパクトを与えるのにも役立ちます。元来、人はストーリーが好きな生き物なので、一度聞いたストーリーは、頭の中に残りやすいのです。

Lesson 20

[実践！プレゼンづくり]

具体例「私がおすすめするメルカリ」

このレッスンのポイント

これまでにお伝えしてきたプレゼンづくりの手順を生かし、このLessonでは、実際にプレゼンをつくってみたいと思います。テーマは「私がおすすめするメルカリ」です。「メルカリ」というアプリをご存じでしょうか。とても便利なフリーマーケットアプリなので、このアプリについてプレゼンします。

プレゼンのゴールを決める

このプレゼンのゴールは、「**メリットがたくさんあるから（Why）まだ使ったことがない方に（Who）メルカリを使ってほしい（What）**」とします。WhenやWhereなどのそのほかの項目は重要ではないので、具体的にする必要はありません。

このゴールに向かって、プレゼンをつくります。

▶ 5W2Hでプレゼンのゴールを決める

What	Who	Why
メルカリを使ってほしい	使ったことがない方に	メリットがたくさんあるから

When	Where	How	How much
いつ	どこで	どのように	いくらで

Whatは「メルカリを使ってほしい」、Whoは「使ったことがない方に」、Whyは「メリットがたくさんあるから」としました。

プレゼンの基本型1「導入」

テーマである「メルカリ」の周辺の話題から始めます。メルカリと聞いて思い付く言葉は、たとえば「シェアリングエコノミー」や「2016年の流行アプリ」、また「断捨離」などが思い浮かびます。「シェアリングエコノミー」という言葉は、なんだか響きがカッコイイですし、プレゼンしている自分が賢くなった気分になれます（笑）　でも、この言葉自体新しい概念なので、聞き手の中に知らない方がいるかもしれません。伝える側の自分が満足してしまうプレゼンは「PRESENTATION 1.0」でしたね。従って、これはNG。

次に「2016年の流行アプリ」ですが、2016年は数年前の話。新鮮味に欠けるので、これもパスします。最後の「断捨離」は、誰もが知っていそうですし、もはやはやりすたりもなくわれわれの生活に定着していると考えられるので、この言葉を「**導入**」に取り入れたいと思います。

▶テーマの周辺の話題で「導入」をつくる

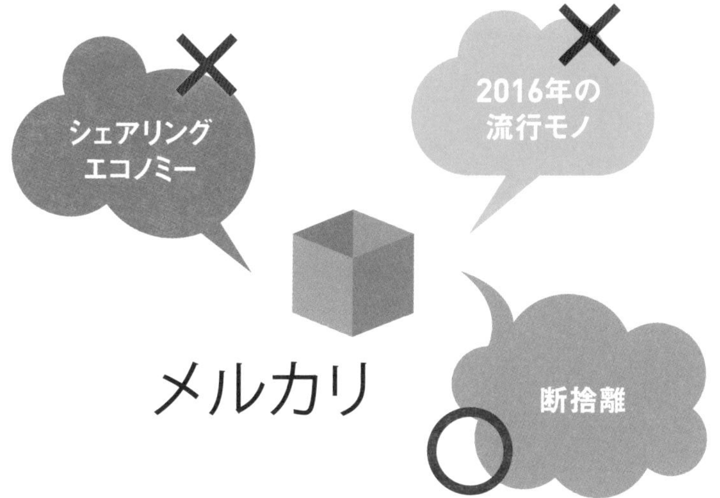

たとえば、「昨今、不要なモノを積極的に捨てるという考え方"断捨離"が定着してきましたね。でも、もう不要なんだけど、もったいなくて捨てられないんだよなぁってモノ、ありませんか？　そんな方に、"メルカリ"というアプリをおすすめします」という導入はいかがでしょうか。この導入であれば、多くの方に共感してもらえそうです。

プレゼンの基本型2「要点」

このプレゼンの要点は「メルカリを使ってほしい」ですが、これだけでは聞き手に「**価値**」を提示できていません。メルカリを使うことによって得られる「**聞き手の価値**」を考えます。

たとえば、導入づくりで触れた通り、メルカリを使うと「断捨離」ができます。でも、それだけではありません。メルカリを使うと「お小遣い稼ぎ」もできます。ほかにもいろいろとメリットがあるので、「メルカリを使うとメリットがたくさんある」というようにまとめてしまいたいと思います。

よって、このプレゼンの要点は「メルカリを使うと、お小遣い稼ぎや断捨離などメリットがたくさんありますので、ぜひメルカリを使ってみてください」となります。

▶要点では「聞き手の価値」を提示する

「メルカリを使うとお小遣い稼ぎができます！」

「メルカリを使うと断捨離できます！」

「メルカリを使うとお小遣い稼ぎや断捨離などのメリットがたくさんあります！」

この要点をLesson 14でお伝えした「聞き手の価値の確認方法」に当てはめてみると、「このプレゼンを聞いていただくことで、あなたはお小遣い稼ぎや断捨離などができるようになります」という一文を書くことができます。従って、この要点は聞き手に価値を提示できているといえます。

プレゼンの基本型3「詳細（発散）」

すぐに「フレームワーク」を決められればよいのですが、この段階ではまだ決めることができません。そこで、先に「**詳細の内容**」をつくります。
詳細の内容は、たとえば「メルカリの使い方3ステップ」や「メルカリで売れるものトップ3」、「メルカリを使う3つのメリット」などが考えられますが、この中でいちばん聞き手に響きそうな内容を選びます。
要点で「お小遣い稼ぎ」や「断捨離」というメリットに触れているものの、もう少し具体的に伝えないと聞き手がメリットを実感するのは難しそうです。メリットを実感してもらう前に「使い方」や「売れるもの」の話をしても効果がありません。そこで、このプレゼンでは、もう少し具体的にメルカリを使うことのメリットを知ってもらうことにします。
まずはメルカリを使うことのメリットを、「不要なモノを高く売れる」や「クローゼットがスッキリ」など、**考え付く限りフセンに書き出します**。

▶考え付くアイデアをすべて書き出す

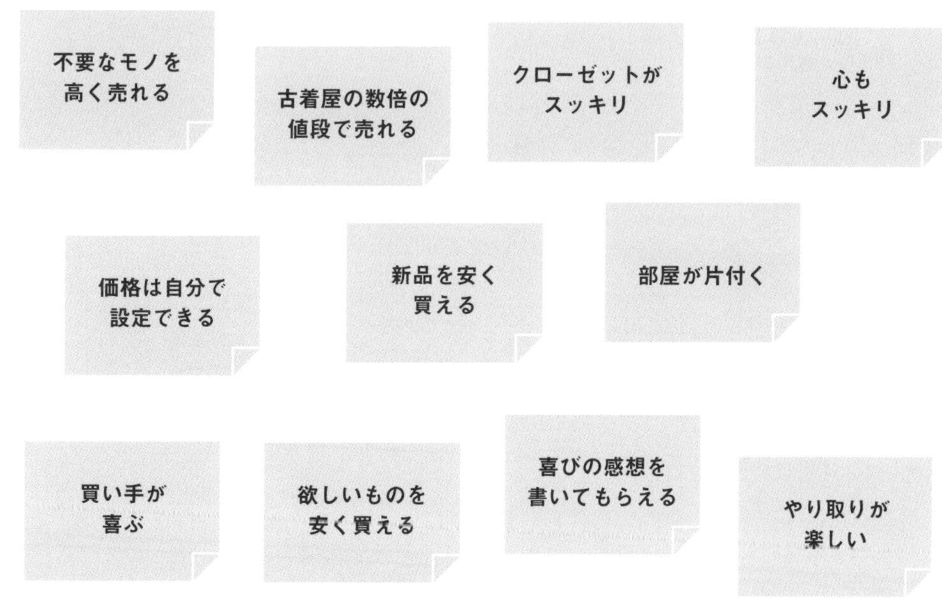

メルカリを使うことのメリットを考え付く限りフセンに書き出しました。

プレゼンの基本型4「詳細(集約→要約)」

頭の中のすべてのアイデアを書き出せたら、書き出したフセンの中で似ている内容のものを集めて**グループ化**します(集約)。そして、それぞれの各グループをひと言で表現します(要約)。

▶書き出したアイデアを「集約」して「要約」する

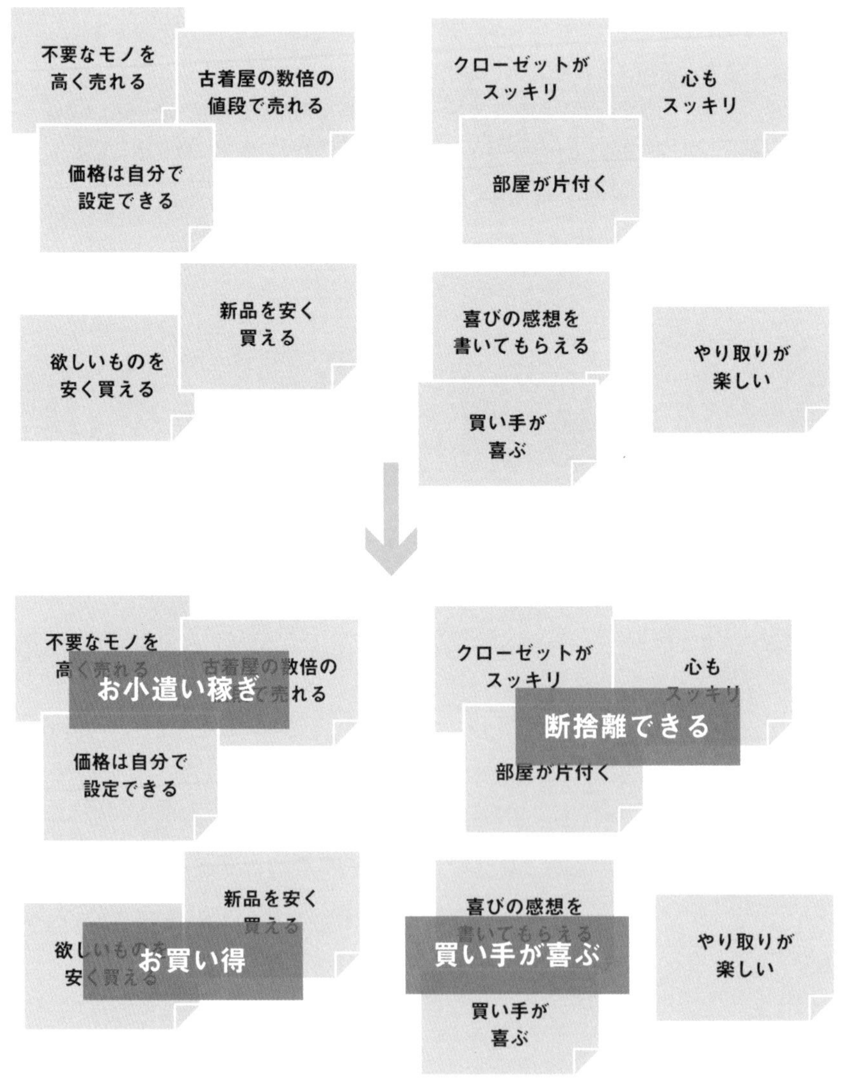

書き出したアイデアを「お小遣い稼ぎ」「断捨離できる」「お買い得」「買い手が喜ぶ」の4つに要約しました。

プレゼンの基本型5「選択」

今度は、要約した複数のグループの中から、最適なアイデアを選びます（選択）。選択する基準は、「聞き手にとっての重要度・優先度」および「モレ・ダブりがなく全体を網羅かつレベル感が一致している関係」です。

▶要約したアイデアの中から「選択」する

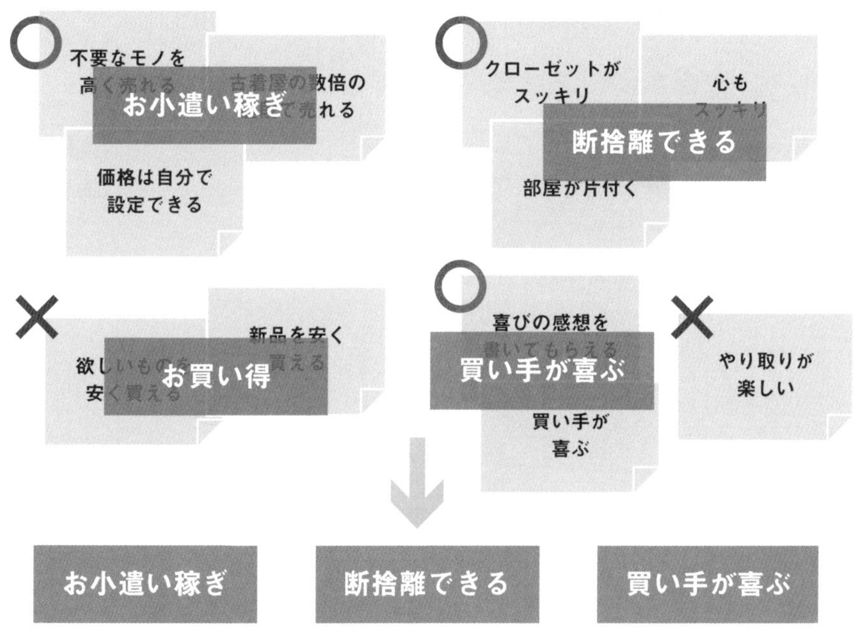

要約したアイデアの中から、「お小遣い稼ぎ」「断捨離できる」「買い手が喜ぶ」の3つを選択しました。

プレゼンの基本型6「具体案」

具体案は、聞き手に合わせてレベルを設定する必要があります。たとえば、「メルカリで売り買いしてみましょう」というのは、メルカリをはじめて知る方にとってはハードルが高すぎるかもしれません。とはいえ、「メルカリをダウンロードしてみましょう」では、ハードルが低すぎます。そこで、その中間の「メルカリをダウンロードして、登録してみてください」をこのプレゼンの具体案にしましょう。

ダウンロード自体は難しいことではありませんし、登録さえすれば、どんなモノが売り買いされているのかのぞいてみたくなるので、次のアクションにつながる可能性が高まります。

▶聞き手のレベルに合わせて「具体案」を提示する

△「メルカリで売り買いしてみましょう！」

△「メルカリをダウンロードしましょう！」

○「メルカリに登録してみましょう！」

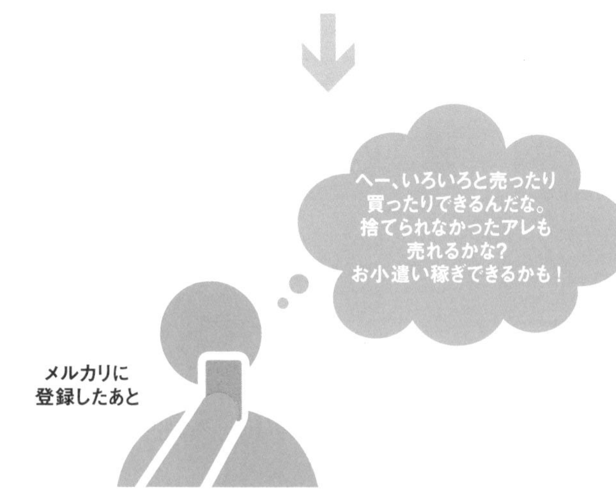

次のアクションにつながりやすい具体案を設定しましょう。

プレゼンにインパクトを加える

最後に、聞き手にしっかり覚えてもらえるように、**プレゼンにインパクトを加えます**。インパクトを出すために、「2週間で10万円売り上げました（実際の話です）」という具体的な数字の話や「自分がいらない物を売るだけなのに、相手から『これ探してました！ ありがとうございます！』と感謝されることもあるんですよ」という体験談を交えます。

▶「インパクト」で聞き手の頭に残す

導入　「もう不要だけど、捨てられないモノ」

要点　「メルカリを使うとメリットたくさんです!」

詳細　「お小遣い稼ぎ」「断捨離できる」「買い手が喜ぶ」

具体案　「メルカリに登録してみましょう!」

詳細に「2週間で10万円を売り上げた」、「相手から感謝された」というインパクトを付け加えました。

「インパクト」を与えるタイミングにルールはありません。冒頭で聞き手の関心を引きたければ「導入」に、聞き手の集中力が落ちる中だるみを防ぎたければ「詳細」を伝えるタイミングでインパクトを取り入れます。目的によって使い分けましょう。

Lesson 21

[実践！プレゼンづくり]

「プレゼンの基本型」を使ってプレゼンづくりに挑戦する

このレッスンのポイント

今度は、あなた自身のプレゼンを実際につくってみましょう！　付録として「プレゼンの基本型」ワークシートを巻末(P.236参照)に掲載しています。そのワークシートを印刷して、実際にプレゼンをつくってみてください。

ステップ1:「テーマ」と「ゴール」を決める

お題は「私がおすすめする○○」です。○○に入る言葉は、映画でも書籍でもレストランでも旅行先でも何でもかまいません。あなたが周りの人に「これをオススメしたい!」と思うテーマを決めましょう。テーマが決まったら、5W2Hを使って、**プレゼンのゴール**を具体的に決めましょう。

▶「テーマ」と「ゴール」を決める

What 何を	Who 誰に	Why なぜ	
When いつ	Where どこで	How どのように	How much いくらで

ステップ2:「基本型」に沿って内容をつくる

プレゼンは、必ずしも「導入」からつくり始める必要はありません。**自分がつくりやすいところから着手して**、それぞれの項目をつくっていきます。

なお、詳細をつくるときは、Lesson 16でお伝えした通りフセンを使うと便利です。

▶「基本型」に沿って内容をつくる

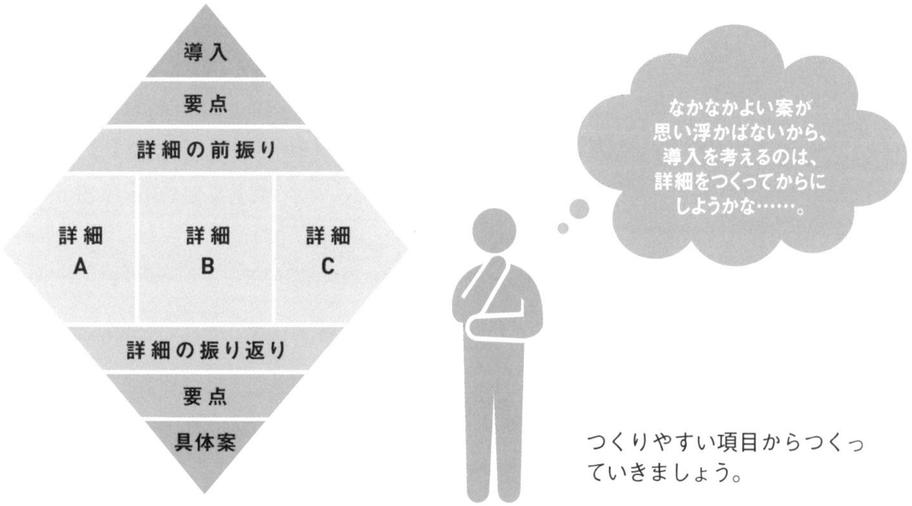

つくりやすい項目からつくっていきましょう。

「詳細」はフセンに書き出すと効果的です。

ステップ3：ワークシートに記入して完成！

すべての項目が完成したら、本書の付録「基本型ワークシート」に記入しましょう。

なお、Lesson 20でつくったメルカリのプレゼンをワークシートに落とし込むと、以下のようになります。

▶〈事例〉私がおすすめするメルカリ

<table>
<tr><th colspan="2">項目</th><th colspan="3">内容</th></tr>
<tr><td colspan="2">導入</td><td colspan="3">タンスやクローゼットを開けると、もう着ないだろうけど
なかなか捨てられないような服、ありませんか？</td></tr>
<tr><td colspan="2">要点</td><td colspan="3">そんな方に「メルカリ」というフリマアプリをおすすめします。
メルカリを使うと、メリットがたくさんあります。</td></tr>
<tr><td rowspan="4">詳細</td><td></td><td>A</td><td>B</td><td>C</td></tr>
<tr><td>前振り</td><td>お小遣い稼ぎになる</td><td>断捨離できる</td><td>買い手が喜ぶ</td></tr>
<tr><td>説明</td><td>古着屋の提示額の
数倍で売れる</td><td>不用品を手放して
断捨離できる</td><td>喜びのメッセージを
いただくことも多い</td></tr>
<tr><td>振り返り</td><td>お小遣い稼ぎになる</td><td>断捨離できる</td><td>買い手が喜ぶ</td></tr>
<tr><td colspan="2">要点</td><td colspan="3">使うとメリットたくさんの「メルカリ」をおすすめします。</td></tr>
<tr><td colspan="2">具体案</td><td colspan="3">まずはアプリをダウンロードして、登録してみてください。
どんなモノが売れているのか見るだけでも楽しいですよ。</td></tr>
</table>

プレゼンはつくりっぱなしにせず、ぜひご家族やご友人に披露してみましょう。実際に受け入れられれば、あなたのプレゼンは成功です！

Chapter

4

STEP2 資料作成 前編

設計した内容を資料に落とし込む

プレゼンの内容がつくれたら、次は「資料作成」のプロセスです。いかに内容がよくても、資料の出来によってはその価値が半減してしまいます。100の価値をそのまま100伝えられるプレゼン資料を目指しましょう。

Lesson 22

[プレゼン資料のデザイン概論]

知ってますか？理想的なプレゼン資料の「あり方」

このレッスンのポイント

どんなに内容が優れていても、プレゼン資料のデザインによって、印象や捉えられ方が大きく変わってしまいます。まずは、プレゼン資料がどのようなデザインであるべきなのか、その「あり方」について学びましょう。

デザインがよくなければ読んでもらえない時代

日本では、「デザインの重要性」がまだまだ理解されていないと感じています。「デザインがよいに越したことはないけど、デザインがよくなかったとしても、ちゃんと文字で書いておけば読んでくれるよね？わかってくれるでしょ？」という考え方が根底にあるのでしょう。
以前はそのような時代もあったかもしれませんが、今は違います。**デザインが悪ければ、中身を読んでもらえない時代**なのです。実際コンペなどで、プレゼン資料のデザイン1つで勝負が決まることも少なくありません。つまり、Chapter 3でつくったプレゼンの中身が「中核」であるとするならば、デザインは「中核を彩るただの飾り」ではなく、「**中核のいちばん外側**」であると私は考えています。

▶ 中身もデザインもプレゼンの中核を成す

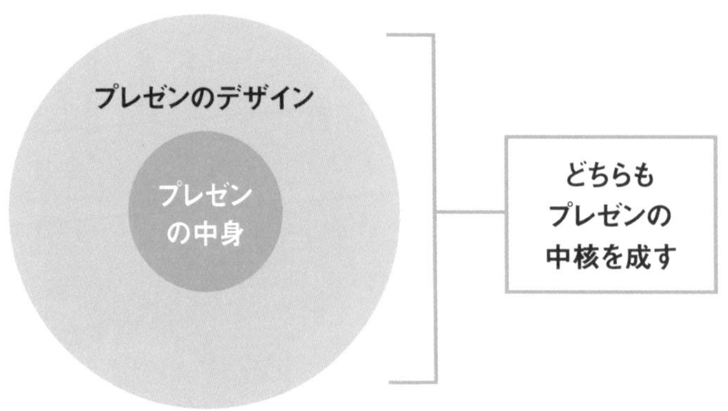

本書では、プレゼン資料のみならず、Webデザインやグラフィックデザインに通じるデザインルールをお伝えしますので、ぜひ身につけてください。

NGなプレゼン資料

下のプレゼン資料をご覧ください。このプレゼン資料には大きく2つの問題点があります。1つ目は「**羅列された情報**」です。このようなプレゼン資料が映し出されると、聞き手はまずそのプレゼン資料に記載してある情報を読もうとします。そうすると、それを読んでいる間、話し手の話を聞くことができません。聞き手はプレゼン資料を読みながら話し手の話を聞くという2つの作業を、同時には行えないのです。

そして2つ目の問題点は、「**散らかったデザイン**」です。何が言いたいのか、どこが重要なポイントなのかが、ひと目でわかりません。

このようなプレゼン資料では、聞き手はプレゼンを聞く気になりません。

▶NGなプレゼン資料例

当社事業のご紹介（コンサルティング）

コンサルティング事業

1stステージ 徹底的なリサーチ
2ndステージ 御社へのヒアリング
3rdステージ 課題解決策のご提案
4thステージ 解決策の実行支援

1. 海外の動向や事例についても徹底的なリサーチを行います

弊社の特徴は、国内だけでなく海外のリサーチも徹底的に実施することです。そのために世界各国、多数の調査特派員を擁しています。また、各国のデータは常に更新しているため、コンサルティング開始後すぐに、最先端の情報を収集することが可能です。

2. 御社の課題に応じて海外から専門家を招致します

国内で課題とされていることも、海外では過去にすでに解決されているケースが少なくありません。その場合は、弊社が個別にパートナーシップを結んでいる海外シンクタンクより、その課題に関する専門家を招致して、解決に向けてチーム編成を行います。

× 羅列された情報

× 散らかったデザイン

OKなプレゼン資料

次に、OKなプレゼン資料をご覧ください。先ほどのプレゼン資料と伝えたいことは一緒です。ですが、情報量やデザインがまったく異なりますね。
まず、情報量が絞り込まれています。**聞き手がひと目見て理解できるボリューム**になっているので、サッと資料を読んだあとは、話し手の話に集中できます。また、デザインも整っているので、**重要なポイントをすぐに把握することができます。**
結果としてこのプレゼン資料であれば、「プレゼンを聞いてみよう」と思ってもらえる確率が高くなります。

▶聞き手にとっての価値を説明しているプレゼン

当社事業のご紹介

コンサルティング事業

1st リサーチ → 2nd ヒアリング → 3rd 解決策提案 → 4th 実行支援

徹底した海外リサーチ
- 世界各国に多数の調査特派員
- 世界の最先端の情報を収集

海外から専門家を招致
- 海外シンクタンクとの提携
- 専門家による課題解決チームを編成

プレゼン資料が聞き手に「負担」をかけてはいけない

プレゼン資料をつくる際のポイントは、**聞き手に「負担」をかけないようにすること**です。ここでいう「負担」とは、たとえば「読むのが大変だなぁ」と思わせる「情報量」や、「ぐちゃぐちゃで見づらいなぁ」と感じさせる「デザイン」などのことです。聞き手に負担がかかってしまうと、どうしてもそのプレゼンから離脱してしまう可能性が高まります。つまり、プレゼンが失敗する確率が高まるということです。

プレゼン資料づくりでは、プレゼンの主役である聞き手に負担をかけないように意識しましょう。

▶聞き手に「負担」をかけないプレゼン資料を

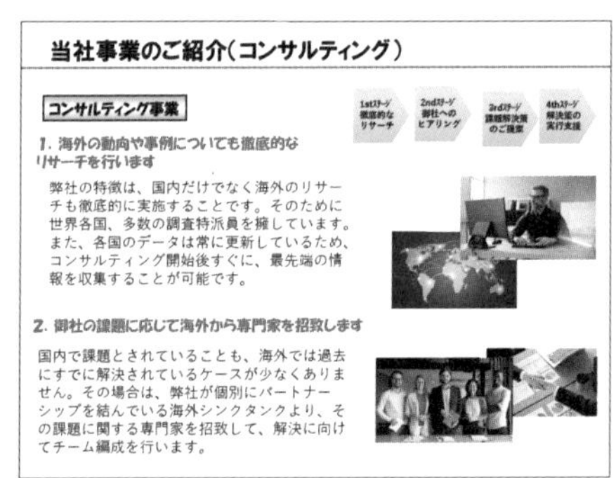

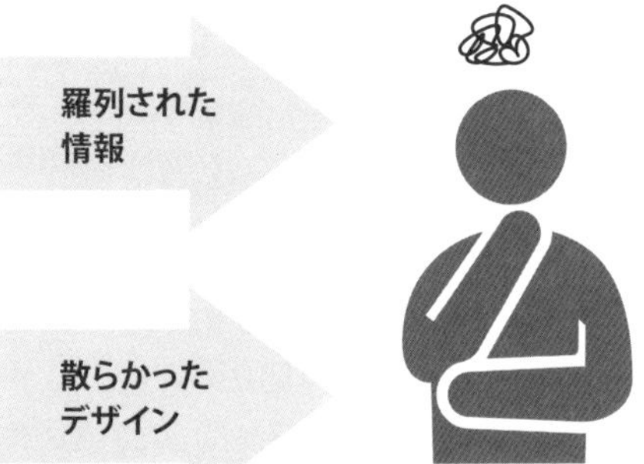

2つの負担が、聞き手をプレゼンから離脱させてしまいます。

負担がかからなければ、聞き手はプレゼンから離脱しません。

Lesson 23

[プレゼン資料のデザイン概論]

プレゼンを聞いてほしければ聞き手の「負担」をなくそう

このレッスンのポイント

NGプレゼン資料の2つの問題点である「情報量」と「デザイン」。これらが適切に設計されていないプレゼン資料は、聞き手にとって「負担」となってしまいます。このLessonでは、これらの負担を解消する方法をお伝えします。

「羅列された情報」を「整理された情報」へ

プレゼン資料には、自分が話したい情報を記載しがちです。しかし、プレゼンの主役は聞き手です。プレゼン資料に記載する情報は、自分が話したいかどうかではなく、聞き手にとって大切かどうか、という基準で優先順位をつけましょう。

聞き手目線で優先順位をつけたら、次にその順位に従って情報の取捨選択をします。ここで意識すべきは、**取捨選択の「捨」**です。断捨離という考え方がありますが、**プレゼン資料でも情報の断捨離が必要**なのです。聞き手目線の優先順位に従って、思い切って情報を断捨離しましょう。

そして、最後まで残った情報に関しては、短い一文でまとめるなどして、シンプルに表現します。

こうすることによって、「羅列された情報」を「整理された情報」へと昇華させることができます。

▶情報を整理する方法

羅列された情報

・優先順位の明確化
・情報の取捨選択
・表現のシンプル化

整理された情報

「散らかったデザイン」を「整ったデザイン」へ

デザインを整えるためには、本章でお伝えするルールを適用すればOKです。プレゼン資料には、「文字」や「図形」、「グラフ」や「画像」などさまざまな要素があり、その要素ごとに「**デザインのルール**」が存在します。そのルールを適用するだけで、デザインは自然と整います。

▶デザインを整える方法

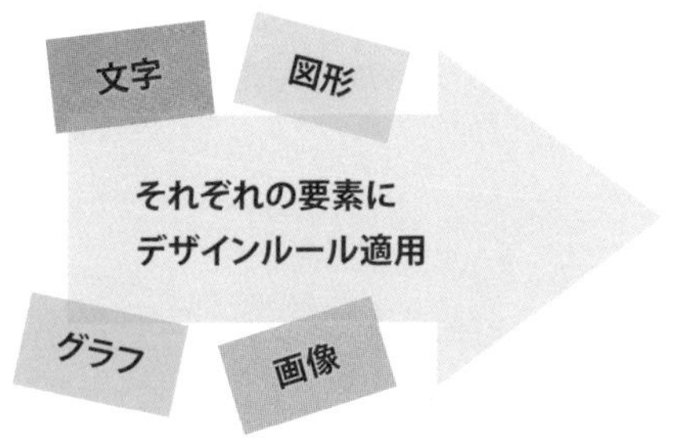

整った
デザイン

私はデザイナーではありません。しかし、プレゼン資料デザインの仕事を通じてデザインを学ぶことにより、名刺やチラシなど、さまざまなツールを自分でデザインできるようになりました。一度ルールを覚えてしまえば、いろいろなシーンで活用できますよ。

ワンポイント シンプルにしすぎたら伝わらない？

「プレゼン資料をシンプルにするのはわかったけど、シンプルにしすぎたら、逆に伝えたいことが伝わらなくなってしまうんじゃないかな」という不安をお持ちですか？　安心してください、そんなことはありません。その不安を解消してくれるのが「配布資料」です。こんな話をすると「プレゼン資料と配布資料って同じじゃないの？」という声も聞こえてきそうですが、「プレゼン資料」と「配布資料」は別物です。しかし実際は、これらのツールを混同してしまう方がとても多いので、次のLessonで、それぞれの役割を改めて整理しましょう。

Lesson 24 [プレゼンツール]

プレゼンで使用する3つのツールの役割を知る

このレッスンのポイント

プレゼンで使うツールは、「プレゼン資料」だけではありません。このほかによく使われるツールとして、「配布資料」と「メモ」があります。混同しがちなこれらツールの役割を理解して、正しく使えるようになりましょう。

プレゼンでよく使われる3つのツール

プレゼンで使われるツールは「**プレゼン資料**」と「**配布資料**」と「**メモ**」の3つです。よく、「配布資料はプレゼン資料をそのまま印刷してしまっていいですか？」という質問をいただくのですが、答えは「No」です。なぜなら、「**プレゼン資料」と「配布資料」とでは役割が異なる**からです。それぞれのツールの役割を正しく理解して、プレゼンをより効果的にしましょう。

▶ プレゼンまわりの3つのツール

ツール1「プレゼン資料は視覚的な補助ツール」

プレゼン資料は、「**聞き手のための視覚的補助ツール**」です。聞き手のためのツールですから、聞き手にとって優先度の高い情報のみを記載することが重要です。

また、聞き手の理解を促すために、プレゼン資料に表示する情報は、**聞き手が3秒以内に読める量**に絞ることがポイントです。下の「3秒以内に読めないプレゼン資料」をご覧ください。このプレゼン資料に記載されている情報を読むためには、10秒くらいかかってしまいます。そうすると、その10秒間、話し手の話を聞くことができません。

そこで、同じ内容を表示するにしても、下図の「3秒以内に読めるプレゼン資料」のように**アニメーションを使って分割して表示**します。そうすれば、ひとつひとつの情報を3秒以内に読むことができて、ちゃんと話し手についていくことができますよね。

このように、プレゼン資料は、聞き手の理解を促すためのツールでなければいけません。

▶3秒以内に読めないプレゼン資料

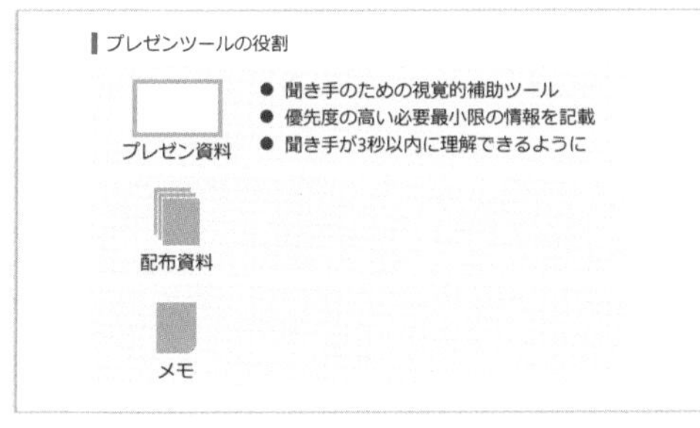

3行すべて読むには10秒くらい時間がかかるため、その間、話し手の話を聞けません。

▶3秒以内に読めるプレゼン資料

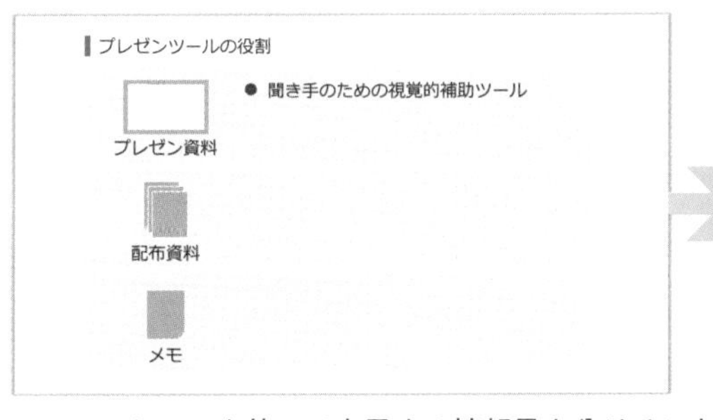

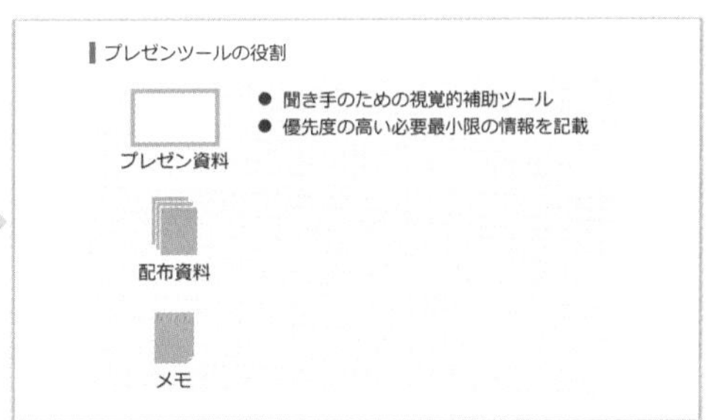

アニメーションを使って表示する情報量を分けることで、それぞれの情報を3秒以内に読み、その後は話し手の話に集中することができます。

ツール2「配布資料はプレゼンを復習するためのツール」

Lesson 23のワンポイントでもお伝えしましたが、「プレゼン資料」と「配布資料」は別物です。役割がまったく異なります。配布資料は、「**聞き手のための復習ツール**」です。プレゼン資料に記載できなかった情報や、プレゼンの時間制限によって伝えることができなかった情報、また、それほど重要ではないけれど、ぜひ伝えておきたい情報など、すべての情報を網羅してください。

配布資料は配るタイミングがポイントです。プレゼンでは「情報の斬新さ」も1つの武器になります。ネタバレを防ぐためにも、**配布資料を配るのはプレゼンが終わってから**にしましょう。

▶「プレゼン資料」と「配布資料」の違い

プレゼン資料

- 聞き手のための視覚的補助ツール
- 優先度の高い必要最小限の情報を記載
- 聞き手が 3 秒以内に理解できるように

配布資料

- 聞き手のための復習ツール
- プレゼンに関するすべての情報を記載
- プレゼン終了時に配布

より効果的なプレゼンを行うために、プレゼン資料と配布資料を使い分けましょう。

配布資料に詳細な情報をすべて載せることができるので、プレゼン資料は思いっきりシンプルにしましょう。

ツール3「メモは話し手自身のためのツール」

メモは話し手のための**予備ツール**です。もちろん、必ずしも用意する必要はありません。話し手の状況やプレゼン力によって準備しましょう。

ただし、メモを準備したからといって**メモを読み上げるだけのプレゼンになってしまってはいけません。**メモやプレゼン資料を読み上げなくても済むように、しっかり練習をしてから本番に臨みましょう。

メモの形式に正解はありません。プレゼンに慣れている方であれば、大切なポイントだけを抑えたメモがあればいいですし、逆にプレゼン初心者の方は、原稿レベルのものがあったほうがいい場合もあります。なお、原稿のつくり方は、Lesson 47で解説します。

ワンポイント 適切なフォントサイズは？

プレゼン資料と配布資料に関して、よくいただく質問があります。それは、「フォントサイズはどれくらいにしたらよいか」というものです。具体的なサイズは下図をご覧ください。ポイントは、「**3種類**」と「**最小のフォントサイズ**」です。まず、フォントサイズの種類は多いと聞き手が混乱するため、3種類程度にまとめましょう。また、聞き手の見やすさを確保するため、最小のフォントサイズは下図の数値を参考に設定してください。文字要素が少なく、遠くの画面を見ることになるプレゼン資料のほうが、文字サイズを大きめに設定しています。

なお、中と大のサイズを、小を基準として、それぞれ1.5倍、2.0倍としています。この比率をジャンプ率といいますが、ジャンプ率に関してはLesson 31で詳しく解説します。

		プレゼン資料	配布資料
フォントサイズ	大	48pt	24pt
	中	36pt	18pt
	小	24pt	12pt

Lesson 25

[プレゼンの骨子づくり]

プレゼンの内容を資料に落とし込む「4つのステップ」

このレッスンのポイント

ここからは、プレゼンの内容を元に資料をつくるフェーズに入ります。とはいっても、いきなり細かいデザインを始めるのではなく、まずはプレゼン資料の「骨子」をつくるところから始めます。このLessonでは、その手法について解説します。

プレゼン資料づくりは「骨子」から始める

内容設計が終わったからといって、PowerPointを開いていきなり具体的なデザインを始めてはいけません。その前にプレゼン資料の土台となる「**骨子**」をつくります。骨子とは、「物事を構成する上での中心となる部分」のことです。

「骨子」をつくらずに適当に資料づくりを始めてしまうと、「話の筋」がいつまでたってもまとまらなくて、何度も何度も修正を繰り返す「資料作成無間地獄」にハマることになります（笑） この無間地獄を回避するには、「骨子」づくりが必要不可欠なのです。

▶「骨子」づくりの大切さ

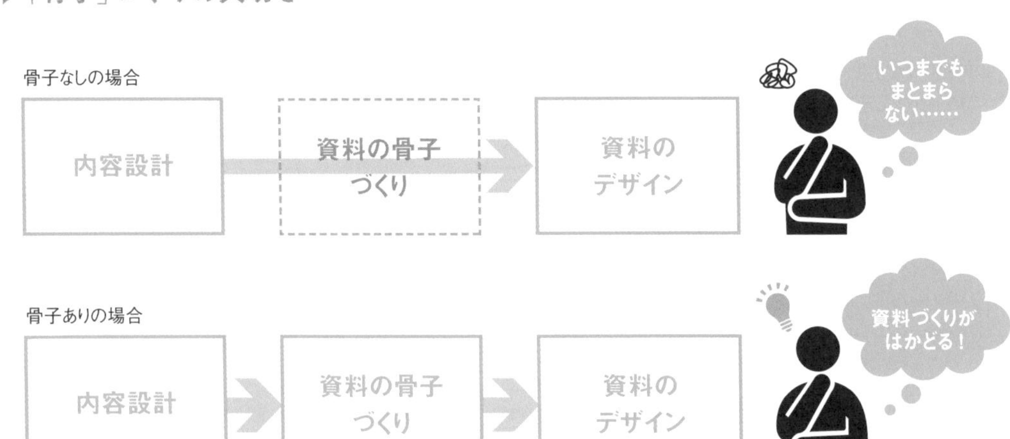

プレゼン資料の骨子をつくる「4つのステップ」

プレゼン資料の骨子をつくるプロセスとして、まず、Lesson21でつくった基本型ワークシートの内容をPowerPointのスライドに転記する「**『基本型』の文字起こし**」。次にプレゼンの流れをわかりやすくする「**『補助スライド』の追加**」。そしてプレゼンの立体構造を明確化する「**『ヘッダー』の活用**」。最後にさらに伝わるプレゼン資料にするための「**『3つのルール』の適用**」という4つのステップがあります。次のLessonから、ひとつひとつ解説します。

▶ 骨子をつくる4ステップ

1.「**基本型**」**の文字起こし**

↓

2.「**補助スライド**」**の追加**

↓

3.「**ヘッダー**」**の活用**

↓

4.「**3つのルール**」**の適用**

この4つのステップに従えば、スムーズにプレゼン資料の骨子をつくれます。迷いがなくなるので、自然と資料作成の作業時間を短縮できますよ。

ワンポイント 「プレゼンの基本型」が資料づくりもサポート

多くのプレゼンは、「情報の羅列」になっている内容をそのまま資料化していきます。その結果、当然ながらプレゼン資料も「情報の羅列」となってしまい、聞き手に理解してもらうことが難しくなります。

しかし、内容を「プレゼンの基本型」でつくって上記4つのステップに従えば、プレゼン資料にも「流れ」ができてわかりやすくなります。

Lesson 26 [プレゼンの骨子づくり]

「基本型」を文字に起こしてスライドに落とし込む

このレッスンのポイント

骨子づくり最初のステップは、基本型ワークシートの内容をスライドに転記する作業です。内容自体はChapter 2ですでに作成済み。ワークシートの項目ごとに転記するだけなので、ここはサクッと進めましょう。

まずは各項目の要旨をスライドに落とし込む

最初のステップは、基本型ワークシートの内容をPowerPointのスライドに落とし込む作業から始めます。**ワークシートの内容を大きく9つのパートに分け、それぞれのパートの要旨をスライドに転記**しましょう。しかし、転記した状態のままでは、ただの「情報を羅列したスライド」になってしまいます。次のステップで、プレゼン本来の構造に沿って、「補助スライド」と「ヘッダー」を活用します。

▶「基本型」の文字起こし

項目		内容		
導入		タンスやクローゼットを開けると、もう着ないだろうけどなかなか捨てられないようなモノ、ありませんか? 1		
要点		そんな方に「メルカリ」というフリマアプリをおすすめします。メルカリを使うと、メリットがたくさんあります。 2		
詳細		A	B	C
	前振り	お小遣い稼ぎになる	断捨離できる 3	買い手が喜ぶ
	説明	古着屋の提示額の数倍で売れる 4	不用品を手放して断捨離できる 5	喜びのメッセージをいただくことも多い 6
	振り返り	お小遣い稼ぎになる	断捨離できる 7	買い手が喜ぶ
要点		使うとメリットたくさんの「メルカリ」をおすすめします。 8		
具体案		まずはアプリをダウンロードして、登録してみてください。どんなモノが売れているのか見るだけでも楽しいですよ。 9		

タンスやクローゼットを開けると、もう着ないだろうけどなかなか捨てられないようなモノ、ありませんか? 1	そんな方に「メルカリ」というフリマアプリをおすすめします。メルカリを使うと、メリットがたくさんあります。 2	3つのメリット 1.お小遣い稼ぎ 2.断捨離 3.喜ばれる 3
古着屋の提示額の数倍で売れる。 4	不用品を手放して断捨離できる。 5	喜びのメッセージをいただくことも多い。 6
1.お小遣い稼ぎ 2.断捨離 3.喜ばれる 7	使うとメリットたくさんの「メルカリ」をおすすめします。 8	まずはアプリをダウンロードして、登録してみてください。どんなモノが売れているのか見るだけでも楽しいですよ。 9

基本型を9つのパートに分けて、各パートの要旨をスライドに転記します。

ワンポイント プレゼンの本来の構造

「情報を羅列しただけのプレゼン」を回避するための手法として、「基本型」をお伝えしました。しかし、「基本型」でつくった内容をそのままスライドに転記するだけでは、聞き手からすると「情報の羅列」に見えてしまいます。つまり、内容だけでなく、**プレゼン資料のデザインの観点からも、「流れ」のあるプレゼンを表現しなければならない**のです。

伝わるプレゼンには、全体の「流れ」があるだけではなく、部分的に「**立体的な構造**」が存在します。プレゼン資料をつくるときは、全体の「流れ」と部分的な「立体構造」、この2つを意識してデザインする必要があります。これらはLesson 27と28で解説します。

項目		内容		
導入		1 タンスやクローゼットを開けると、もう着ないだろうけど なかなか捨てられないようなモノ、ありませんか?		
要点		2 そんな方に「メルカリ」というフリマアプリをおすすめします。 メルカリを使うと、メリットがたくさんあります。		
詳細		A	B	C
	前振り	お小遣い稼ぎになる	3 断捨離できる	買い手が喜ぶ
	説明	4 古着屋の提示額の 数倍で売れる	5 不用品を手放して 断捨離できる	6 喜びのメッセージを いただくことも多い
	振り返り	お小遣い稼ぎになる	7 断捨離できる	買い手が喜ぶ
要点		8 使うとメリットたくさんの「メルカリ」をおすすめします。		
具体案		9 まずはアプリをダウンロードして、登録してみてください。 どんなモノが売れているのか見るだけでも楽しいですよ。		

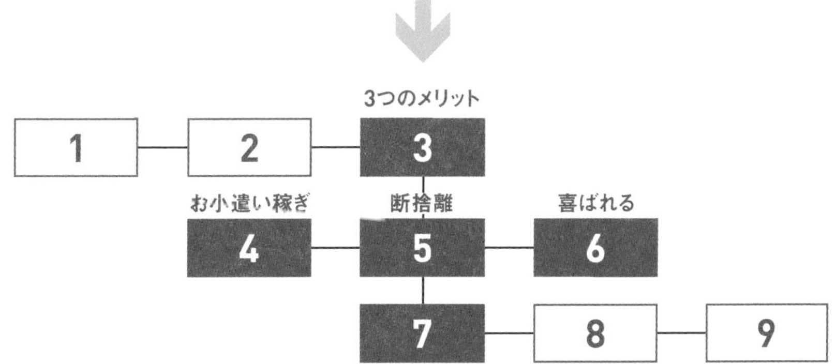

プレゼンは本来、全体に「流れ」があって、部分的に「立体構造(オレンジ色で塗りつぶされた部分)」になっています。

Lesson 27

[プレゼンの骨子づくり]

「補助スライド」の追加で流れのあるスライドをつくる

このレッスンのポイント

基本型ワークシートから要旨を転記したら、次はそのスライドに「流れ」をつけます。そこで必要となるのが、「もくじ」と「中表紙」の補助スライド。「流れがわかりやすいプレゼン」の構造を把握して、「もくじ」と「中表紙」の役割を理解しましょう。

流れがわかりやすいプレゼンとは

プレゼンの流れをわかりやすくするためは、プレゼンの「**全体の流れ**」と、今どこの話をしているのか＝「**現在地**」を明確にすることが欠かせません。Lesson 10で、「**プレゼンづくりは旅行と同じ**」という話をしましたが、ここでも同じことが言えます。

旅行は出発地点とゴール地点（全体の流れ）がわかっていて、常に自分が今どこにいるか（現在地）がわかるから、安心して旅行を続けられます。「全体の流れ」と「現在地」を明確にして、聞き手にわかりやすいプレゼンにしましょう。

▶「全体の流れ」と「現在地」

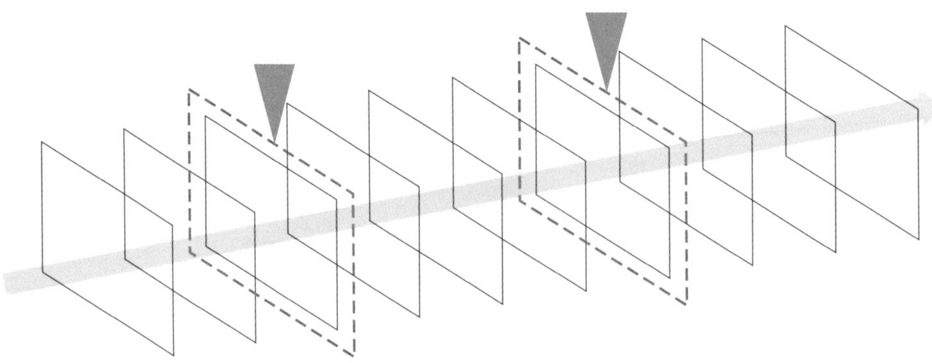

「全体の流れ」と「現在地」を把握できると、聞き手にプレゼンが伝わりやすくなります。

補助スライド「もくじ」と「中表紙」を活用する

プレゼンの流れを表現するためには、「**補助スライド**」が役立ちます。「補助スライド」というと聞きなれないかもしれませんが、具体的に言うと「**もくじ**」と「**中表紙**」の2つのことです。この2つをプレゼン資料に追加することで、聞き手がプレゼンの「全体の流れ」と「現在地」を把握しやすくなり、プレゼンが伝わりやすくなります。

▶「もくじ」と「中表紙」

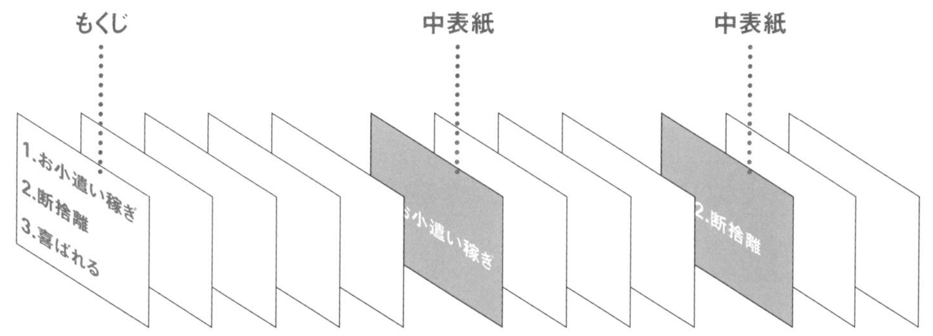

「もくじ」と「中表紙」を活用すると、「全体の流れ」と「現在地」がわかりやすくなります。

ワンポイント「もくじ」を「中表紙」にする

私がよく使う手法をご紹介します。下図のように、「もくじ」をそのまま「中表紙」にしてみましょう。そうすると、常に「全体の流れ」と「現在地」を把握できるので、聞き手にとても伝わりやすいプレゼン資料になります。簡単で実用的な、オススメのテクニックです。

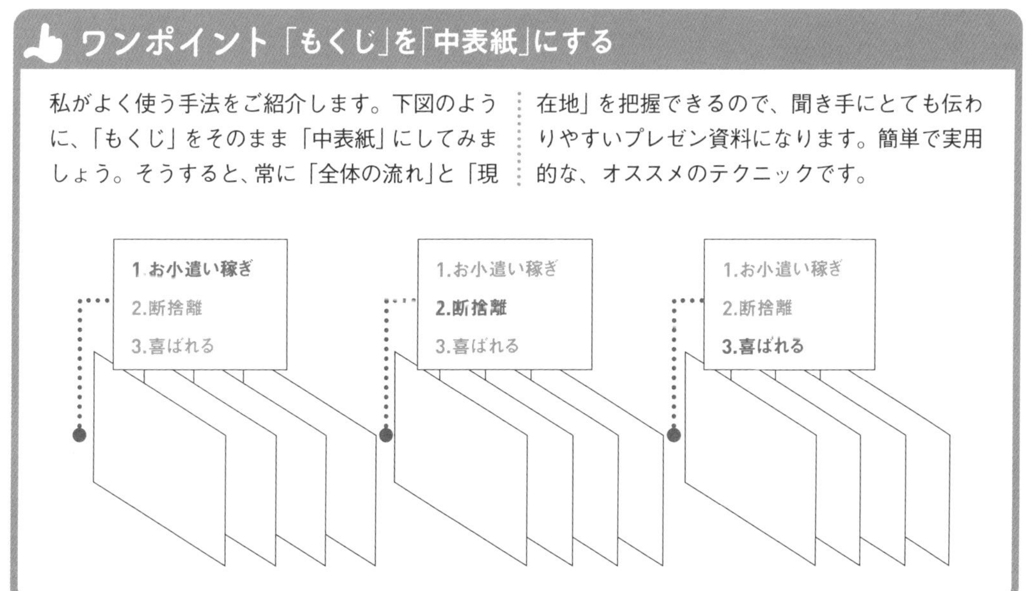

Lesson
28
[プレゼンの骨子づくり]
「ヘッダー」を活用して立体感のあるスライドをつくる

このレッスンのポイント

スライド上方に位置するヘッダーの存在をご存じの方は多いと思います。しかし、ヘッダーをきちんと有効活用できている方はほとんどいません。ヘッダーの役割を理解して、立体感のあるプレゼンをつくれるようになりましょう。

ヘッダーには2つの利用目的がある

ヘッダーとは、スライドの上方の「スライドタイトル」を記載したり、「ロゴ」を掲載するスペースのことです。ヘッダーの利用目的は2つあります。1つ目は、「**現在地**」を常に明確にすること。スライドタイトルが、そのままプレゼンの現在地となります。そして2つ目は、プレゼンの「**立体構造**」を明確にすることです。プレゼンはさまざまなレベル感の要素で構成されます。その要素同士の関係性（つまり立体感）を感じられるスライドをつくれば、それだけ聞き手に伝わりやすくなります。

▶「ヘッダー」の役割

Chapter 3 資料作成｜資料づくりの基本４ステップ

流れがわかりやすい構成

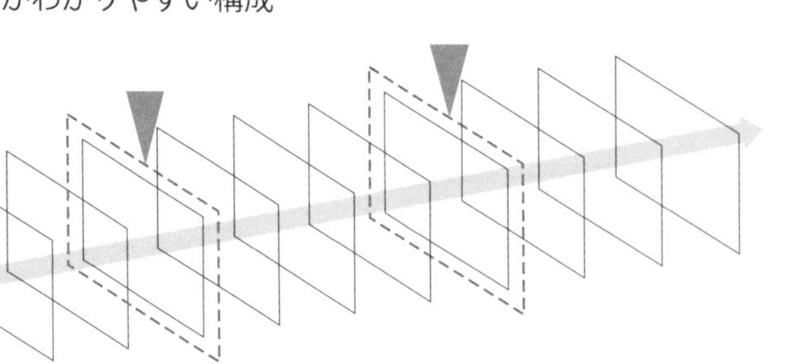

「全体の流れ」と「現在地」が明確

ヘッダー

ヘッダーは、プレゼンの「現在地」と、要素同士の「立体感」を明確にしてくれます。

ヘッダーで立体感のあるプレゼンに

Lesson 26のワンポイントで解説した「立体構造」になっている部分には、**ヘッダーを活用して立体感を表現します**。このときポイントとなるのが、ヘッダーの中に記載する「**スライドタイトル**」です。「もくじに記載するタイトル」と「ヘッダーのスライドタイトル」を一致させることで、今どの話題の詳細を話しているのかが明確になります。スライドタイトルは意識しないと適当になってしまいがちなので、注意しましょう。

▶ヘッダーがあると立体感が表現できる

NG

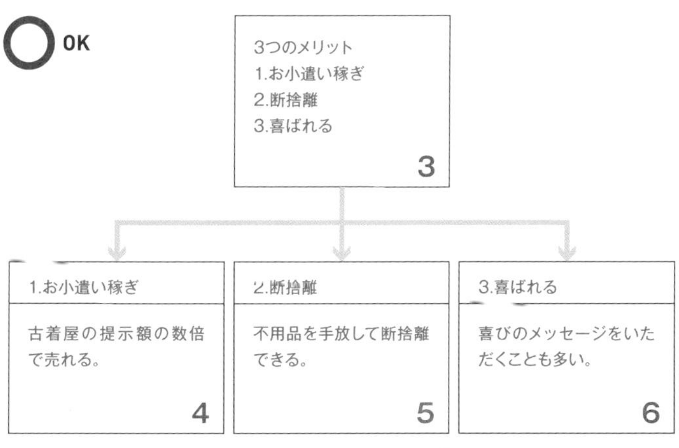

上と下で立体構造になっていますが、デザイン的にわかりづらいです。

ヘッダーがあることで、上と下の立体構造がわかりやすくなります。

「もくじに記載するタイトル」と「ヘッダーのスライドタイトル」が1文字でも異なってしまうと、聞き手を惑わす原因となります。わずかな惑いの原因もなくしてあげることが、話し手の役割です。

Lesson 29

[プレゼンの骨子づくり]

「3つのルール」を適用してより伝わるスライドをつくる

このレッスンのポイント

ここまで来たら、骨子はほとんど完成しています。デザイン前の下準備の最後に、「ワンスライド・ワンメッセージ」「シンプル・メッセージ」「ノットファクト・バットメッセージ」の3つのルールを適用して、さらに伝わるスライド骨子に仕上げましょう。

伝わるスライドづくりの3つのルール

3つのルールとは、1枚のスライドに多くの情報を詰め込まないようにするための「**ワンスライド・ワンメッセージ**」、より聞き手に伝わるスライドにするための「**シンプル・メッセージ**」、そして事実ではなく主張を記載するための「**ノットファクト・バットメッセージ**」の3つです。骨子スライドにこの3つのルールを適用すれば、より伝わるスライドにすることができます。

▶「3つのルール」を適用する

ルール1. ワンスライド・ワンメッセージ

ルール2. シンプル・メッセージ

ルール3. ノットファクト・バットメッセージ

より伝わるプレゼン資料へ

「ワンスライド・ワンメッセージ」と「シンプル・メッセージ」は有名なルールですが、「ノットファクト・バットメッセージ」は本書オリジナルのルールです。どれもとても大切なルールです。

ルール1「ワンスライド・ワンメッセージ」

1枚のスライドには1つのメッセージだけを記載する、というルールです。1枚のスライドにいくつもメッセージを詰め込んでしまうと、聞き手が得る情報量が増えてしまい、場合によってはひとつひとつの情報が小さくなって見づらくなります。余白を十分に取ったスライドのほうが、聞き手に伝わります。

▶「ワンスライド・ワンメッセージ」の効果

3つのメリット

1.お小遣い稼ぎ
たとえば古着を売る場合、古着屋に売るよりも高く売ることができて、小遣い稼ぎになります！
2.断捨離
当然自分にとっていらないものを売るため、クローゼットやタンスに眠っている不用品を処分できます！
3.喜ばれる
自分にとっては不用品でも、それを必要としている人がいます！買い手に喜んでもらえることも多いです！

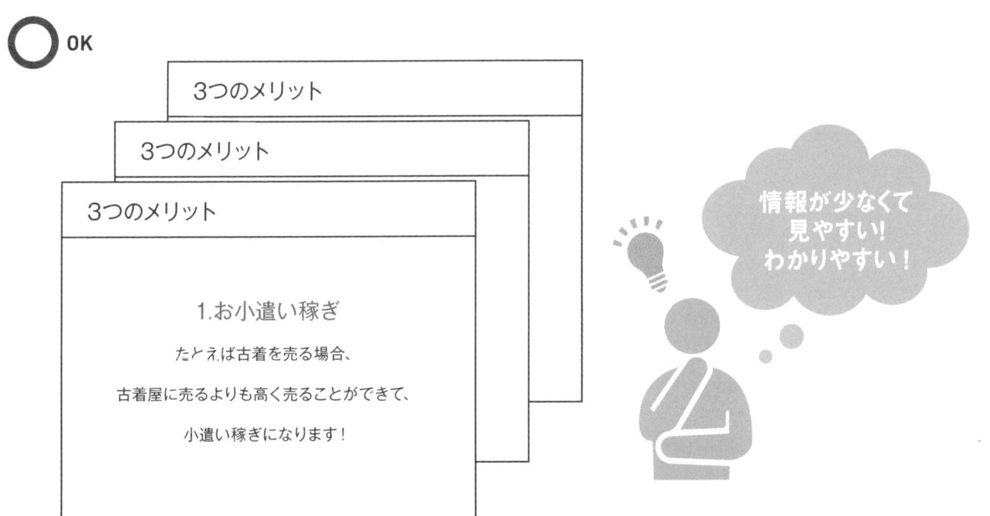

1つのスライドには1つのメッセージだけを記載することで、聞き手に情報が伝わりやすくなります。

 ルール2「シンプル・メッセージ」

1枚のスライドに記載するメッセージを1つに絞っても、そのメッセージをダラダラと文章で書いてしまってはいけません。**短くシンプルに表現**することで、聞き手にスッと届くメッセージにすることができます。自分が話す内容をそのまま記載するのではなく、聞き手に伝えるべきメッセージのみ、端的に記載しましょう。これが2つ目のルール「シンプル・メッセージ」です。

▶「シンプル・メッセージ」の効果

 NG

お小遣い稼ぎになって、断捨離できてさらに買い手にも喜ばれるので、メルカリを使うべき！

OK

メルカリを使うべき！

メッセージをダラダラと書くより、短くシンプルに表現したほうが伝わりやすくなります。

ルール3「ノットファクト・バットメッセージ」

スライドには「**ファクト＝事実」ではなく「メッセージ＝主張」を記載しましょう**。たとえば、下図のNG例のように「6000円で売れました」というファクトを記載しても、聞き手からすると「…だから何?」となります（笑）

このスライドで伝えたいことは、「古着屋の5倍の6000円で売れたよ！　メルカリってお得だよ！」というメッセージです。であれば、スライドに記載すべきも「古着屋の5倍で売れてお得です」というメッセージとなります。

▶「ノットファクト・バットメッセージ」の効果

NG

OK

ファクトはあくまでメッセージを補強するための材料。スライドにはストレートにメッセージを書きましょう。

ワンポイント プレゼン資料は何枚にすればいい？

これは、クライアントからよくいただくご質問です。プレゼンの時間に対する、プレゼン資料の適正な枚数を知りたいということです。

書籍によっては、「○分のプレゼンをする場合は、プレゼン資料は○枚にするのがいい」と具体的に明記しているものもありますが、私はいつも「適正枚数なんてありません」と答えています。適正枚数があるとしたら、プレゼンの作成段階で、内容よりもその枚数に縛られてしまいます。枚数に縛られて内容を調整するのは、本末転倒ですよね。「枚数」は気にしなくてOK。気にすべきは枚数ではなく「聞き手の負担」です。

Lesson 29でお伝えした3つのルールを適用して、聞き手の負担にならない「情報量」を考慮しながらスライドを構成していきます。その結果、20枚で収まるならそれが適正な枚数ですし、30枚に膨らんでもそれが適正な枚数なのです。「枚数」に縛られずに、お伝えした「資料づくりのルール」にのっとってプレゼン資料をつくれば、完成した時点での枚数が「適正枚数」となります。

ただし、1つ気をつけてほしいのが「静止画でプレゼンしないこと」です。たとえば、1枚の動きのないスライドで10分間プレゼンされたら、きっと聞き手は退屈してしまうでしょう。これは絶対に避けるべきです。1枚で10分間は集中力を保って聞くには長すぎます。1枚1分間のスライドを10枚つくりましょう。そうすることで1分ごとにスライドが切り替わるので、聞き手が退屈せずにプレゼンを聞けるようになります。

 NG

説明 **10分間**の
スライド

× 1 枚

静止画で長時間の説明では、聞き手の集中力を保てません。

○ OK

説明 **1分間**の
スライド

× 10 枚

頻繁にスライドが切り替われば、聞き手も退屈せずに聞けます。

「スライド枚数は気にせず、「聞き手の負担」を気にかけましょう。

Chapter 5

STEP2 資料作成 後編

センス不要！デザインルールで資料を磨く

プレゼン資料の骨子がつくれたら、その骨子にデザインを加えて資料を仕上げていきます。デザインのルールを学べば、センスがなくても「伝わるデザイン」は可能です。なお、ルールを解説しやすくするため、情報量の多い「配布資料」をスライドサンプルとして扱う場合もありますので、ご了承ください。

Lesson 30 [デザインの定義]

プレゼン資料のどこをどのようにデザインするか考えよう

このレッスンのポイント

プレゼン資料の骨子ができたら、いよいよデザインに取り組みます。PowerPointの使い方をご存じのビジネスパーソンはたくさんいますが、デザインに関しては知識がない方がほとんどです。だからこそ、デザインを学ぶことは大きな武器となります。

デザインには2つの役割がある

デザインというと、「センスが必要なもの」と考える方が多いようです。かく言う私も、数年前まではその1人でした。2014年にプレゼン資料のデザインの仕事に携わるまでは、デザインは「センスで装飾してカッコよく見せること」だと思っていました。しかし、デザインについて学べば学ぶほど、その考えが変わりました。もちろん、デザインにおいて「センス」は重要なのですが、その前に「**ルール**」があることに気づいたのです。デザインは、「センスで装飾してカッコよく見せること」と同時に、「**ルールで整理してわかりやすくすること**」でもあるのです。本書ではそのルールについて詳細に説明します。

▶「デザイン」で大切なのはセンスよりルール

センスで装飾して
カッコよく見せる

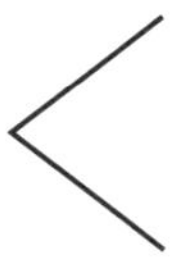

ルールで整理して
わかりやすくする

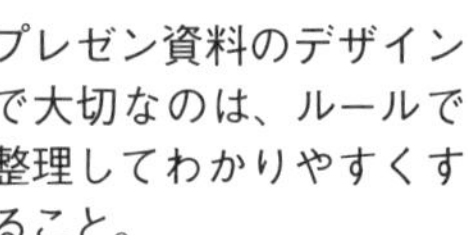

プレゼン資料のデザインで大切なのは、ルールで整理してわかりやすくすること。

「センス」を身につけるのには時間がかかりますが、「ルール」は覚えればすぐに使えます。本書では、デザインの「ルール」にフォーカスしてお伝えします。

プレゼン資料を構成する6つの要素

プレゼン資料は、主に「**文字**」「**図形**」「**グラフ**」「**画像**」「**配置**」「**色**」という6つの要素で構成されます。次のLessonから、各要素のデザインルールについて、ひとつひとつ詳細に解説します。

▶ プレゼン資料を構成する要素図表

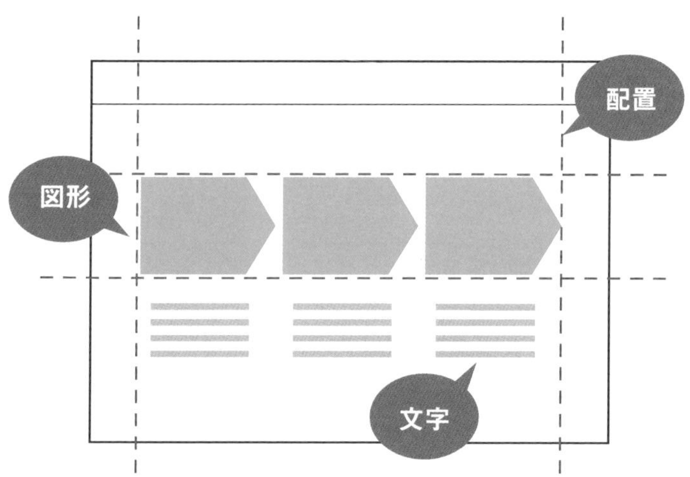

プレゼン資料は「文字」「図形」「グラフ」「画像」「配置」「色」の6つの要素で構成され、それぞれにデザインのルールがあります。

Lesson 31 ［デザインルール］

「文字」には強弱をつけて役割を明確にする

このレッスンのポイント

プレゼンを構成する要素の1つ目は「文字」です。文字は、どんなプレゼン資料でも必ず使用する要素。だからこそ、文字の強弱を意識できるか否かで、デザインに大きな差が出ます。フォントや強弱、行間を調整して、読みやすいデザインに仕上げましょう。

可視性と可読性でフォントを選ぶ

PowerPointには非常に多くのフォント（文字の種類）が用意されています。いろいろ選べるのはよいのですが、多すぎてどれを使えばよいのかわからないところが難点です。フォントは、大きく「**ゴシック体**」と「**明朝体**」の2種類に分かれます。選択基準は、見やすさを意味する「**可視性**」と、読みやすさを意味する「**可読性**」の2つです。まず、ゴシック体は可視性に優れます。従って、いろいろな情報がある中、パッと目に入らないといけない**タイトルは「ゴシック体」**が適しています。一方、明朝体は可読性に優れます。**本文など読ませる文章には「明朝体」**が適しています。

▶ゴシック体と明朝体の違い

ゴシック体

タイトルは、ゴシック体のほうが見やすい

デザイン

日本では、資料におけるデザインの重要性はまだまだ理解されていません。デザインがよいことに越したことはないけれど、デザインがよくなかったとしても、ちゃんと中身を書いておけば読んでもらえるだろう、理解してもらえるだろう、そんな考え方のビジネスパーソンが非常に多いのです。しかし、中身がちゃんとしていれば読んでもらえるなんて、もうそんな時代ではありません。

明朝体

本文は、明朝体のほうが読みやすい

デザイン

日本では、資料におけるデザインの重要性はまだまだ理解されていません。デザインがよいことに越したことはないけれど、デザインがよくなかったとしても、ちゃんと中身を書いておけば読んでもらえるだろう、理解してもらえるだろう、そんな考え方のビジネスパーソンが非常に多いのです。しかし、中身がちゃんとしていれば読んでもらえるなんて、もうそんな時代ではありません。

おすすめのフォントは「メイリオ」と「Segoe UI」

実務においては、「ゴシック体」と「明朝体」を使い分けるのは手間がかかるので、**基本的に「ゴシック体」のみで大丈夫**です。そこで、ゴシック体の中でもおすすめのフォントをご紹介します。それは、「**メイリオ**」です。メイリオは、デザインがきれいで、なおかつ1文字1文字が大きく表現されて見やすいフォントです。また、英文を書くときは、「Segoe UI」がおすすめです。純粋に美しいフォントだからです。**和文は「メイリオ」、英文は「Segoe UI（シーゴー ユーアイ）」**この2つのフォントだけ覚えておきましょう。

▶「ゴシック体」のみの文章

デザイン

日本では、資料におけるデザインの重要性はまだまだ理解されていません。デザインがよいことに越したことはないけれど、デザインがよくなかったとしても、ちゃんと中身を書いておけば読んでもらえるだろう、理解してもらえるだろう、そんな考え方のビジネスパーソンが非常に多いのです。しかし、中身がちゃんとしていれば読んでもらえるなんて、もうそんな時代ではありません。

見出しと本文、どちらもゴシック体

実際に資料をつくるときは、見出しと本文、どちらもゴシック体にするとよいでしょう。

▶おすすめのフォント「メイリオ」と「Segoe UI」

メイリオ

デザイン

日本では、資料におけるデザインの重要性はまだまだ理解されていません。デザインがよいことに越したことはないけれど、デザインがよくなかったとしても、ちゃんと中身を書いておけば読んでもらえるだろう、理解してもらえるだろう、そんな考え方のビジネスパーソンが非常に多いのです。しかし、中身がちゃんとしていれば読んでもらえるなんて、もうそんな時代ではありません。

Segoe UI

Design

In Japan, the importance of design in materials is not yet understood. Even if design is good, although it is not good design, if you write the content properly you will be able to read, you will understand, there are so many business people with such a way of thinking is. However, it is no longer such a time that you can read it the contents are correct.

メイリオとSegoe UIは、Windowsには標準搭載されています。MacでもPowerPointがインストールされている環境なら利用できますよ。

「役割」に応じて強弱をつける

下図のスライドをご覧ください。なんとなく、とっつきにくい感じがしませんか？　それは、文字に強弱がついていないからです。このスライド上の文字には、「スライドタイトル」「メインタイトル」「サブタイトル」「本文」という4つの役割があるので、この**役割に応じて強弱をつけましょう。**

▶ スライド上の役割

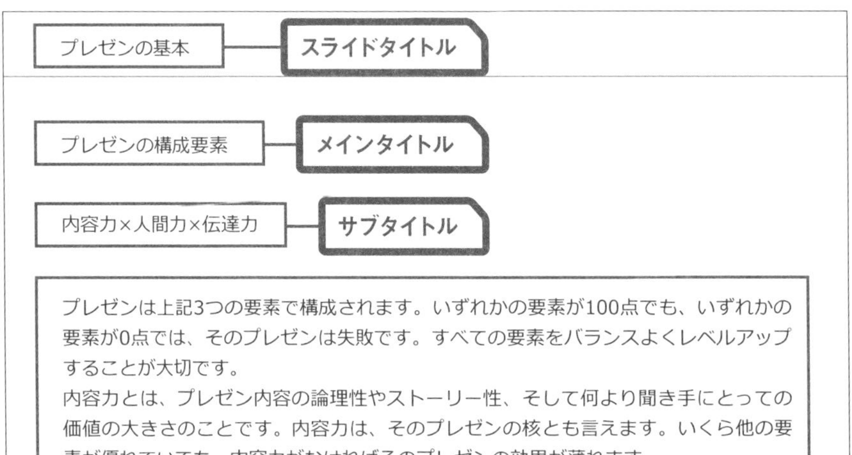

スライド上の4つの役割に応じて、文字に強弱をつけます。

文字の大きさで強弱をつける際、それぞれのフォントサイズ間の比率のことをジャンプ率といいます。ジャンプ率を1.1倍や1.2倍にしても、それぞれの大きさの違いがわかりづらいので、明確な強弱をつけることができません。ジャンプ率は、1.5倍や2.0倍を目安としましょう。

「強弱」のつけ方

強弱のつけ方は「**大きさ**」「**太さ**」「**色**」の3種類です。まず、下図上段のように、文字の「**大きさ**」で強弱をつけます。ポイントは、基準となるフォントサイズの1.5〜2.0倍を目安に、サイズを調整することです。

次に、下図下段のように、文字の「**太さ**」と「**色**」で強弱をつけます。そうすることで、それぞれの役割に応じて、しっかりと強弱をつけることができます。

▶ 文字の「大きさ」で強弱をつける

BEFORE

プレゼンの基本

プレゼンの構成要素

内容力×人間力×伝達力

プレゼンは上記3つの要素で構成されます。いずれかの要素が100点でも、いずれかの要素が0点では、そのプレゼンは失敗です。すべての要素をバランスよくレベルアップすることが大切です。
内容力とは、プレゼン内容の論理性やストーリー性、そして何より聞き手にとっての価値の大きさのことです。内容力は、そのプレゼンの核とも言えます。いくら他の要素が優れていても、内容力がなければそのプレゼンの効果が薄れます。
人間力とは、話の人間性や人柄、肩書や社会的地位、雰囲気など、聞き手に対する影響力のこと。人間力は、プレゼンを聞いてもらう前段階で最重要な要素です。
伝達力とは、話し方や資料のデザインなど、聞き手にプレゼンを伝える力のこと。価値あるプレゼンも、伝わらなければ意味がありません。

AFTER

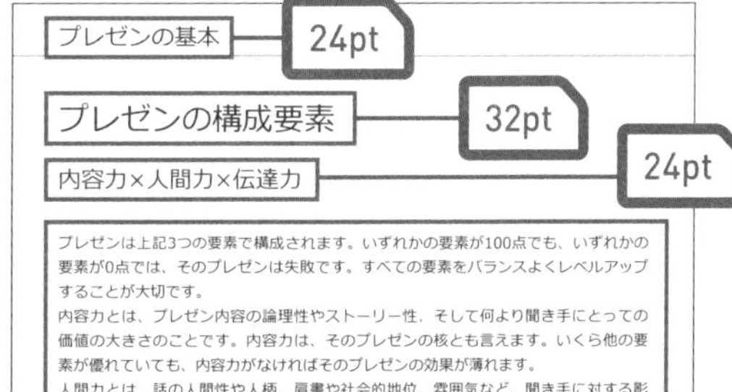

プレゼンは上記3つの要素で構成されます。いずれかの要素が100点でも、いずれかの要素が0点では、そのプレゼンは失敗です。すべての要素をバランスよくレベルアップすることが大切です。
内容力とは、プレゼン内容の論理性やストーリー性、そして何より聞き手にとっての価値の大きさのことです。内容力は、そのプレゼンの核とも言えます。いくら他の要素が優れていても、内容力がなければそのプレゼンの効果が薄れます。
人間力とは、話の人間性や人柄、肩書や社会的地位、雰囲気など、聞き手に対する影響力のこと。人間力は、プレゼンを聞いてもらう前段階で最重要な要素です。
伝達力とは、話し方や資料のデザインなど、聞き手にプレゼンを伝える力のこと。価値あるプレゼンも、伝わらなければ意味がありません。

16pt

文字の「大きさ」で強弱をつけるときは、ジャンプ率1.5〜2.0倍を目安に。

▶ 文字の「太さ」「色」で強弱をつける

BEFORE

プレゼンの基本

プレゼンの構成要素

内容力×人間力×伝達力

プレゼンは上記3つの要素で構成されます。いずれかの要素が100点でも、いずれかの要素が0点では、そのプレゼンは失敗です。すべての要素をバランスよくレベルアップすることが大切です。
内容力とは、プレゼン内容の論理性やストーリー性、そして何より聞き手にとっての価値の大きさのことです。内容力は、そのプレゼンの核とも言えます。いくら他の要素が優れていても、内容力がなければそのプレゼンの効果が薄れます。
人間力とは、話の人間性や人柄、肩書や社会的地位、雰囲気など、聞き手に対する影響力のこと。人間力は、プレゼンを聞いてもらう前段階で最重要な要素です。
伝達力とは、話し方や資料のデザインなど、聞き手にプレゼンを伝える力のこと。価値あるプレゼンも、伝わらなければ意味がありません。

AFTER

プレゼンの基本

太字+色をつける

プレゼンの構成要素

内容力×人間力×伝達力

太字

プレゼンは上記3つの要素で構成されます。いずれかの要素が100点でも、いずれかの要素が0点では、そのプレゼンは失敗です。すべての要素をバランスよくレベルアップすることが大切です。
内容力とは、プレゼン内容の論理性やストーリー性、そして何より聞き手にとっての価値の大きさのことです。内容力は、そのプレゼンの核とも言えます。いくら他の要素が優れていても、内容力がなければそのプレゼンの効果が薄れます。
人間力とは、話の人間性や人柄、肩書や社会的地位、雰囲気など、聞き手に対する影響力のこと。人間力は、プレゼンを聞いてもらう前段階で最重要な要素です。
伝達力とは、話し方や資料のデザインなど、聞き手にプレゼンを伝える力のこと。価値あるプレゼンも、伝わらなければ意味がありません。

目立たせたい文字は、「太く」して「色」もつけましょう。

読む人が何も考えなくてもよいのが「優れたデザイン」

デザインというと、「オシャレ」や「キレイ」といったイメージを持つ方が多いのではないかと思います。それは、決して間違いではないのですが、オシャレでキレイなデザインをする前に意識しなければいけないことがあります。それは、「**何も考えなくても直感的に目が動くデザイン**」です。「考えながら読めばわかる」ではダメなのです。考えなくても、スーッと目が流れていくデザイン、それこそが優れたデザインです。資料づくりの際は、ぜひこのことを意識しましょう。

▶オシャレでもわかりづらければ意味がない

× オシャレなスライド

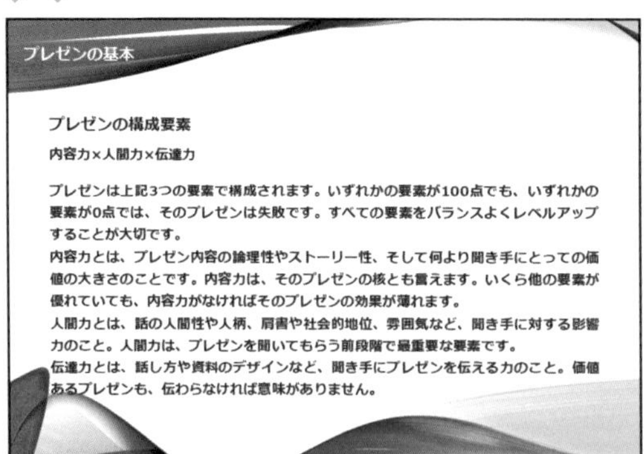

 優れたデザインのスライド

プレゼンの基本

プレゼンの構成要素

内容力×人間力×伝達力

プレゼンは上記3つの要素で構成されます。いずれかの要素が100点でも、いずれかの要素が0点では、そのプレゼンは失敗です。すべての要素をバランスよくレベルアップすることが大切です。
内容力とは、プレゼン内容の論理性やストーリー性、そして何より聞き手にとっての価値の大きさのことです。内容力は、そのプレゼンの核とも言えます。いくら他の要素が優れていても、内容力がなければそのプレゼンの効果が薄れます。
人間力とは、話の人間性や人柄、肩書や社会的地位、雰囲気など、聞き手に対する影響力のこと。人間力は、プレゼンを聞いてもらう前段階で最重要な要素です。
伝達力とは、話し方や資料のデザインなど、聞き手にプレゼンを伝える力のこと。価値あるプレゼンも、伝わらなければ意味がありません。

行間を調整して聞き手の負担を減らす

行と行の間の幅のことを行間といいますが、行間を意識したことはありますか？　行の長さ（行長）が長くなればなるほど、行間が空いていないと読みづらくなります。これでは聞き手に負担が生じます。**行間を広めに（文字サイズの1.2〜1.3倍）に調整**して、聞き手の負担を減らしてあげましょう。

▶「行間の調整」の効果

日本では、資料におけるデザインの重要性はまだまだ理解されていません。デザインがよいことに越したことはないけれど、デザインがよくなかったとしても、ちゃんと中身を書いておけば読んでもらえるだろう、理解してもらえるだろう、そんな考え方のビジネスパーソンが非常に多いのです。しかし、中身がちゃんとしていれば読んでもらえるなんて、もうそんな時代ではありません。

日本では、資料におけるデザインの重要性はまだまだ理解されていません。デザインがよいことに越したことはないけれど、デザインがよくなかったとしても、ちゃんと中身を書いておけば読んでもらえるだろう、理解してもらえるだろう、そんな考え方のビジネスパーソンが非常に多いのです。しかし、中身がちゃんとしていれば読んでもらえるなんて、もうそんな時代ではありません。

行間が広いほうが読みやすく、聞き手に対しての負担が小さくなります。

「行間」機能の使い方

1 オブジェクトを選択する

行間を調整したいテキストのオブジェクトを、クリック、もしくはドラッグで囲んで選択します❶。

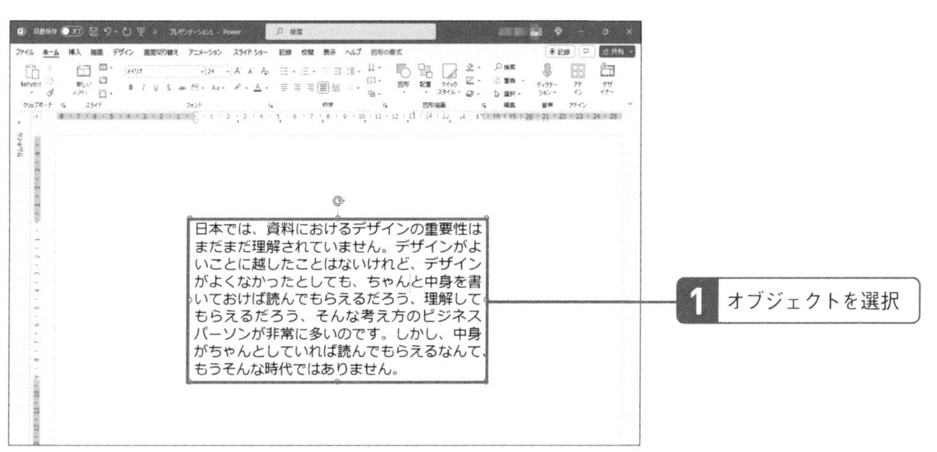

2 行間機能の設定画面を表示する

[ホーム] タブをクリックして❶、[行間] ボタンをクリックします❷。行間機能のメニューが表示されるので、[行間のオプション] をクリックします❸。

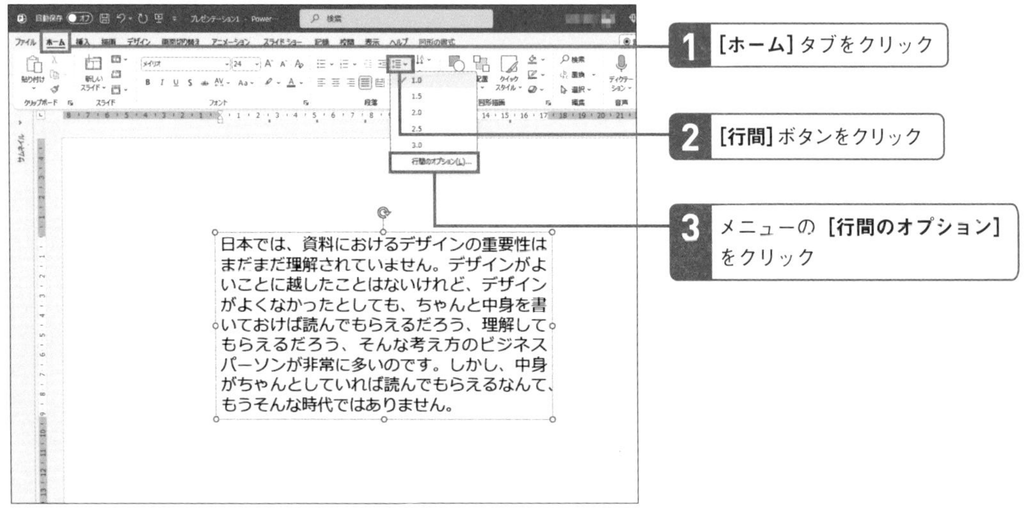

3 行間を「倍数」に設定する

[段落] ダイアログボックスが表示されるので、[行間] のプルダウンメニューをクリックして❶、[倍数] をクリックします❷。

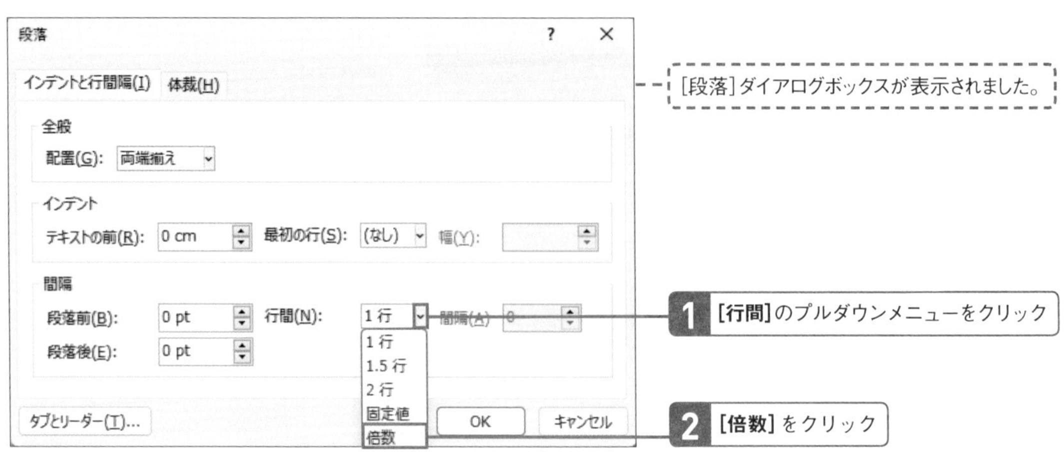

4 行間を数値で指定する

[間隔] を選択すると、ユーザーが詳細に行間を設定できます。[間隔] の入力欄をクリックして❶、任意の倍数を入力します。1行の長さにもよりますが、「1.2」もしくは「1.3」がおすすめです。

入力が完了したら、[OK] ボタンをクリックします❷。

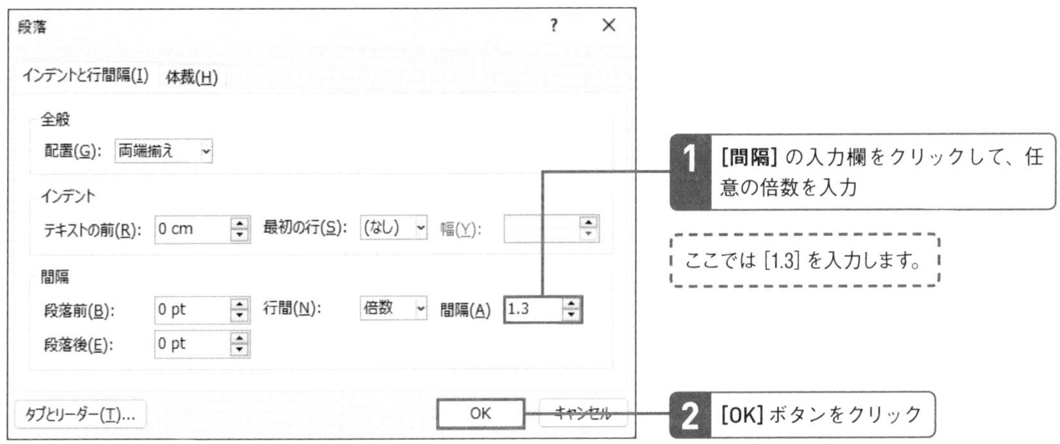

5 行間が広がった

行間が広がって、テキストが読みやすくなりました。

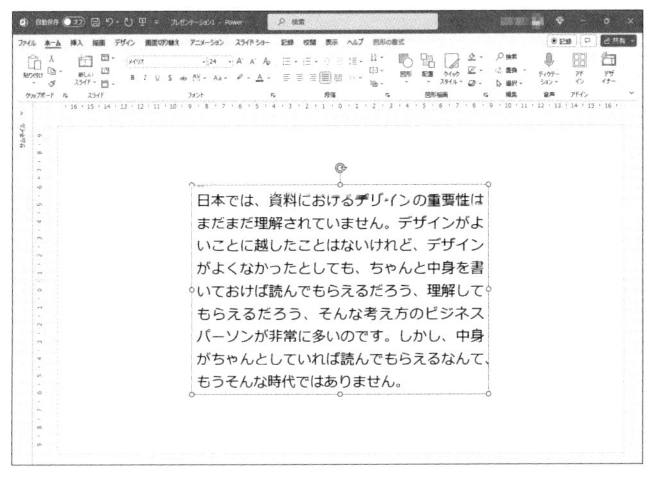

行間に設定した「倍数」は、1行の高さを文字サイズの何倍にするかを意味します。

Lesson 32 [デザインルール]

余計な装飾は不要！「図形」はとにかくシンプルに

このレッスンのポイント

プレゼン資料で「図形」を表現するときのポイントは、やはり「シンプル」にすることです。情報伝達を妨げないように、できるだけシンプルなデザインを心がけます。このLessonでは「PDCAの図」を例に、4つの図形のルールを学びます。

4つの図形のルールを押さえよう

プレゼン資料で図をつくるときによく使うのは、「**囲み文字**」「**吹き出し**」「**矢印**」「**円**」の4つ。これらのデザインルールを押さえれば、自然と見やすくシンプルな図を作成できるようになります。下図の、ルールを一切無視した「PDCAの図」を順番にブラッシュアップしていきましょう。

▶ ブラッシュアップ前の図

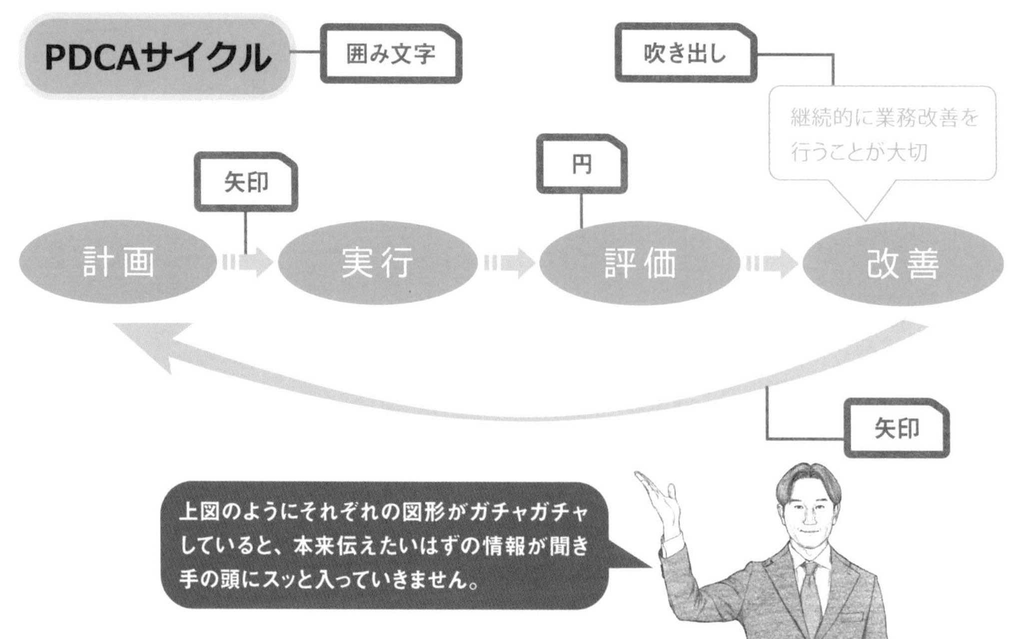

囲み文字は塗りつぶしだけ、あるいは枠線だけにする

「PDCAの図」の囲み文字をご覧ください。なんだか、うっとうしくて見づらい感じがしませんか？　それは「塗りつぶし」と「枠線」の両方を使っているからです。**文字を囲む場合は「塗りつぶし」か「枠線」か、どちらかにしましょう。**

次に、四角の角が丸すぎたり線が太すぎたりすると、ポップな印象になります。「PDCA」というビジネス用語をカッチリとした印象にするために、角の丸みと線の太さを調整します。

さらに、オブジェクト内の余白と文字位置を調整すれば、スッキリとしたデザインに仕上げることができます。

「メイリオ」フォントの上下の文字位置は、デフォルトで上方にズレているので、次のページでテキストの位置を調整する方法を紹介します。

▶「囲み文字」のブラッシュアップ

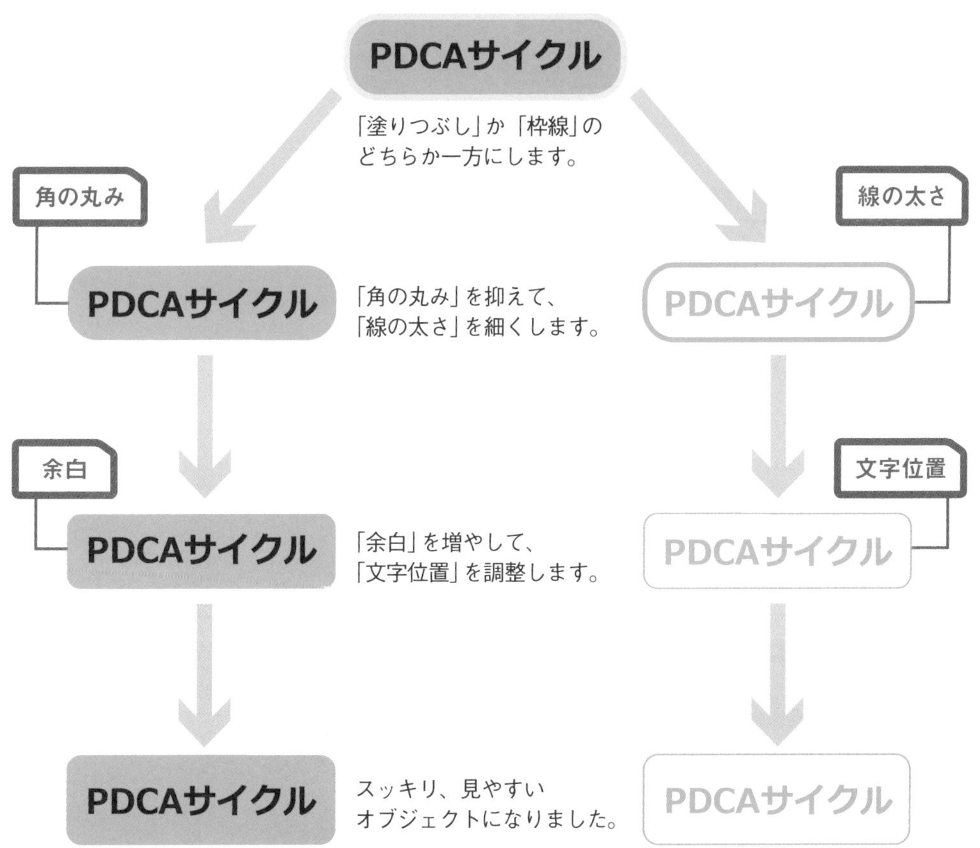

テキストの文字位置を調整する

1 オブジェクトを選択する

文字位置を調整したいテキストのオブジェクトを、クリック、もしくはドラッグで囲んで選択します❶。

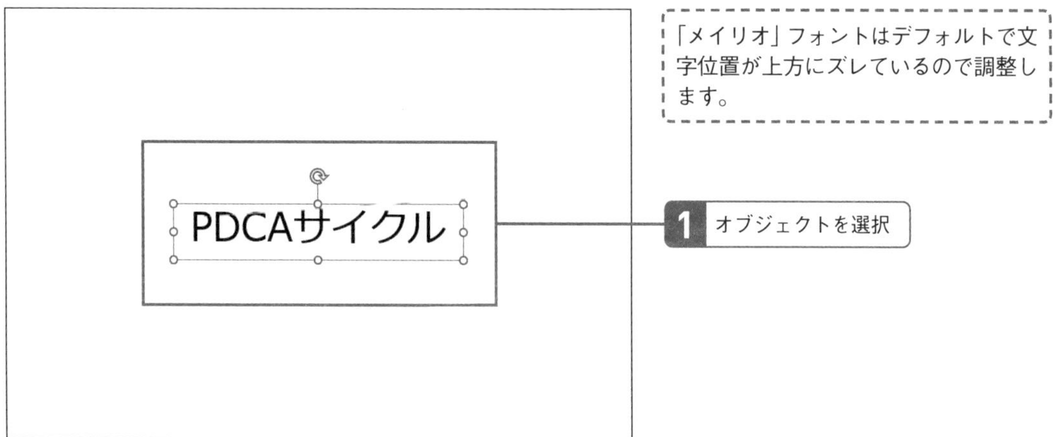

2 図形の書式設定ウィンドウを表示する

選択したオブジェクトを右クリックして❶、[図形の書式設定] をクリックします❷。

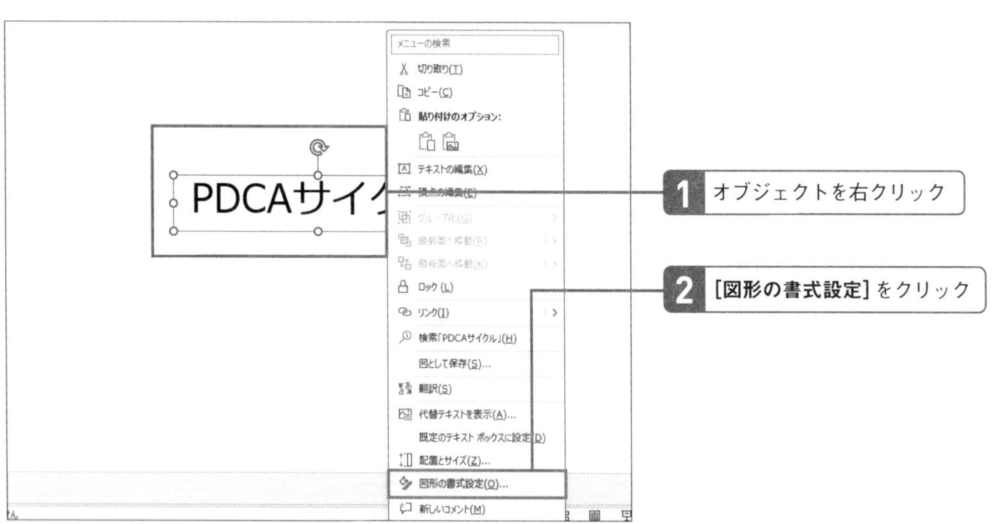

3 サイズとプロパティ画面で上余白を調整する

［サイズとプロパティ］をクリックして❶、［上余白］に数値を調整します❷。入力する数値は、オブジェクトの大きさによって異なります。

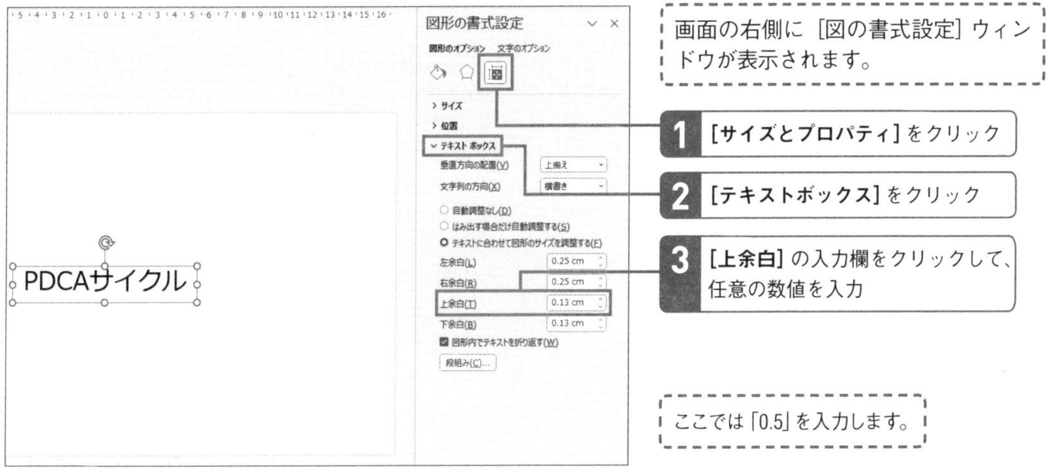

4 文字位置を調整できた

オブジェクトの上部の余白が広がって、文字位置を上下中央に調整できました。うまく上下中央に表示されない場合は、手順3に戻り、［上余白］の数値を大きくしてみましょう。

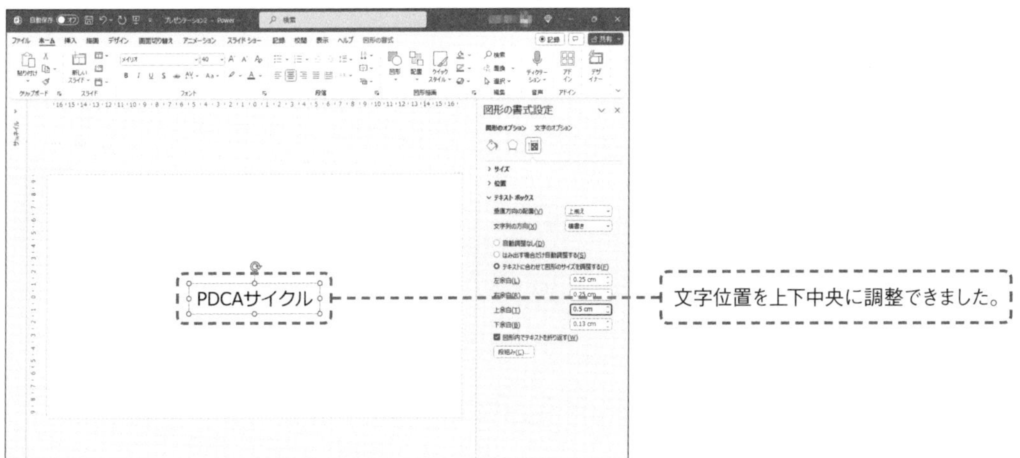

吹き出しは自分でつくる

PowerPointの図形オブジェクトを使って吹き出しをつくると、P.118の吹き出しのように形が歪んでしまう部分があります。この歪みを防ぐために、吹き出しは自分でつくってしまいましょう。

つくり方は2パターンあります。1つ目は、「**図形の結合**」機能を使って図形を組みわせる方法。2つ目は、「**図形の編集**」機能を使って、既存の吹き出しの形を整える方法です。

▶「吹き出し」のつくり方1

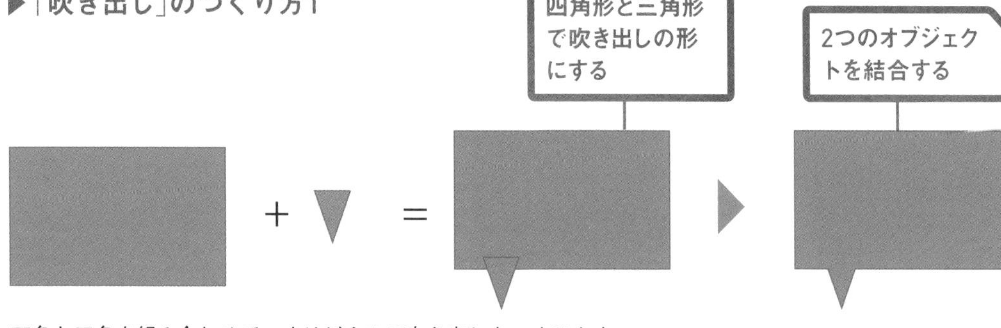

四角と三角を組み合わせて、オリジナルの吹き出しをつくります。

▶「吹き出し」のつくり方2

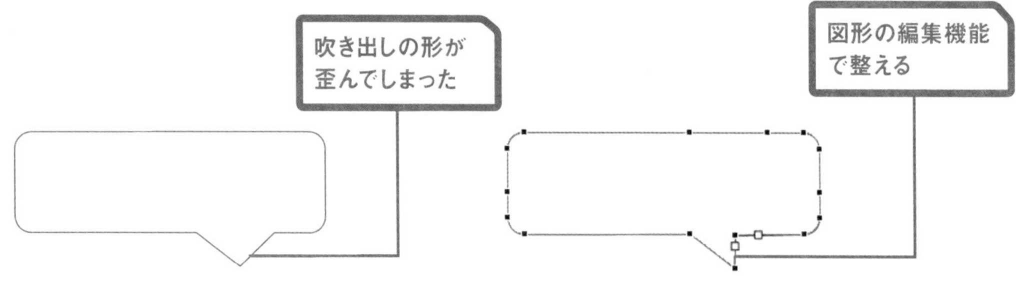

既存の吹き出しの形を整えます。

「自分でつくる」なんて聞くと面倒くさそうに聞こえるかもしれませんが、PowerPointの機能を使えば簡単につくれてしまいます。具体的な手順は次ページから詳しく解説しますので、ぜひお試しください。

三角形と四角形を組み合わせて吹き出しをつくる

1 オブジェクトを選択する

四角形と三角形を組み合わせて、吹き出しの形をつくります❶。Shift キーを押しながらクリック、もしくはドラッグで囲んで、四角形と三角形を選択します❷。

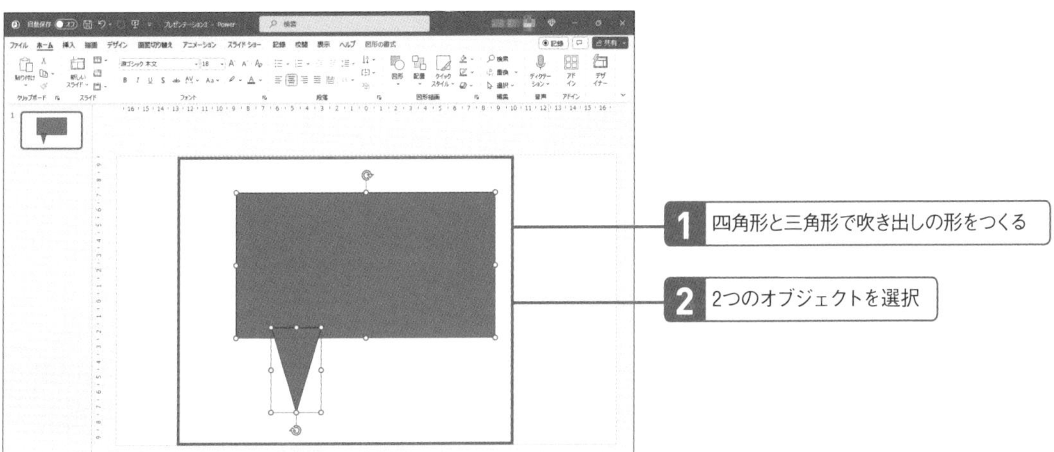

2 四角形と三角形を接合する

[図形の書式] タブをクリックして❶、[図形の結合] ボタンをクリックし、[接合] をクリックします❷。

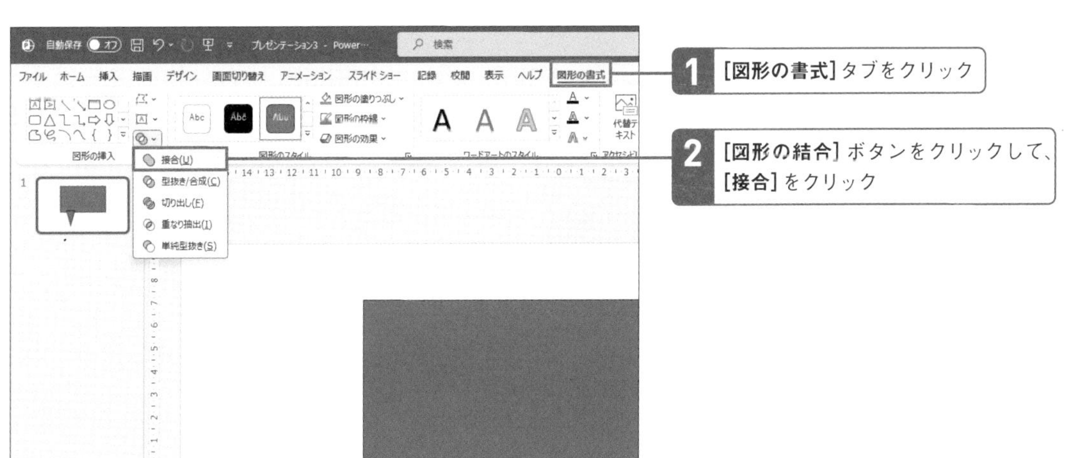

3 吹き出しが完成した

別々のオブジェクトだった四角形と三角形が接合されて、オリジナルの吹き出しオブジェクトが完成しました。

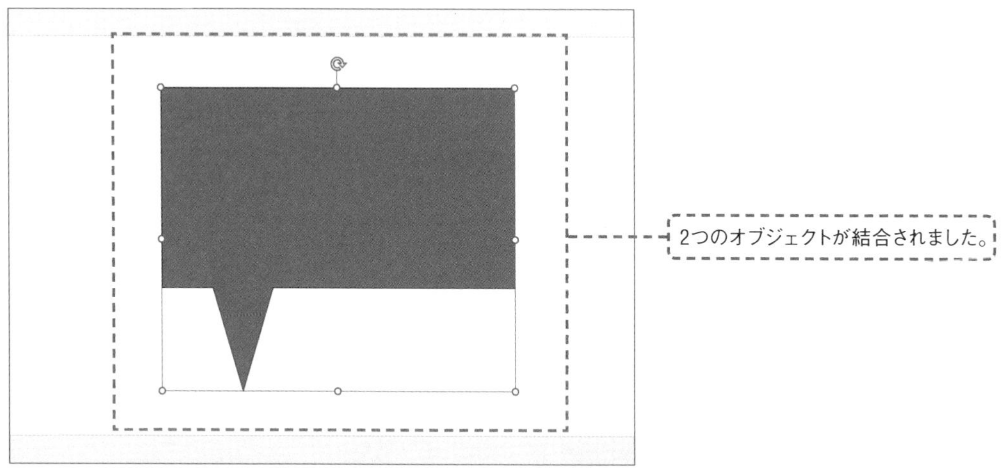

図形の編集機能で吹き出しの形を整える

1 オブジェクトを選択する

吹き出しのオブジェクトをつくって❶、クリック、もしくはドラッグで囲んで選択します❷。

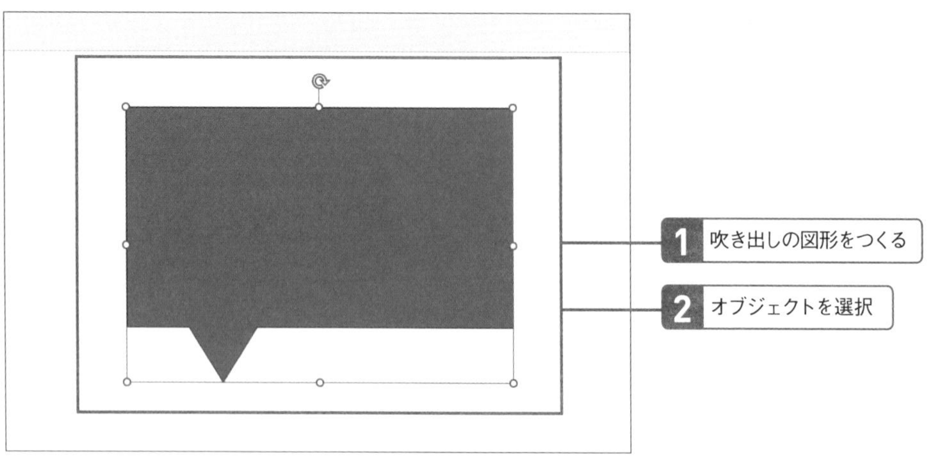

2 吹き出しの形を整える準備をする

[図形の書式] タブをクリックして❶、[図形の編集] ボタンをクリックし、[頂点の編集] をクリックします❷。

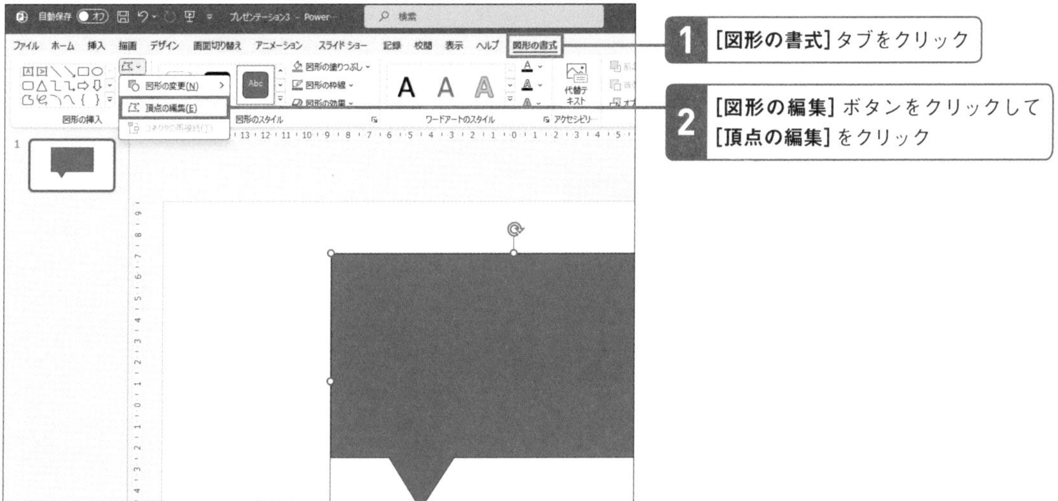

3 頂点の位置を調整する

オブジェクトの周りに黒い点が表示されるので、形を整えたい部分の黒い点をドラッグして、オブジェクトの形を整えます❶。

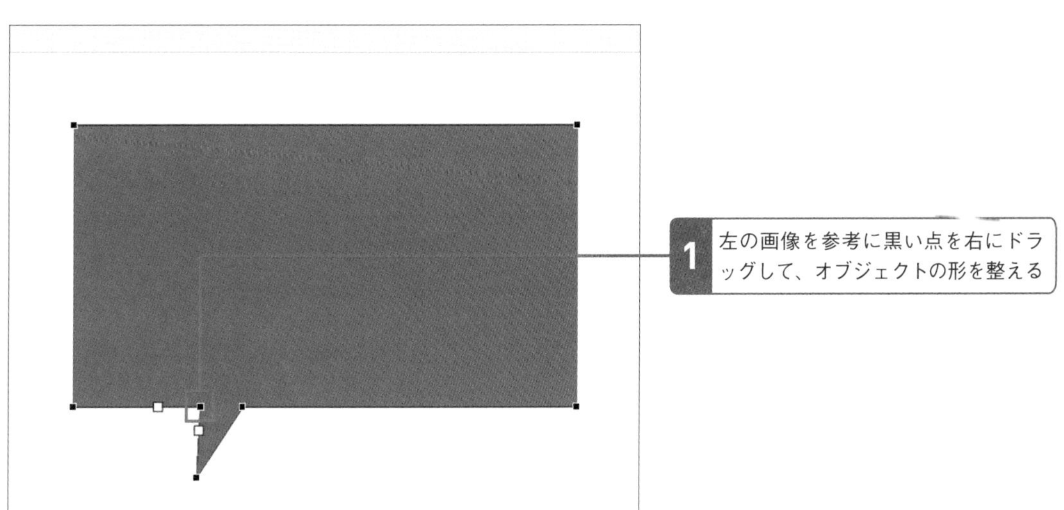

4 吹き出しが完成した

歪んでいた部分が修正されて、きれいな吹き出しのオブジェクトができあがりました。

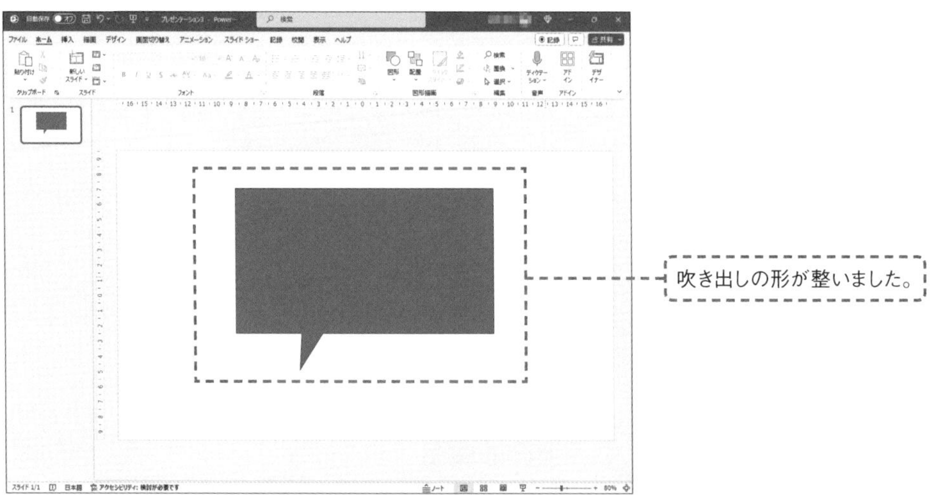

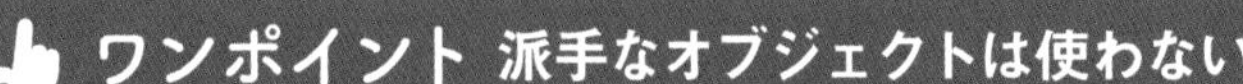

ワンポイント 派手なオブジェクトは使わない

「PowerPointに用意されている図形だから使っても問題ないだろう」という考えは危険です。爆発マークなどはよく使われるオブジェクトですが、このようなオブジェクトを多用すると、見づらくなってしまいます。わかりやすいプレゼン資料をつくりたければ、シンプルなオブジェクトを組み合わせてデザインするように意識しましょう。

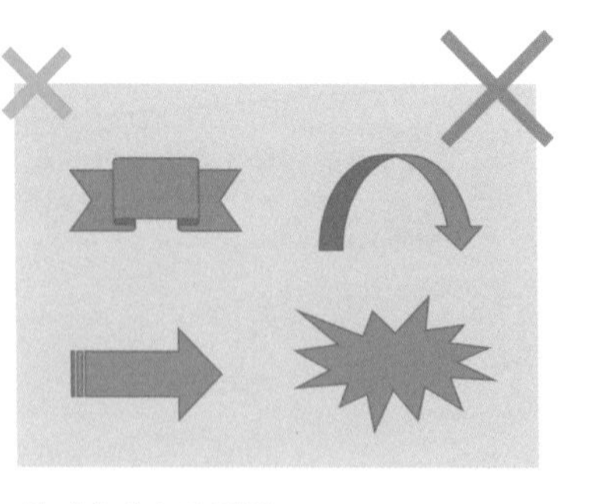

見づらくなる図形

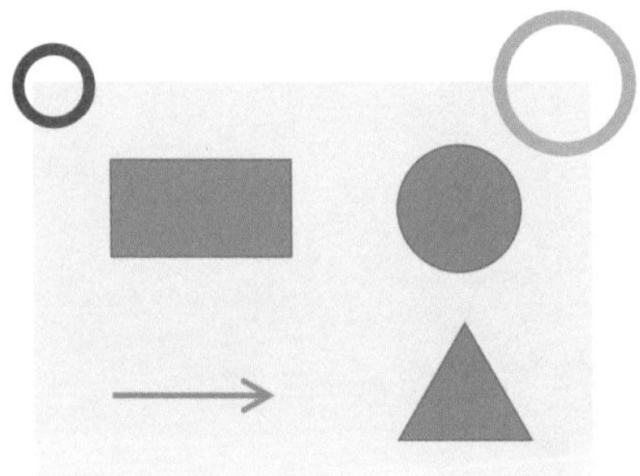

シンプルな図形

矢印はシンプルに、円は真円にする

下図のBEFOREのように矢印のオブジェクトが目立ちすぎると、本来伝えたい情報が伝わらなくなってしまいます。この図で伝えたいことは、あくまで「計画」「実行」「評価」「改善」の情報ですから、**もっとシンプルで目立たない矢印**にする必要があります。

また、円は、意識しないと「楕円」になってしまいがちですが、「**真円**」にするだけで印象が変わります。AFTERの図をご覧ください。楕円と真円を比べると、印象の違いがわかると思います。このような、小さな印象の違いの積み重ねが、資料全体として大きな差を生みます。

▶「矢印」と「円」のブラッシュアップ

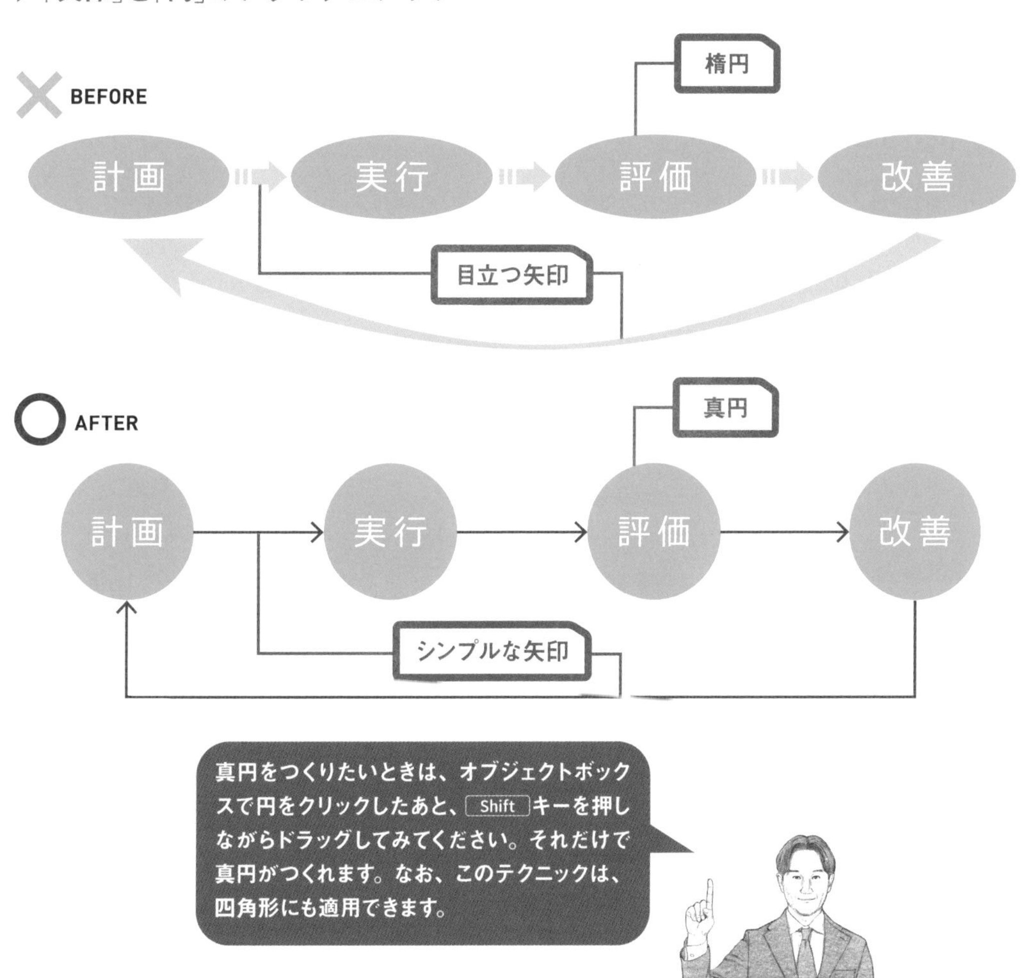

Lesson 33 [デザインルール]

事実ではなく主張を表現する「グラフ」をつくる

このレッスンのポイント

「グラフ」のポイントは、シンプルにするのと同時に「何が言いたいグラフなのか」をひと目でわかるようにすることです。そのためには、事実ではなく、あなたの伝えたい主張をデザインで強調する必要があります。

3D加工をなくしてシンプルに

グラフに関しては、下図のBEFOREのように3D加工をする方が少なくありません。**目的なく3Dにすることは、無駄な飾りをつけてしまうことと同じ**です。

グラフも極力シンプルに、無駄な飾りは外しましょう。下図のAFTERのような、シンプルな2Dのグラフを使ってください。

▶ グラフの「3D加工」をなくす

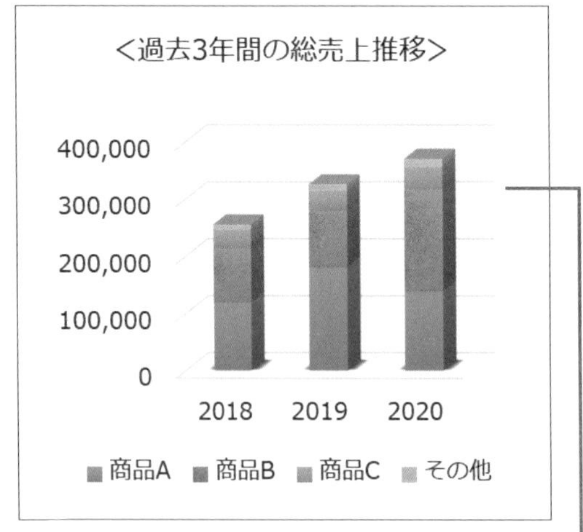

3D加工したグラフ

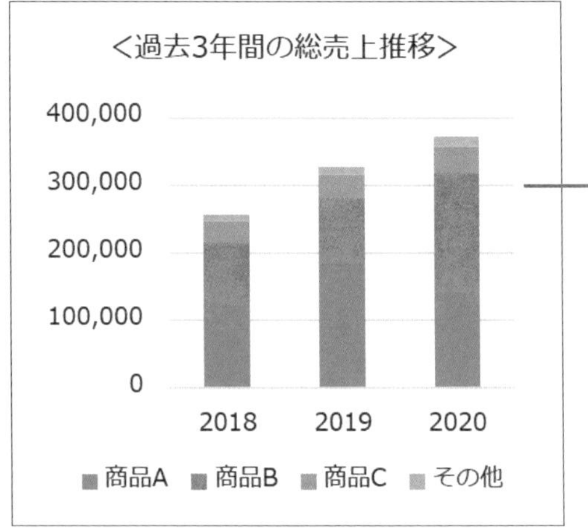

3D加工を廃したグラフ

凡例はグラフ内に配置する

下図のBEFOREの棒グラフをご覧ください。「オレンジ色の部分が増えてるな〜。オレンジってなんだっけ？（視線が凡例へと移動して）あ、商品Bのことか」というように、グラフを読み取る際、聞き手の目線がグラフと凡例を行ったり来たりしますよね。ごくわずかではありますが、これも負担であることに変わりありません。目線が行ったり来たりしなくても済むように、**凡例はグラフの中に入れてしまいましょう。**

▶「凡例」をグラフの中に入れる

△ BEFORE

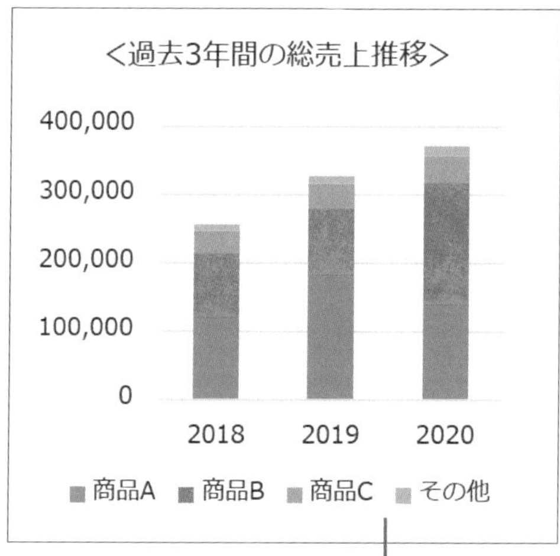

凡例がグラフの外にある

○ AFTER

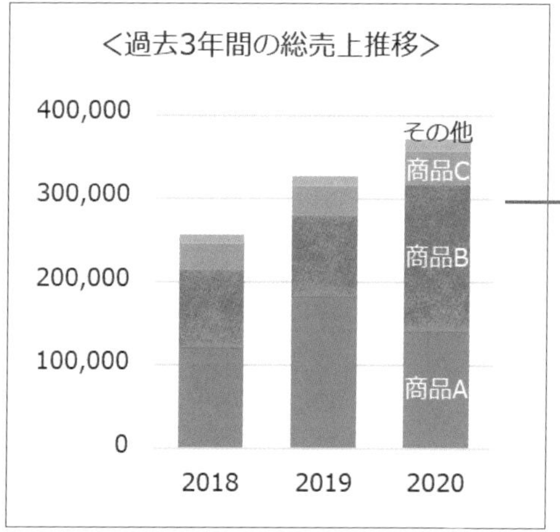

凡例をグラフの中に入れる

凡例をグラフの中に入れるときのポイントは、「テキストボックスを使ってつくる」ということです。デフォルトでグラフ内に用意されている凡例は、自由に形を変えることができません。通常のテキストボックスと組み合わせることで、グラフは自由にデザインできるようになります。

「事実」ではなく「主張」を表現する

下図のBEFOREの棒グラフをご覧ください。このままでは、何を主張したいグラフなのか、わかりません。たとえば「このグラフで、商品Bが1.8倍になったことを言いたい！」ということであれば、AFTERのように補助線と吹き出しを加えれば、話し手が何も言わなくてもその主張が伝わりますね。このように、グラフに関しては、話し手が何も言わなくても伝わる「**ひと目で主張がわかるグラフ**」を意識してデザインしましょう。

▶「主張」をデザインで表現する

△ BEFORE

事実をそのまま伝えている

○ AFTER

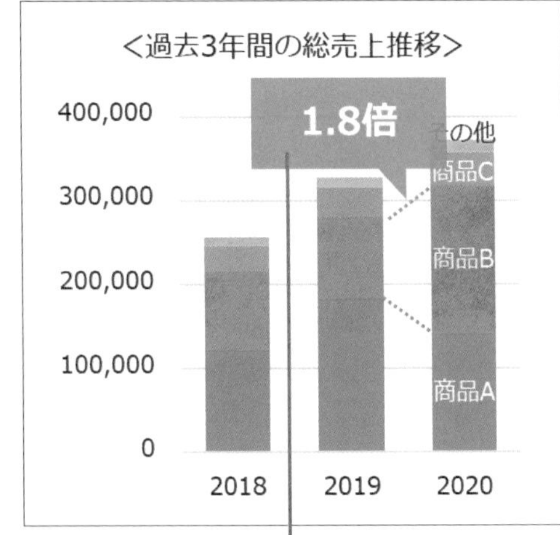

伝えたい主張をグラフに加えた

Lesson 29でお伝えした通り、プレゼン資料には「事実」ではなく「主張」を表現する必要があります。グラフにもこの原則は当てはまります。「事実」だけでなく「主張」を読み取れるグラフをつくりましょう。

「色」で主張を強調する

最後に、色で主張を強調します。下図のAFTERのように色付けすれば、ブルーとオレンジの部分にしか目が行きませんよね。このグラフで伝えたいのはブルーとオレンジの部分ですので、それでよいのです。ほかの重要でない情報については聞き手に見てもらう必要がないので、**グレーで目立たないようにしてしまいます**。

文字のルールでお伝えした「強弱」を、「色」でも表現することができます。

▶「色」で主張を強調する

BEFORE

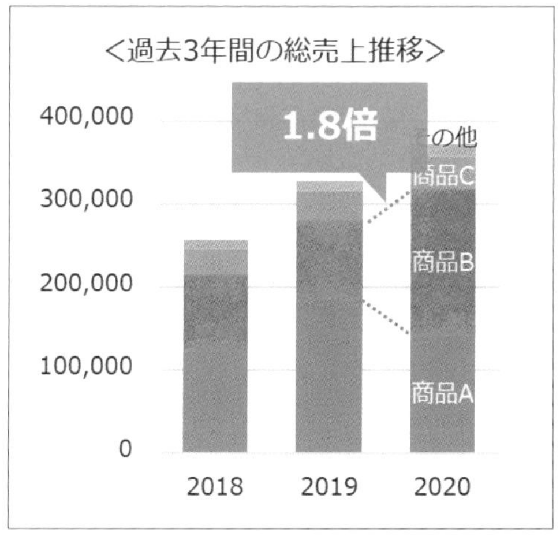

AFTER

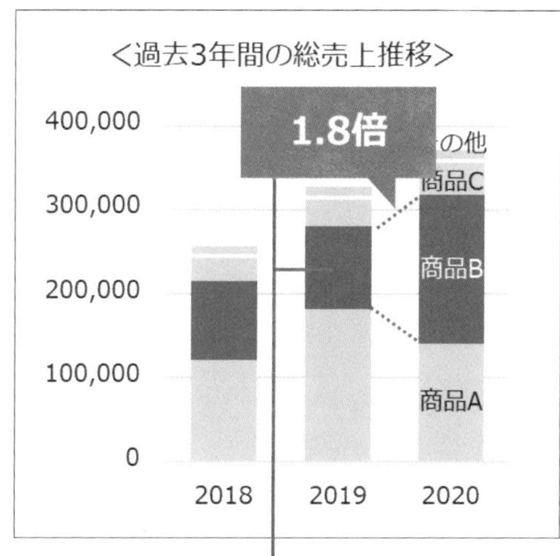

どこを見ればいいのかわかりづらい

ブルーとオレンジの部分に目が行く

P.128のBEFOREと上図のAFTERを比べると、だいぶ伝わり方が異なるのがわかりますね。デザイン1つで、ここまで変えることができます。

Lesson 34 [デザインルール] 資料にインパクトを付加する「画像」の使い方

このレッスンのポイント

「画像」は「文字」と比較して、とても優れた情報伝達方法です。説明するために何百字も必要になる場合も、画像であれば1枚で簡単に伝えることができます。聞き手に伝わるプレゼン資料をつくるためには、できるだけ画像も活用しましょう。

画像は歪めない

画像を歪めてはいけません。下図のBEFOREのスライドの画像、縦横比が変わってしまって歪んでいますよね。デザインが苦手な方は、右側のスライドのように余白があると、その余白をなんとか埋めようとします。下図の例も、それと同時で、画像の左右の余白を埋めようとして画像を歪めてしまったのですが、これはNGです。余白はデザインの一部です。画像は縦横比を変えず、歪めずに利用しましょう。

▶画像は歪めない

BEFORE

プレゼンの基本

プレゼンの構成要素

内容力×人間力×伝達力

プレゼンを構成する要素は、内容力・人間力・伝達力の3つです。このいずれかの要素が100点でも、いずれかの要素が0点では、そのプレゼンは失敗です。すべての要素をバランスよくレベルアップすることが大切です。

AFTER

プレゼンの基本

プレゼンの構成要素

内容力×人間力×伝達力

プレゼンを構成する要素は、内容力・人間力・伝達力の3つです。このいずれかの要素が100点でも、いずれかの要素が0点では、そのプレゼンは失敗です。すべての要素をバランスよくレベルアップすることが大切です。

画像は、作業中気づかずに触ってしまって、意図せず歪んでしまう場合があります。画像を扱うときは注意しましょう。

画像サイズを変更する方法

画像のサイズを変更するときは、縦横比を変えずに、サイズだけ変更する必要があります。ここでは、便利な画像サイズの変更の方法をご紹介します。1つ目が「**一部切り出し**」です。下図のように背景が多い画像の場合、「**トリミング**」という機能を使うことで画像の一部分を切り出すことができます。そして2つ目が「**背景の削除**」です。BEFOREの画像の背景をなくして、AFTER 2のように男性の部分だけを残したい、というときもありますよね。そういうときは「**背景の削除**」機能を使って、男性のシルエットのみ残して背景を削除することができます。それぞれの機能については、次のページで解説します。

▶ 画像サイズの変更方法

BEFORE

プレゼンの基本

プレゼンの構成要素

内容力×人間力×伝達力

プレゼンを構成する要素は、内容力・人間力・伝達力の3つです。このいずれかの要素が100点でも、いずれかの要素が0点では、そのプレゼンは失敗です。すべての要素をバランスよくレベルアップすることが大切です。

画像のサイズが小さい

AFTER 1

トリミングして画像を大きくする

プレゼンの基本

プレゼンの構成要素

内容力×人間力×伝達力

プレゼンを構成する要素は、内容力・人間力・伝達力の3つです。このいずれかの要素が100点でも、いずれかの要素が0点では、そのプレゼンは失敗です。すべての要素をバランスよくレベルアップすることが大切です。

AFTER 2

背景の削除でシルエットだけを残す

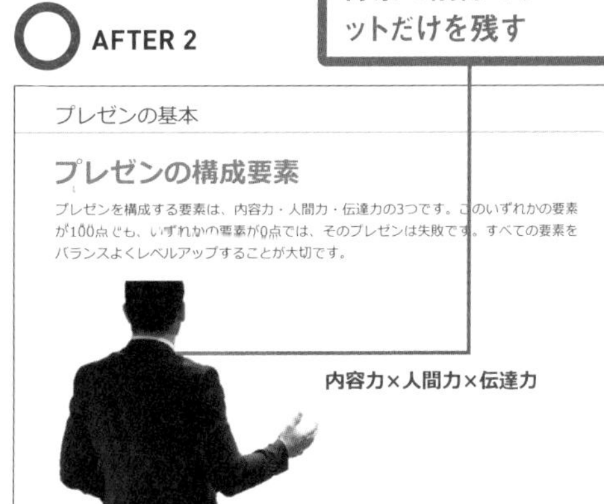

プレゼンの基本

プレゼンの構成要素

プレゼンを構成する要素は、内容力・人間力・伝達力の3つです。このいずれかの要素が100点でも、いずれかの要素が0点では、そのプレゼンは失敗です。すべての要素をバランスよくレベルアップすることが大切です。

内容力×人間力×伝達力

◯「トリミング」機能で画像の一部を切り出す

1 オブジェクトを選択する

一部を切り出したい画像のオブジェクトを、クリック、もしくはドラッグで囲んで選択します❶。

2 トリミング機能を表示・選択する

[図の形式] タブをクリックして❶、[トリミング] をクリックします❷。画像の周囲に黒い枠が表示されます。

3 切り出したい部分を調整する

画像周辺の黒枠をドラッグして、切り出したい部分を調整します❶。調整できたら、再度［トリミング］をクリックします❷。

4 画像の一部を切り出せた

画像の一部を切り出すことができました。

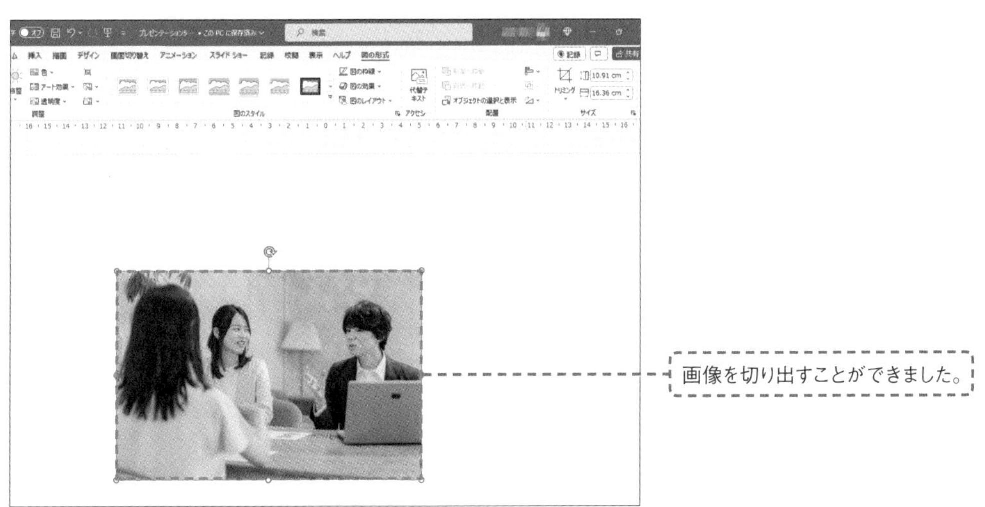

「背景の削除」機能で画像の背景を削除する

1 オブジェクトを選択する

背景を削除したい画像のオブジェクトを、クリック、もしくはドラッグで囲んで選択します❶。[図の形式] タブをクリックして、[背景の削除] ボタンをクリックします❷。

2 保持する領域を設定する

自動で切り抜き範囲を設定されます。紫色になった部分が切り抜きされる箇所です。この画像の場合、女性の頭髪や腕の部分が切り抜きの対象に設定されてしまいました。このような場合は、[保持する領域としてマーク] をクリックし❶、残したい部分をドラッグして緑の線を引きます❷。

3 変更を保存する

手順2でドラッグした部分が、保持する領域として設定されました。背景部分が紫色になっていない場合は、[削除する領域としてマーク] をクリックして、削除したい箇所をドラッグします。削除したい場所が調整できたら、[変更を保存] をクリックします❶。

4 背景が削除された

画像の背景を削除することができました。手順3で紫色になっている部分が削除されます。背景がうまく削除できなかったり、残したい部分を誤って削除したりした場合は、再度手順3に戻り、保持したい部分と削除したい部分を調整し直しましょう。

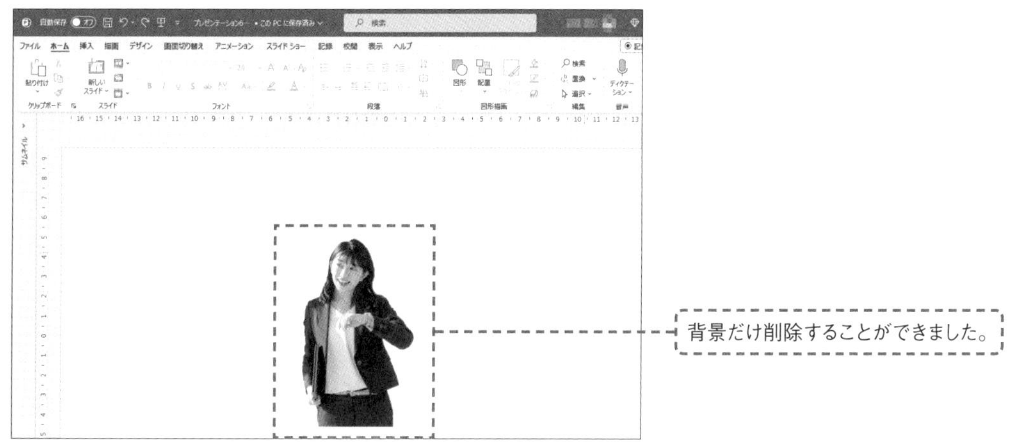

1枚の画像の扱い方

下図のBEFOREの画像は、このままでも問題はありません。しかし、聞き手に強いインパクトを与えたい場合は、画像の周りの余白をあえてなくしてみましょう。これは「**裁ち落とし**」というテクニックで、この表現方法を使うと聞き手にインパクトを与えることができます。

また、**スライド全面に画像を配置**する方法も、とてもインパクトがあります。しかし、そのまま画像の上にメッセージを置くと、画像の美しさも損ないますし、メッセージも読みにくくなってしまいます。このようなときは「四角のオブジェクト」を半透明&グラデーションで加工して帯をつくり、その上にメッセージを配置するようにしましょう（AFTER 3）。

▶「裁ち落とし」でインパクトを

BEFORE

AFTER 1

AFTER 2

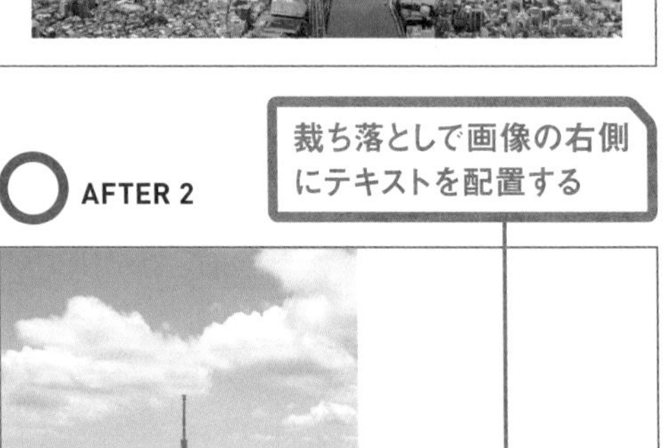

AFTER 3

複数の画像の扱い方

複数の画像は、何も考えずに並べてしまうと下図のBEFOREのスライドのように雑然とした印象を与えてしまいます。1つのスライドの中で複数のスライドを扱うときは、**画像のサイズや形を揃えて整列しましょう**。そうするだけで、ずいぶんと印象が変わります。

▶ 複数の画像は整える

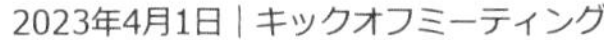

画像を適当に配置すると雑然とした印象になる

AFTER

2023年4月1日｜キックオフミーティング

サイズを揃えて画像を配置するときれいに

複数の画像を整える際のポイントは、「見えない枠」です。AFTERのスライドを見てみましょう。3枚の画像の周りに見えない枠があることがわかりますか？
複数の画像を扱う場合は、このように見えない枠の中で整列すること、これがポイントです。

Lesson 35 [デザインルール]

資料を読みたくなるか否かは「配置」で決まる

このレッスンのポイント

配置は、資料の読みやすさを決定づける、最重要ポイントです。配置の3原則「余白」「関係性」「整列」をマスターできれば、資料の読みやすさが格段にアップします。考え方について学んだら、「配置」と「ガイド機能」を使って実際に配置してみましょう。

配置の3原則「余白」「関係性」「整列」

下図の資料を見て、「読みやすい！」と思う方はいないでしょう。一瞬で読む気をなくす、典型的な資料デザインです。
なぜ読む気をなくすかというと、**圧迫感がある上に、レイアウトがガタガタだから**です。Lesson 31でお伝えした「強弱」や「行間」は適用できていますが、これだけでは読む気になりません。配置の3原則「**余白**」「**関係性**」「**整列**」を適用して、もっと読みやすい資料デザインにブラッシュアップしましょう。

▶ 読む気をなくす典型的な資料

伝わるプレゼン資料のデザインルール

6つの要素

文字
可視性と可読性を基準にフォントを選ぶと良い。オススメは「メイリオ」。また、重要度に応じて強弱をつけ、行長に合わせて行間を調整することも大切。

図形
情報伝達を妨げるような、複雑な図形は使ってはいけない。できるだけシンプルな図形を組み合わせて、イメージをつくり上げる。

グラフ
グラフで重要なのは、事実ではなく主張を際立たせること。そのために、余計な装飾は排除して、スッキリとしたデザインを心がける。また、凡例や色使いも工夫して、一目で分かるグラフをつくる。

画像
画像は縦と横の比率（アスペクト比）を変えてはいけない。つまり、歪めないように注意する。画像のサイズを変更したいときは、「トリミング」や「背景の削除」機能を使って、適宜調整する。

配置
配置は、資料作成の中でも最も大切なルールといえる。3つのルール「余白」「関係性」「整列」を意識して、見やすい整ったレイアウトにしよう。

色
色が多すぎると、聞き手を惑わせてしまう。背景と文字、メインとサブの4色とするのが良い。ただし、濃淡を調整して同系色を使うのはOK。

余白を十分に取らないと圧迫感を与える

レイアウトがガタガタしていると読みづらくなる

十分な「余白」が資料を見やすくする

Lesson 34でも少し触れましたが、デザインが苦手な方ほど、余白を嫌います。余白があると、ついつい画像やテキストなどで埋めようとします。
しかし、これは絶対にやってはいけません。**余白はデザインの一部であり、余白があるから、資料は見やすくなる**のです。余白を確保する方法は2つあります。1つ目は、**それぞれのオブジェクトのサイズを小さくする方法**。サイズを小さくすれば、その分余白を確保できます。そして2つ目は、**スライドの枚数を増やす方法**です。たくさんの情報を1枚のスライドにまとめてしまうと、余白がなくなります。2枚、3枚と、複数のスライドに情報を分けて、1枚当たりの情報量を減らせば、余白を確保できます。
ここでは、テキストのサイズを小さくする方法で余白を確保します。

▶オブジェクトのサイズを小さくして余白を確保

BEFORE

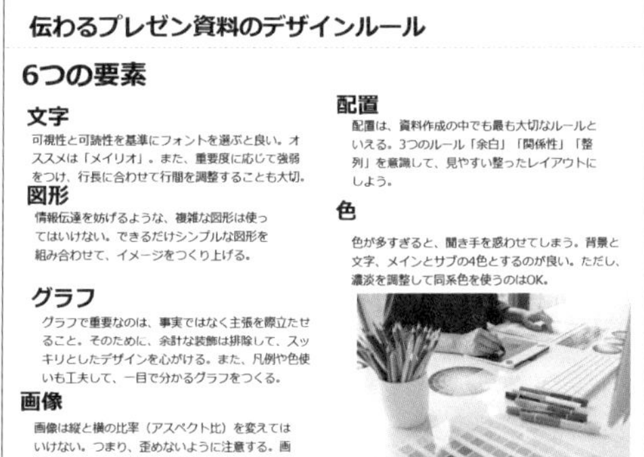

文字が大きく余白が少ないので、圧迫感があって読みづらい状態です。

AFTER

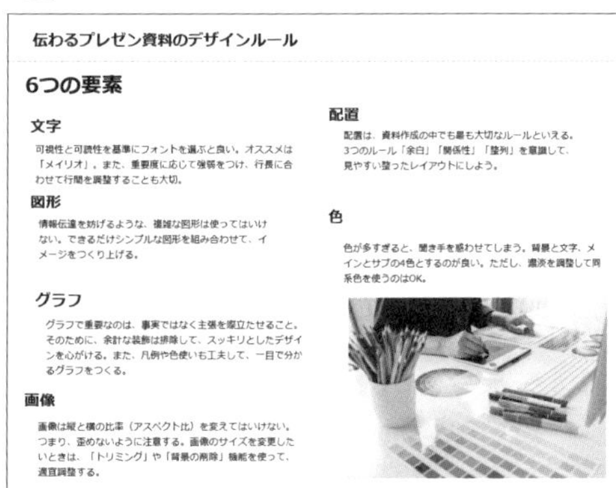

文字のサイズを小さくするだけで、余白が確保できて読みやすくなりました。

「文字の大きさを小さくすると読みづらくなるのではないか」と心配されるかもしれません。たしかに可視性は下がりますが、優先すべきは「読みたくなるデザイン」です。可視性が少し犠牲になったとしても、読んでもらえるデザインを目指しましょう。

関係があるものは近づける「関係性」の原則

下図のBEFOREのスライドを見ると、「色」というタイトルとその本文が少し離れていますね。このようなデザインでは、一見して「色」がどの部分と関係しているのかわかりません。もちろん、きちんと読めば下の本文と関係することはわかります。しかし、「きちんと読まなければならない」というのはストレスです。このようなストレスも、デザインで解消しましょう。

資料をつくるときは、**関係があるオブジェクト同士は近づけて、関係がないオブジェクト同士は遠ざけます**。これを「**関係性の原則**」といいます。具体的には、それぞれの「タイトル」と「本文」のオブジェクトの位置を近づけます。

なお、オブジェクト位置の微調整は、マウスでドラッグするのではなくキーボードの「矢印キー」を使用するほうが効率的です。

▶ 各テーマの「タイトル」と「本文」を近づける

タイトルと本文が離れていると、関係があるのかないのかわかりづらいです。

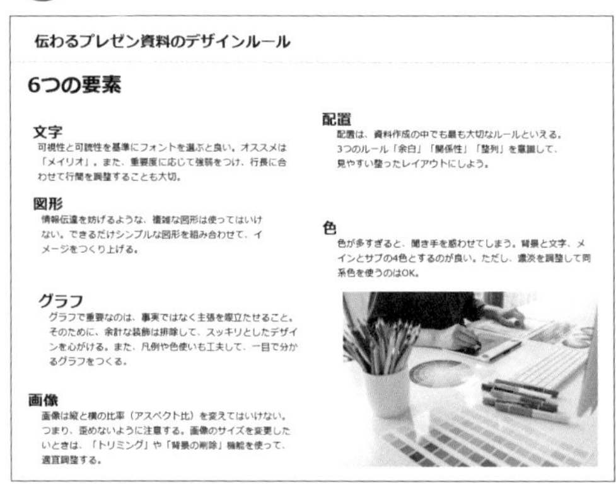

それぞれのタイトルと本文を近づけることにより、関係性がわかりやすくなりました。

▶ オブジェクト位置の微調整は「矢印キー」を使用

マウスでは微調整が困難。

キーボードの矢印キーだと細かく移動できます。

デザインのアウトラインを可視化する「ガイド」機能

「余白」を確保して「関係性」に従ってオブジェクト位置を調整したら、最後はオブジェクトを「整列」します。そこで、「整列」の操作を簡単にするためのPowerPointの便利機能、「ガイド」と「配置」を紹介します。「**ガイド**」は、スライドに縦線と横線を設置することで、その資料デザインのガイドラインを可視化する機能です。「ガイド」は、自由に増やしたり移動することができるので、つくりたいデザインに合わせて、フレキシブルに設置できます。

「ガイド」の増やし方は2つあります。1つ目は、ガイドの上で右クリックして、コマンドから「ガイドの追加」を選ぶ方法。2つ目は、Ctrlキーを押しながら既存のガイドをドラッグし、ガイドを設置したい位置でマウスから指を離す方法です。どちらでも、操作しやすいほうを選びましょう。

▶ ガイドの設置の仕方

スライドの余白で右クリックして、[グリッドとガイド]-[ガイド]をクリックすると、スライドにガイドが表示されます。

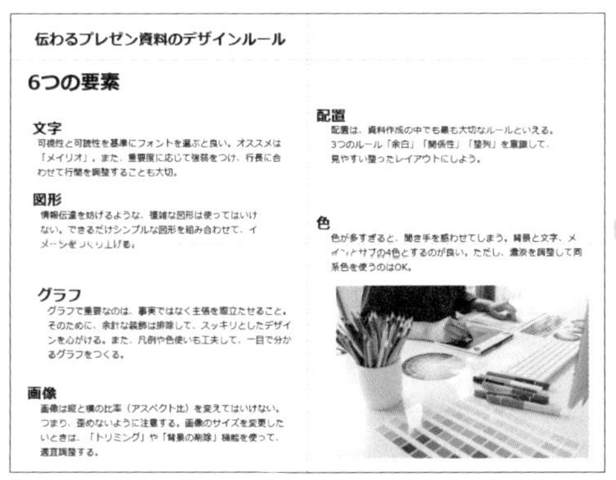

縦と横にガイドが1本ずつ設置されました。

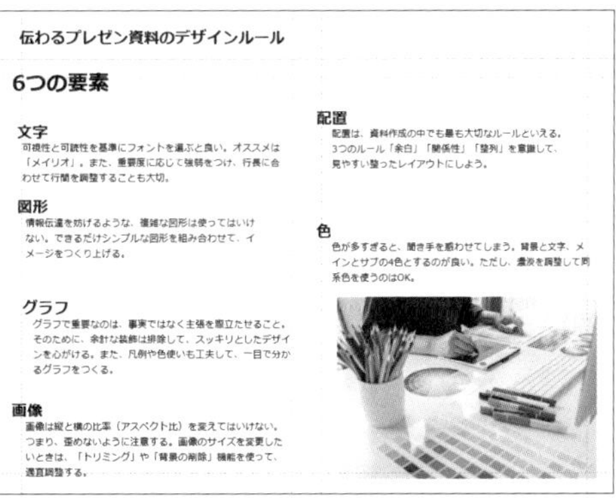

ガイドを増やして、アウトラインを可視化しました。

 オブジェクトを一瞬できれいに並べる「配置」機能

ガイドを設置してデザインのアウトラインをつくったら、次は「**配置**」機能を使ってオブジェクトを整列します。「配置」機能は［ホーム］タブに配されており、**オブジェクトの整列をサポート**してくれる便利な機能です。たとえば、複数のオブジェクトを選択して［配置］-［配置］-［左揃え］の順にクリックすると、選択したオブジェクトの左端がすべて揃うように整列されます。

 「ガイド」と「配置」を使って整列する

それでは実際に、「ガイド」と「配置」を使って、スライド上のオブジェクトを整列します。ポイントは、**ガイドとテキストの端を揃える**ということ。オブジェクトの線ではなく、テキストそのものを基準とする点です（下図参照）。

ガイドに合わせてテキストと画像を整列することにより、資料デザインが見違えます。「配置」のルールはぜひマスターしてください。

▶ 整列の際のポイント

BEFORE

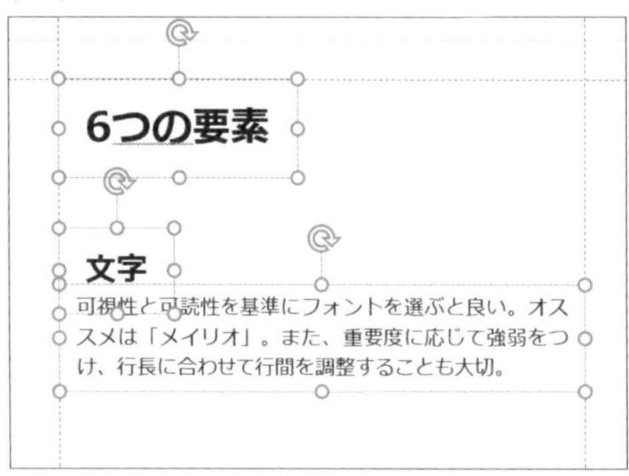

オブジェクトの線で揃えてしまうと、テキストの端が揃いません。

AFTER

6つの要素

文字

可視性と可読性を基準にフォントを選ぶと良い。オススメは「メイリオ」。また、重要度に応じて強弱をつけ、行長に合わせて行間を調整することも大切。

オブジェクトの線ではなく、テキストそのものの端を揃えます。

「配置」の機能は、知っているか否かで作業効率に大きな差が生じます。詳細な使い方を次ページから解説しますので、ぜひマスターしてください。

「配置」機能でオブジェクトを整列する

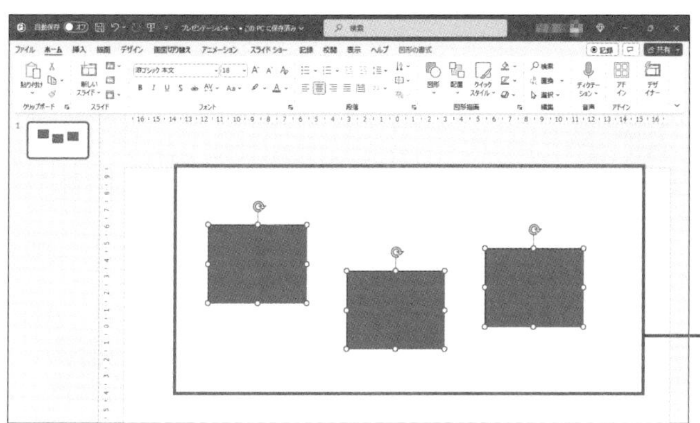

1 オブジェクトを選択する

きれいに並べたい複数のオブジェクトを、 Shift キーを押しながらクリック、もしくはドラッグで囲んで選択します❶。

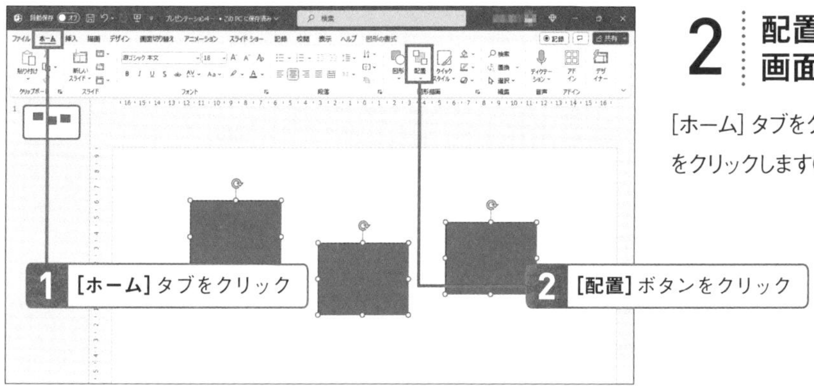

2 配置機能のコマンド画面を表示する

[ホーム] タブをクリックし❶、[配置] ボタンをクリックします❷。

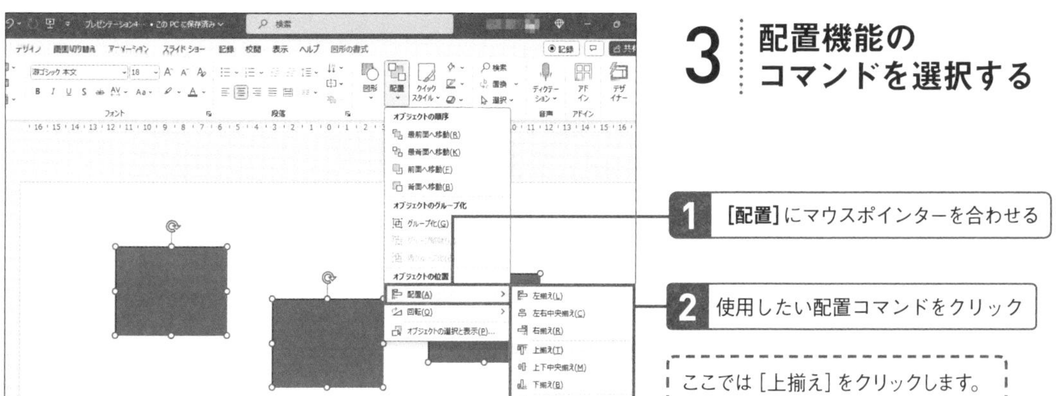

3 配置機能のコマンドを選択する

ここでは [上揃え] をクリックします。

Chapter 5

STEP2 資料作成後編 センス不要！デザインルールで資料を磨く

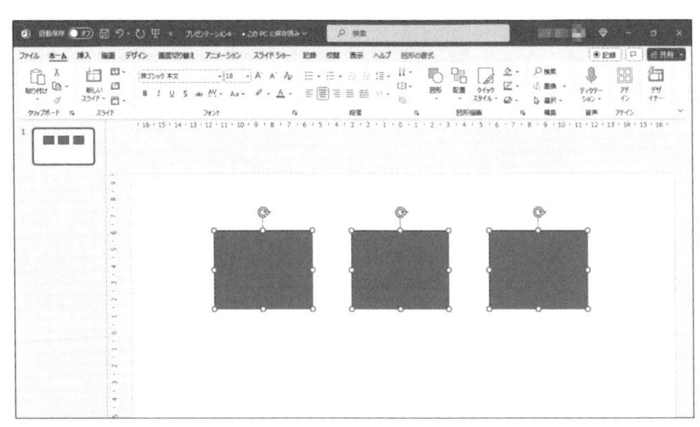

4 オブジェクトがきれいに並んだ

[上揃え] をクリックしたので、選択したオブジェクトの中で最も上部にあるオブジェクトの上辺に、すべてのオブジェクトの上辺が揃うように並びました。

ワンポイント [選択したオブジェクトを揃える]を選択

「配置」機能は、今回紹介したように選択したオブジェクトを揃えるだけでなく、スライドに合わせて配置することもできます。基本的に、スライドに合わせて配置するケースは少ないので、通常は [選択したオブジェクトを揃える] を選択しておきましょう。

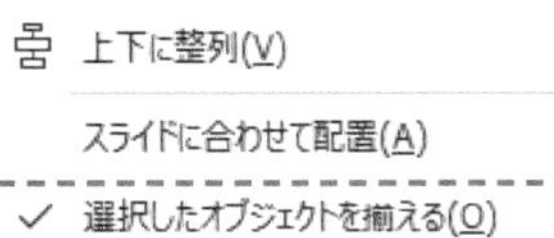

[配置] ボタンをクリックすると表示されるメニューで、[選択したオブジェクトを揃える] にチェックが入っていることを確認しましょう。

「ガイド」と「配置」を組み合わせてレイアウトを整える

ガイドを設置しました。

1 ガイドを設置する

レイアウトの大枠をイメージして、ガイドを設置します。

伝わるプレゼン資料のデザインルール

6つの要素

文字
可視性と可読性を基準にフォントを選ぶと良い。オススメは「メイリオ」。また、重要度に応じて強弱をつけ、行長に合わせて行間を調整することも大切。

配置
配置は、資料作成の中でも最も大切なルールといえる。3つのルール「余白」「関係性」「整列」を意識して、見やすい整ったレイアウトにしよう。

図形
情報伝達を妨げるような、複雑な図形は使ってはいけない。できるだけシンプルな図形を組み合わせて、イメージをつくり上げる。

色
色が多すぎると、聞き手を惑わせてしまう。背景と文字、メインとサブの4色とするのが良い。ただし、濃淡を調整して同系色を使うのはOK。

グラフ
グラフで重要なのは、事実ではなく主張を際立たせること。そのために、余計な装飾は排除して、スッキリとしたデザインを心がける。また、凡例や色使いも工夫して、一目で分かるグラフをつくる。

画像
画像は縦と横の比率（アスペクト比）を変えてはいけない。つまり、歪めないように注意する。画像のサイズを変更したいときは、「トリミング」や「背景の削除」機能を使って、適宜調整する。

2 ガイドに合わせてテキストを整列する

設置したガイドに合わせて、それぞれのテキストを整列します。整列するときは、ひとつひとつのテキストを移動させるのではなく、配置機能を使って複数のテキストを効率的に並べていきます。

テキストの高さを揃えるため、横ガイドを2本を追加しました。

伝わるプレゼン資料のデザインルール

6つの要素

文字
可視性と可読性を基準にフォントを選ぶと良い。オススメは「メイリオ」。また、重要度に応じて強弱をつけ、行長に合わせて行間を調整することも大切。

配置
配置は、資料作成の中でも最も大切なルールといえる。3つのルール「余白」「関係性」「整列」を意識して、見やすい整ったレイアウトにしよう。

図形
情報伝達を妨げるような、複雑な図形は使ってはいけない。できるだけシンプルな図形を組み合わせて、イメージをつくり上げる。

色
色が多すぎると、聞き手を惑わせてしまう。背景と文字、メインとサブの4色とするのが良い。ただし、濃淡を調整して同系色を使うのはOK。

グラフ
グラフで重要なのは、事実ではなく主張を際立たせること。そのために、余計な装飾は排除して、スッキリとしたデザインを心がける。また、凡例や色使いも工夫して、一目で分かるグラフをつくる。

画像
画像は縦と横の比率（アスペクト比）を変えてはいけない。つまり、歪めないように注意する。画像のサイズを変更したいときは、「トリミング」や「背景の削除」機能を使って、適宜調整する。

3 ガイドに合わせて画像も整列する

ガイドに合わせて画像の位置も調整します。縮小・トリミングしてガイドに収まるように画像の大きさを調整しましょう。

画像の位置を調整しました。

伝わるプレゼン資料のデザインルール

6つの要素

文字
可視性と可読性を基準にフォントを選ぶと良い。オススメは「メイリオ」。また、重要度に応じて強弱をつけ、行長に合わせて行間を調整することも大切。

配置
配置は、資料作成の中でも最も大切なルールといえる。3つのルール「余白」「関係性」「整列」を意識して、見やすい整ったレイアウトにしよう。

図形
情報伝達を妨げるような、複雑な図形は使ってはいけない。できるだけシンプルな図形を組み合わせて、イメージをつくり上げる。

色
色が多すぎると、聞き手を惑わせてしまう。背景と文字、メインとサブの4色とするのが良い。ただし、濃淡を調整して同系色を使うのはOK。

グラフ
グラフで重要なのは、事実ではなく主張を際立たせること。そのために、余計な装飾は排除して、スッキリとしたデザインを心がける。また、凡例や色使いも工夫して、一目で分かるグラフをつくる。

画像
画像は縦と横の比率（アスペクト比）を変えてはいけない。つまり、歪めないように注意する。画像のサイズを変更したいときは、「トリミング」や「背景の削除」機能を使って、適宜調整する。

4 テキストと画像が整列できた

「余白」「関係性」「整列」を適用することで、資料が読みやすくなりました。

Lesson 36

[デザインルール]

「色」は数を絞って アクセントカラーを際立たせる

このレッスンのポイント

普段、なんとなく使っている「色」にも、当然ルールがあります。どんなに「文字」や「図形」をきれいにデザインしても、「色」の選び方ひとつでそのデザインが台無しになることもあります。なんとなくではなく、ルールに従ってきちんと「色」を選びましょう。

使う色は4色まで

「色」においていちばんやってしまいがちなのが「色の使いすぎ」です。「色」が多すぎると、聞き手が混乱します。**色は「4色」までに収めましょう。**4色といっても、文字や背景の色は、黒や白になることが多いと思います。すなわち使える色は残りわずか2色しかありません。

ただし、下図の青と水色のように、色の濃淡を調整して同系色を使うことは問題ありません。

▶ 色は4色まで

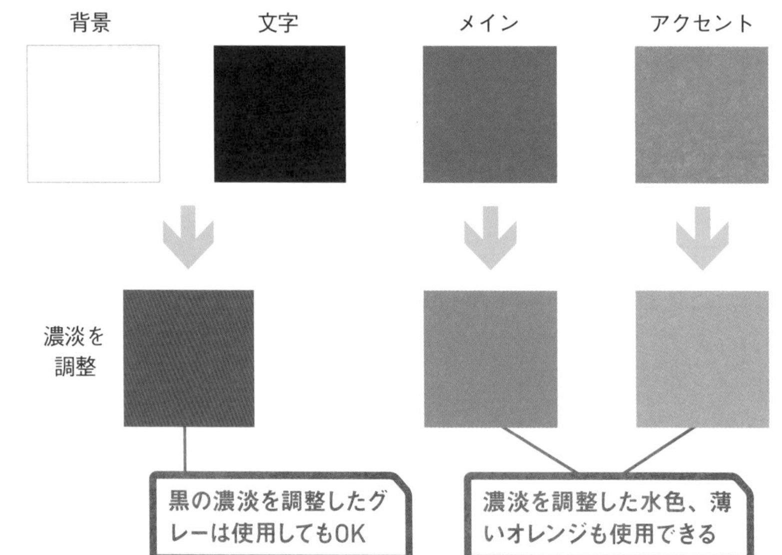

色はなるべく4色までに抑えましょう。ただし、同系色の利用はOKです。

アクセントカラーはメインカラーの補色を選ぶ

私は、自分の資料をつくるときによく「青」を使います。そして、目立たせたい部分にはアクセントカラーとして「オレンジ」を使います。実は、このアクセントカラーの選び方もルールがあります。光の三原色（青100%、赤100%、緑100%）をもとにつくられる「**カラーホイール**」というカラーチャートがあります。このカラーホイールの真向かいの位置にある色同士を「**補色の関係**」といい、互いの色を引き立てます。**アクセントカラーは、メインで使う色の補色を選びましょう。**

▶アクセントカラーは補色を選ぶ

メイン　　アクセント

メインカラーを青にする場合は、補色の関係にあるオレンジがアクセントカラーとなります。

カラーホイール

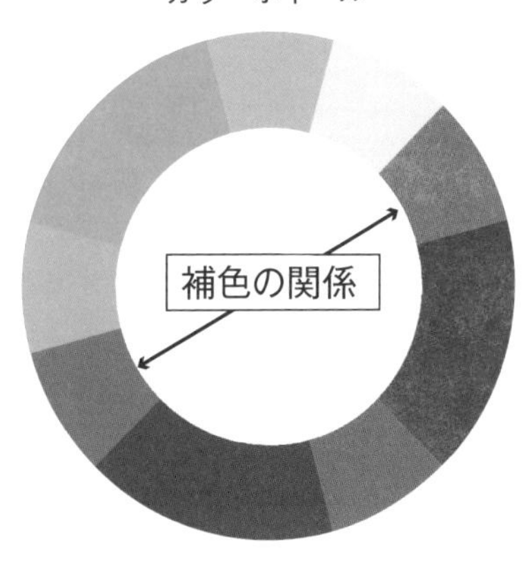

目に優しい色を使う

光の三原色（青100%、赤100%、緑100%）は、とても強い色です。プレゼン資料にそのまま使うと、特にディスプレイやモニターを使ってプレゼンする場合は、とても目に負担がかかります。色を使うときは、**原色ではなく、少し落ち着いた色を選ぶようにしましょう。**

文字の色についても同じことがいえます。白地の背景に対して黒100%の文字を使うと、それを見ている聞き手の目に、無意識的に負担がかかります。**文字には「濃い灰色」を使用する**と、聞き手に優しいプレゼン資料にすることができます。

▶原色ではなく落ち着いた色を

原色のまま使うと、目に負担がかかります。

落ち着いた色にすると、読みやすくなります。

Lesson 37

[デザインルール]

「一貫性」を保つことで資料の信頼性を高める

このレッスンのポイント

最後のデザインルールは、「一貫性」です。フォント、色、配置など、自分で決めたルール、一度使ったルールは、資料全体を通して一貫させましょう。資料に一貫したデザインルールを持たせることは、中身の信頼性につながります。

デザインルールは一貫させる

「**一貫性**」は、当たり前のことのように思えて、実はなかなか実践できていないことが多いルールです。「メイリオ」を使うのであれば、すべてのページで「メイリオ」を使う。メインカラーを「青」、アクセントカラーを「オレンジ」にするならば、すべてのページでそのカラーリングを用いる。これが「一貫性」です。

私はプレゼンのコンサルティングをするなかで、内容はよいのに、一貫性がなくて資料としての統一感を損ねている資料をたくさん見てきました。非常にもったいないです。デザインは、「**中核のいちばん外側**」です。軽視せずに、一貫性を持ってキッチリ仕上げましょう。

▶すべてのページに「一貫性」を

当社事業のご紹介（コンサルティング）

コンサルティング事業

1stｽﾃｰｼﾞ 徹底的なリサーチ ＞ 2ndｽﾃｰｼﾞ 御社へのヒアリング ＞ 3rdｽﾃｰｼﾞ 課題解決策のご提案 ＞ 4thｽﾃｰｼﾞ 解決策の実行支援

1．海外の動向や事例についても徹底的なリサーチを行います

弊社の特徴は、国内だけでなく海外のリサーチも徹底的に実施することです。そのために世界各国、多数の調査特派員を擁しています。また、各国のデータは常に更新しているため、コンサルティング開始後すぐに、最先端の情報を収集することが可能です。

2．御社の課題に応じて海外から専門家を招致します

国内で課題とされていることも、海外では過去にすでに解決されているケースが少なくありません。その場合は、弊社が個別にパートナーシップを結んでいる海外シンクタンクより、その課題に関する専門家を招致して、解決に向けてチーム編成を行います。

色・余白・文字の強弱・配置などに一貫性がある

各要素のデザインルールは、すべてのページで一貫させましょう。

ワンポイント 特に覚えておきたい5つのルール

いろいろと詳細なルールをお伝えしてきましたが、すべてを意識しながらデザインするというのは、慣れないうちはなかなか難しいもの。そこで「これだけは忘れずに覚えておいてほしい！」という5つのルールをまとめておさらいします。

1つ目は「**強弱**」。スライド上の役割に応じて、文字の大きさ、太さ、色の3種類によって強弱をつけましょう。2つ目は「**余白**」です。余白はデザインの一部です。余白があるから、そのプレゼン資料が見やすいのです。しっかりと余白を確保してください。3つ目は「**関係性**」。関係があるオブジェクト同士は近づけて、関係がないオブジェクト同士は遠ざけるというルールです。4つ目は「**整列**」。ガイド機能と配置機能を使って、それぞれのオブジェクトをきれいに整列しましょう。そして最後の5つ目が左ページで解説した「**一貫性**」です。

この5つのルールを意識するだけでも、クオリティのまったく異なるプレゼン資料ができあがります。ぜひ日々の資料作成時に意識してみてください。

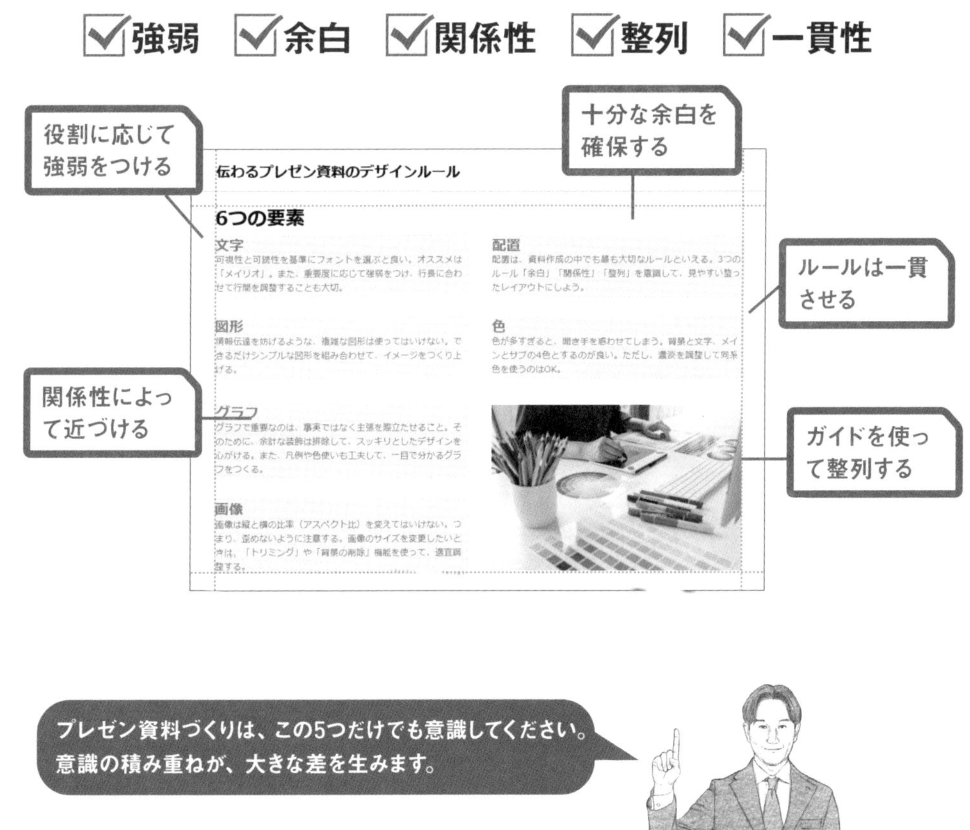

Lesson 38 ［デザインルール実践］

サンプルを使って効率的なデザイン手順を学ぼう

このレッスンのポイント

プレゼン資料を構成する要素について、細かいデザインルールを学んできました。これらのルールを使って、実際にプレゼン資料をブラッシュアップしてみましょう。ありがちな見づらいデザインの資料をサンプルに、効率的なブラッシュアップの手順を解説します。

効率のよいブラッシュアップの順番

このLessonでは、下のサンプル資料を実際の順番に沿ってブラッシュアップします。いちばん効率のよいブラッシュアップの順番は、まず「強弱」をつけることから始めます。その際、十分な「余白」を確保することを忘れないようにしましょう。そして「関係性」に従って、関係があるもの同士を近づけ、関係がないものは遠ざけます。その後にガイドを使って整列をする流れです。最後に、すべてのスライドに対して「一貫性」を適用します。この手順をぜひ習得してください。

▶ブラッシュアップするサンプル資料

当社事業のご紹介（コンサルティング）

コンサルティング事業

1stステージ 徹底的なリサーチ ／ 2ndステージ 御社へのヒアリング ／ 3rdステージ 課題解決策のご提案 ／ 4thステージ 解決策の実行支援

1. 海外の動向や事例についても徹底的なリサーチを行います

弊社の特徴は、国内だけでなく海外のリサーチも徹底的に実施することです。そのために世界各国、多数の調査特派員を擁しています。また、各国のデータは常に更新しているため、コンサルティング開始後すぐに、最先端の情報を収集することが可能です。

2. 御社の課題に応じて海外から専門家を招致します

国内で課題とされていることも、海外では過去にすでに解決されているケースが少なくありません。その場合は、弊社が個別にパートナーシップを結んでいる海外シンクタンクより、その課題に関する専門家を招致して、解決に向けてチーム編成を行います。

サンプルの資料には情報量が多いため、実際は「プレゼン資料」ではなく「配布資料」として利用すべきです。しかし、ルールを学ぶ上では、情報量が多いほうが練習しやすいため、便宜的に情報量が多いデザインを使って解説します。

プレゼン資料をブラッシュアップする

当社事業のご紹介(コンサルティング)

コンサルティング事業

1stステージ 徹底的なリサーチ / 2ndステージ 御社へのヒアリング / 3rdステージ 課題解決策のご提案 / 4thステージ 解決策の実行支援

1. 海外の動向や事例についても徹底的なリサーチを行います

弊社の特徴は、国内だけでなく海外のリサーチも徹底的に実施することです。そのために世界各国、多数の調査特派員を擁しています。また、各国のデータは常に更新しているため、コンサルティング開始後すぐに、最先端の情報を収集することが可能です。

2. 御社の課題に応じて海外から専門家を招致します

国内で課題とされていることも、海外では過去にすでに解決されているケースが少なくありません。その場合は、弊社が個別にパートナーシップを結んでいる海外シンクタンクより、その課題に関する専門家を招致して、解決に向けてチーム編成を行います。

1 無駄な装飾をなくす

「強弱」のルールを適用する前に、無駄な飾りを取ってしまいましょう。この資料では、メインタイトルのオブジェクトに、「枠線」と「塗りつぶし」の効果が設定されていて見づらいので、両方の効果を解除します❶。

❶「枠線」と「塗りつぶし」の効果を解除

当社事業のご紹介(コンサルティング)

コンサルティング事業

1stステージ 徹底的なリサーチ / 2ndステージ 御社へのヒアリング / 3rdステージ 課題解決策のご提案 / 4thステージ 解決策の実行支援

1. 海外の動向や事例についても徹底的なリサーチを行います

弊社の特徴は、国内だけでなく海外のリサーチも徹底的に実施することです。そのために世界各国、多数の調査特派員を擁しています。また、各国のデータは常に更新しているため、コンサルティング開始後すぐに、最先端の情報を収集することが可能です。

2. 御社の課題に応じて海外から専門家を招致します

国内で課題とされていることも、海外では過去にすでに解決されているケースが少なくありません。その場合は、弊社が個別にパートナーシップを結んでいる海外シンクタンクより、その課題に関する専門家を招致して、解決に向けてチーム編成を行います。

2 すべてのフォントをメイリオに設定する

次に、フォントはすべてメイリオで統一しましょう。この資料には、さまざまなフォントが混在しているので、すべてのフォントをメイリオに設定します❶。

❶すべてのフォントを[メイリオ]に設定

資料デザインのブラッシュアップは、「無駄な装飾の削除」と「フォント種類の統一」から始めます。

3 本文のフォントサイズを調整する

ここから「強弱」のルールを適用します。役割に応じて強弱をつけるため、まず、フォントサイズを調整します。全体的に余白が少なく圧迫感があるので、青字のサブタイトルのフォントサイズ「18pt」を基準にして、本文を「12pt」に設定します❶。そうすると、本文とサブタイトルのジャンプ率が1.5倍になります。

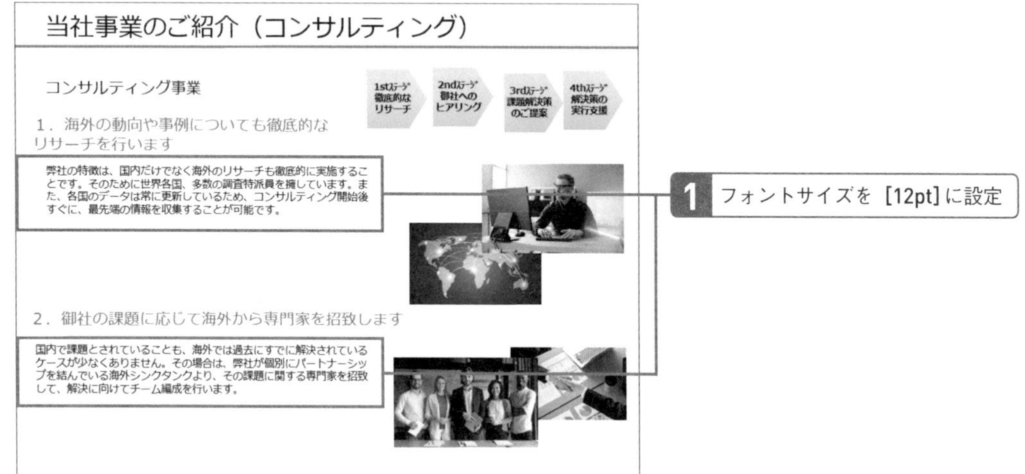

4 メインタイトルのフォントサイズを調整する

次に、サブタイトルの「18pt」を基準にして、メインタイトルを「24pt」に設定します❶。本文とメインタイトルのジャンプ率が2.0倍になります。

5 スライドタイトルのフォントサイズを調整する

スライドタイトルはプレゼンの現在地を示す目印の役割を果たします。それほど目立たせる必要はないので、大きさはサブタイトルと同じ「18pt」に設定します❶。

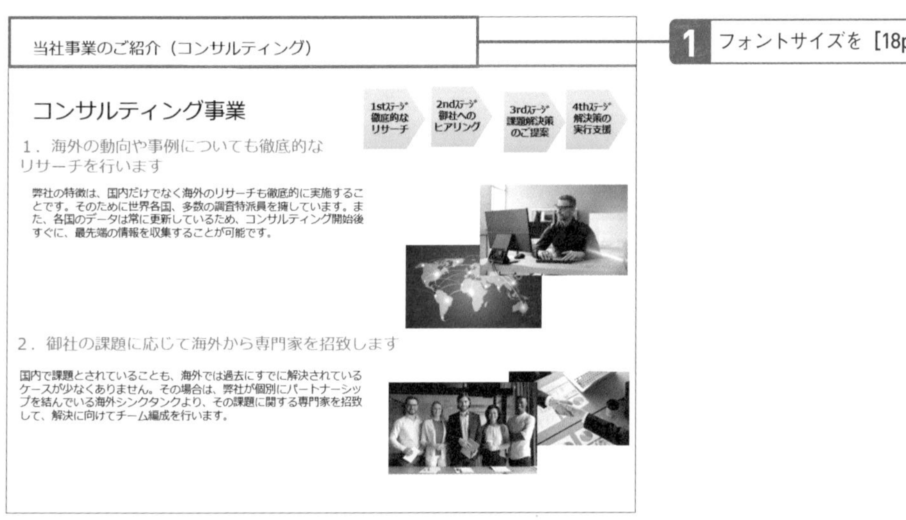

6 小さな文字の太字設定を解除する

小さな文字は、太くすると見づらくなります。小さな文字には太字効果を設定しないようにしましょう❶。

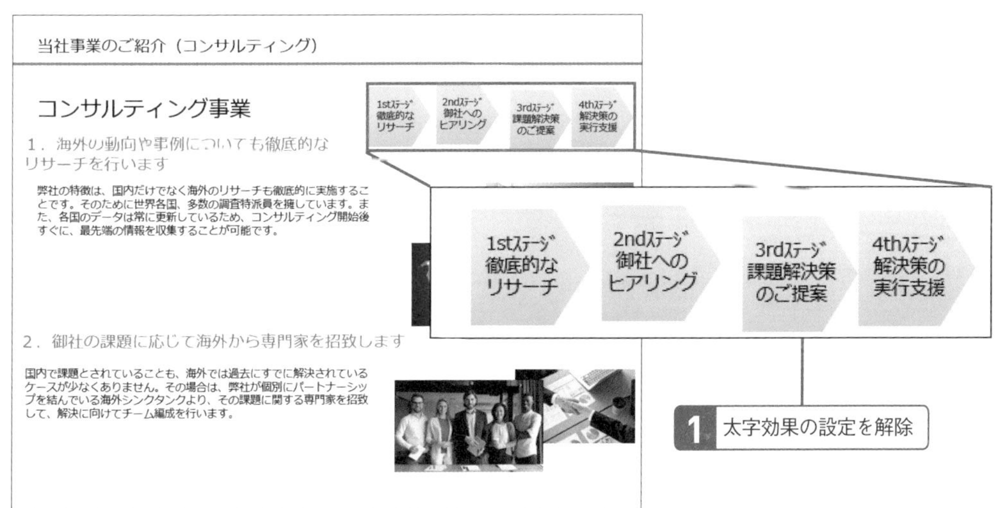

7 メインタイトルとサブタイトルに太字効果を設定する

メインタイトルとサブタイトルは目立たせたいので、太字効果を設定します❶。

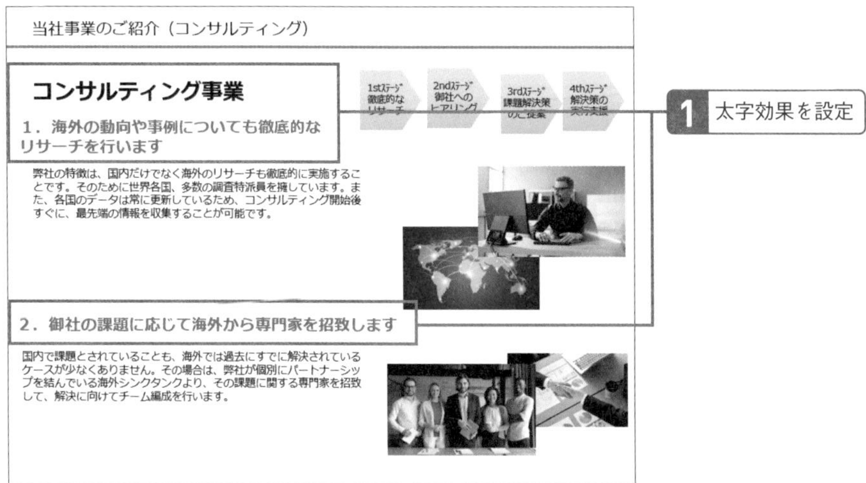

8 サブタイトルの折り返し位置を修正する

サブタイトルの折り返し位置が中途半端で読みづらいので、折り返し位置を読みやすい位置に修正します❶。

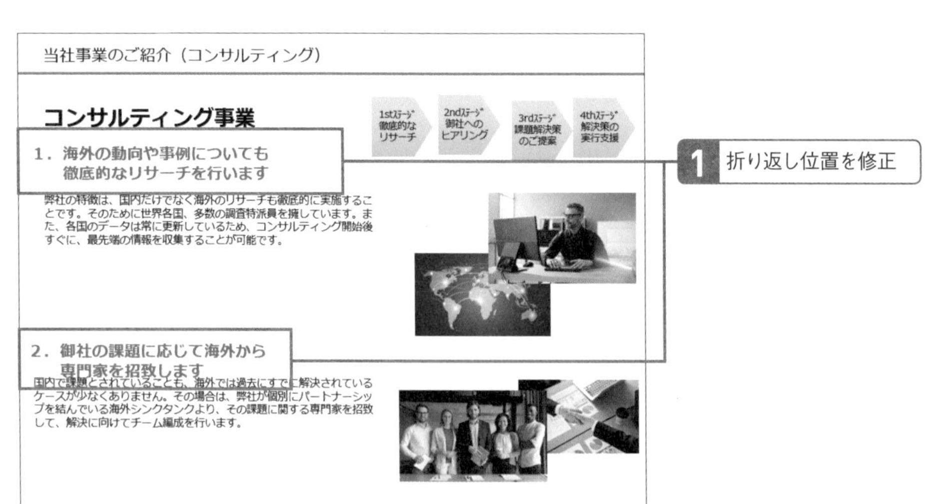

9 本文の行間を調整する

本文の行間が狭く読みづらいので、読みやすい程度に行間を調整します❶。

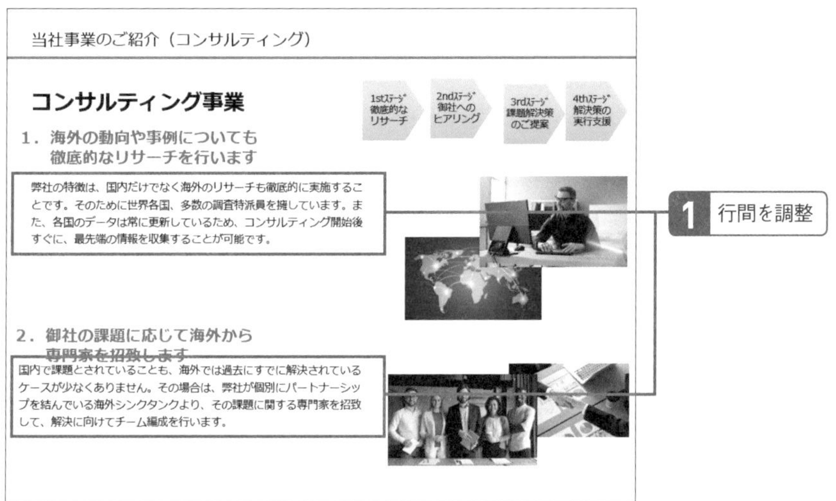

10 サブタイトルと本文の位置を調整する

1番と2番のサブタイトルに対する本文の位置が異なっているので、1番は近づけて、2番は離して位置を調整します❶。

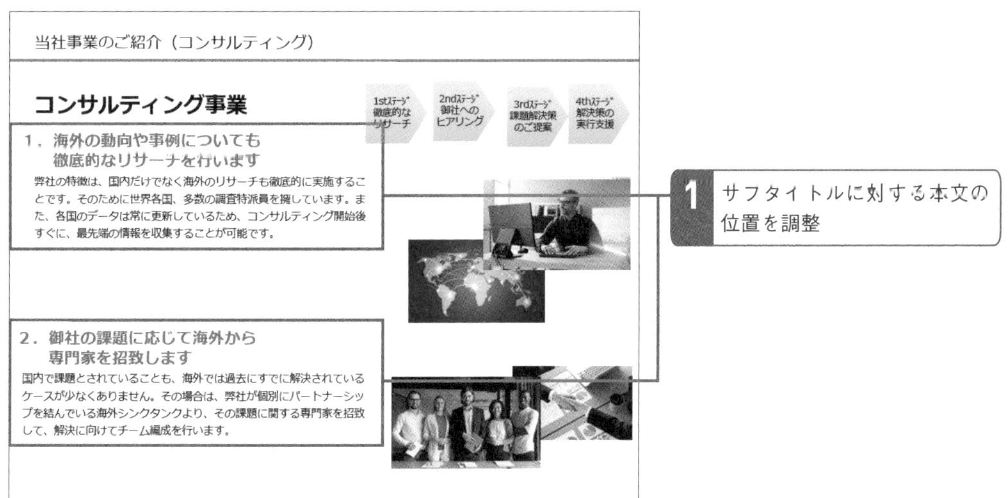

11 ガイドを設置する

次は「整列」です。スライド上のオブジェクトを整列するためにガイドを設置します❶。この資料では縦4本、横2本のガイドを設置します。

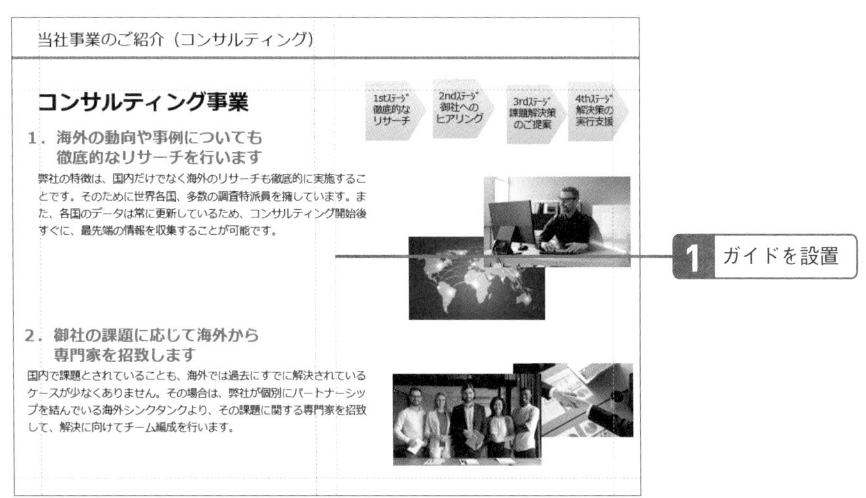

12 テキストを整列する（左側）

ガイドに合わせてテキストのオブジェクトを整列します。まず、いちばん左側のガイドに合わせて1番・2番のサブタイトルと本文の位置を調整します❶。オブジェクトを選択後、カーソルキーを押して位置を合わせます。

13 テキストを整列する（右側）

次に本文の右側も整列します。中央に2本あるガイドに合わせて、本文のオブジェクトの横幅を狭めることで整列します❶。

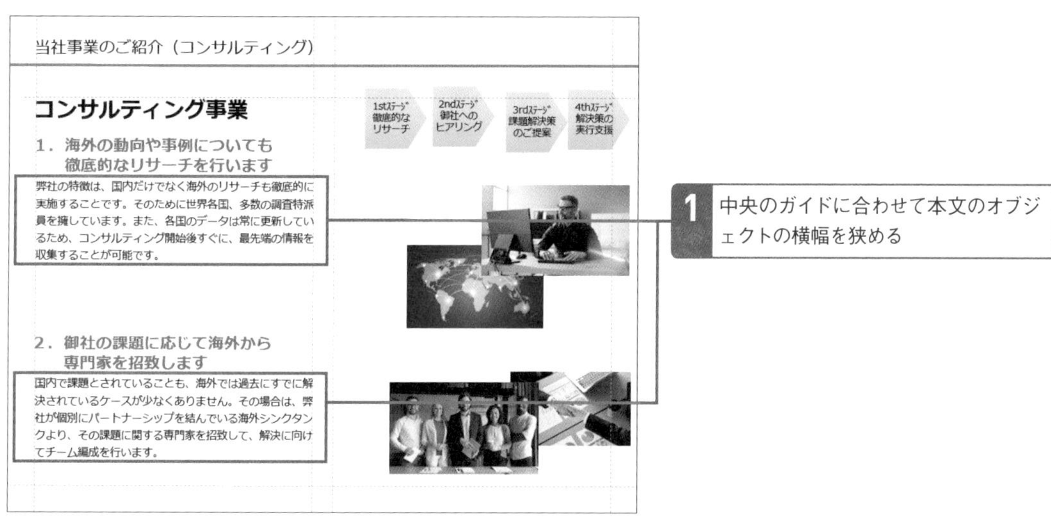

14 1番のサブタイトルとテキストの位置を調整する

メインタイトル「コンサルティング事業」と「1番のコンテンツ」が近すぎると、「この2つが関係ある」と誤解されてしまう可能性があります。誤解を防ぐために、1番のコンテンツの位置を少し下方向に移動してメインタイトルから離します❶。サブタイトルと本文をまとめて選択し、↓キーを押して移動します。

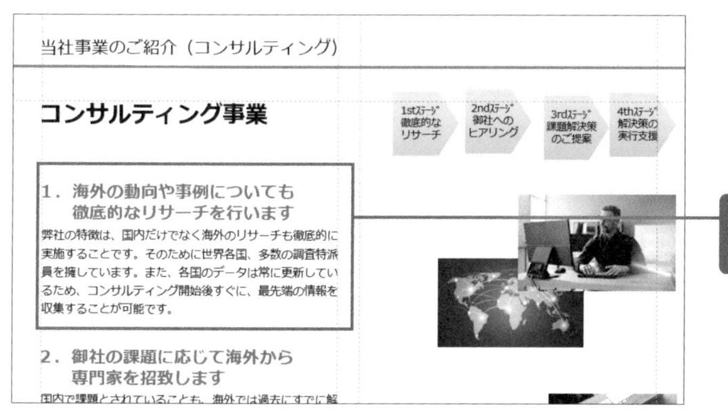

15 画像のサイズを統一する

画像のサイズは揃えると見やすくなります。すべての画像を同じサイズに調整します。Shift キーを押しながらクリックして画像をすべて選択し❶、[図の形式] タブの [サイズ] 欄に任意の数値を入力すると❷、まとめて同じサイズに設定できます。

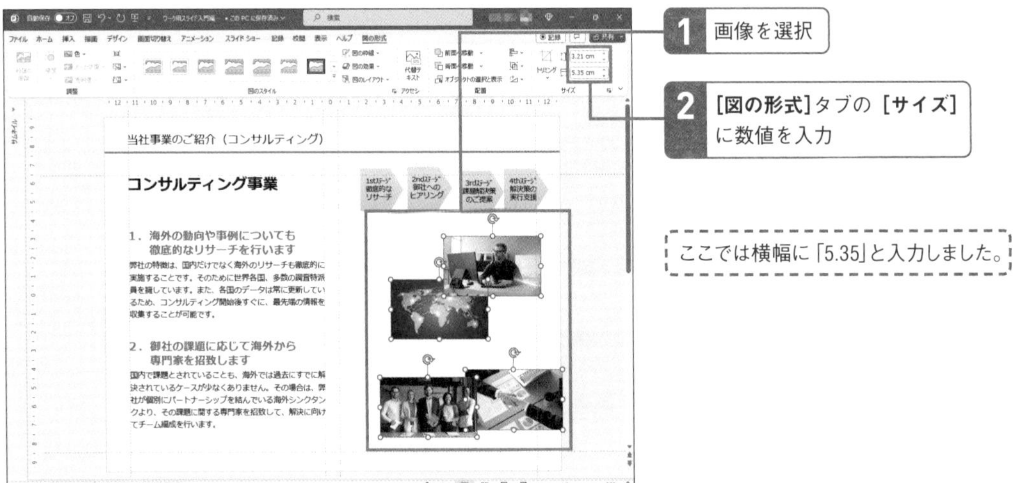

16 画像を整列するためにガイドを設置する

画像のオブジェクトを整列するために、サブタイトルの上にガイドを設置します❶。

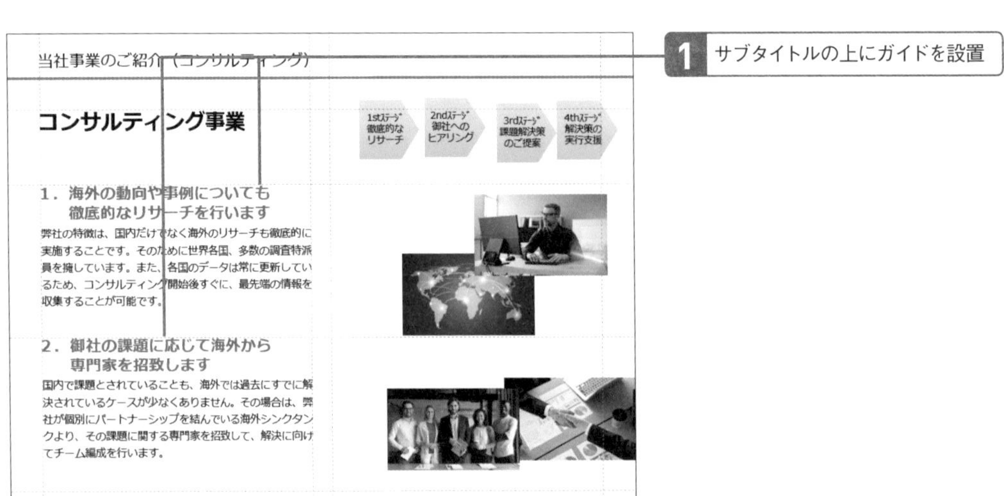

17 ガイドに合わせて画像を整列する

サブタイトルの上に設置したガイドに合わせて、画像のオブジェクトを整列します❶。追加した2本のガイドに画像の上端を合わせます。さらに、左側の画像は中央右側のガイドに合わせ、右側の画像は右端のガイドに位置を合わせます。これにより、雑然とした印象を解消することができました。

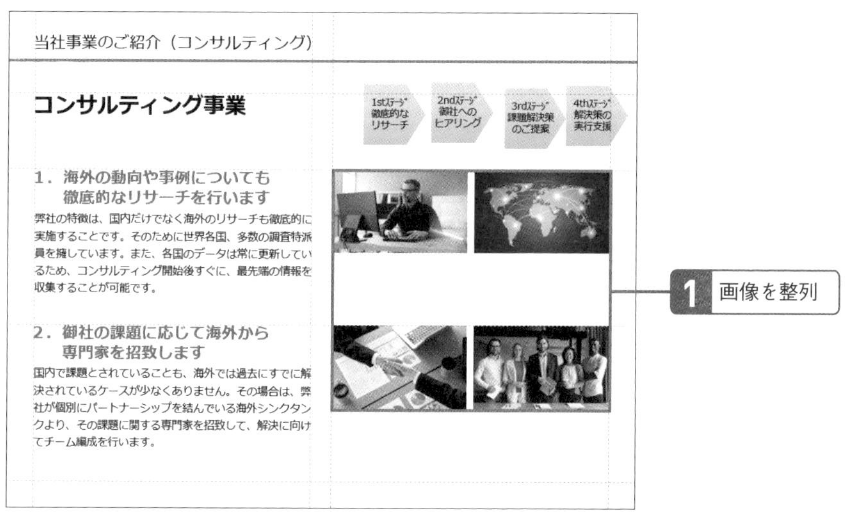

18 図形の縦の長さを調整する

スライド右上の図形は、画像といちばん上のガイドの間に配置したいのですが、このままでは大きすぎて入りそうにありません。縦幅を少し短くしましょう。4つのオブジェクトをまとめて選択し❶、図形の上中央の［○］を下方向にドラッグして縦幅を狭めます❷。

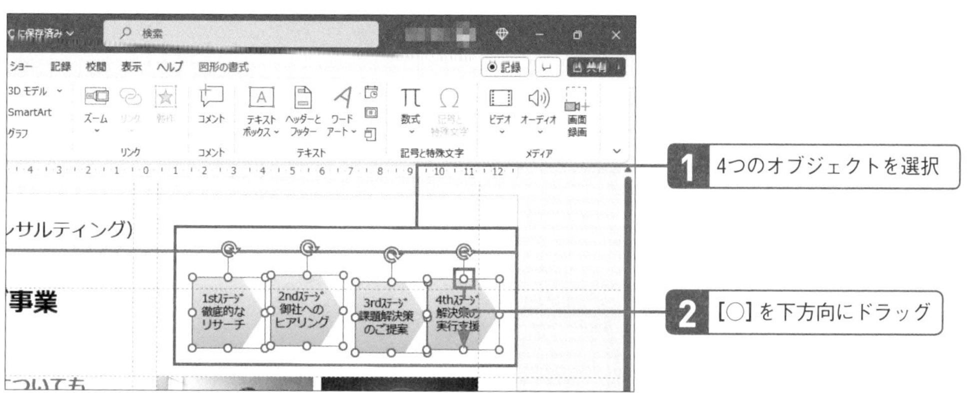

19 図形を整列する(両端)

図形のオブジェクトを整列するために、まず基準となる両端の2つのオブジェクトをガイドに合わせて整列します❶。

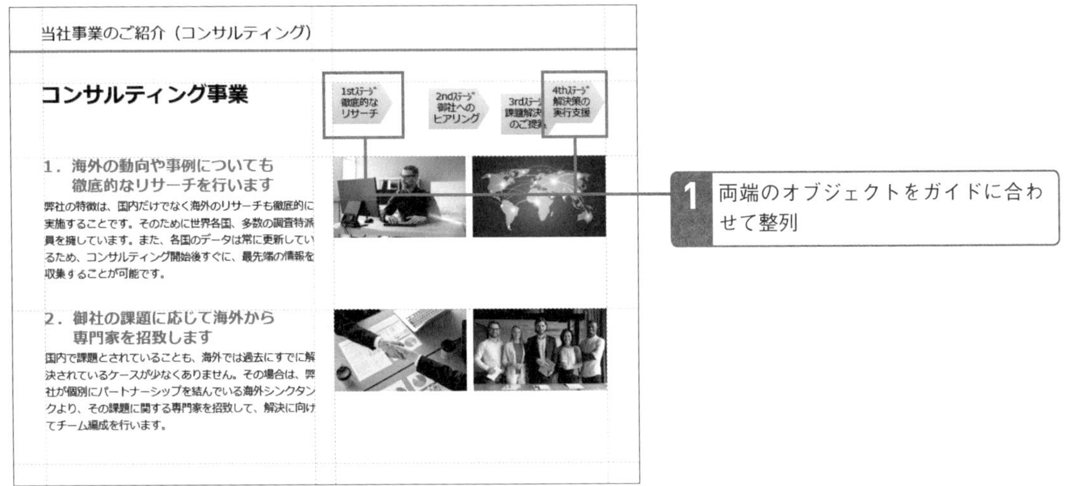

20 図形を整列する(真ん中)

4つのオブジェクトを選択し、[ホーム]タブで[配置]ボタンをクリックし、[配置]-[下揃え]をクリックすると❶、図形の縦の位置が揃います。もう一度[配置]ボタン-[配置]をクリックし、今度は[左右に整列]をクリックしましょう❷。これで、4つのオブジェクトが均等な幅で横一列に配置されます。

21 図形の間の隙間をなくす

少しハイレベルですが、図形の間の隙間をなくすテクニックを紹介します。まず、4つのオブジェクトを選択します❶。右端の［○］を右方向にドラッグし、オブジェクトの横幅を広げて隙間をなくします❷。いちばん右のオブジェクトがガイドからはみ出ますが、次のステップで修正します。

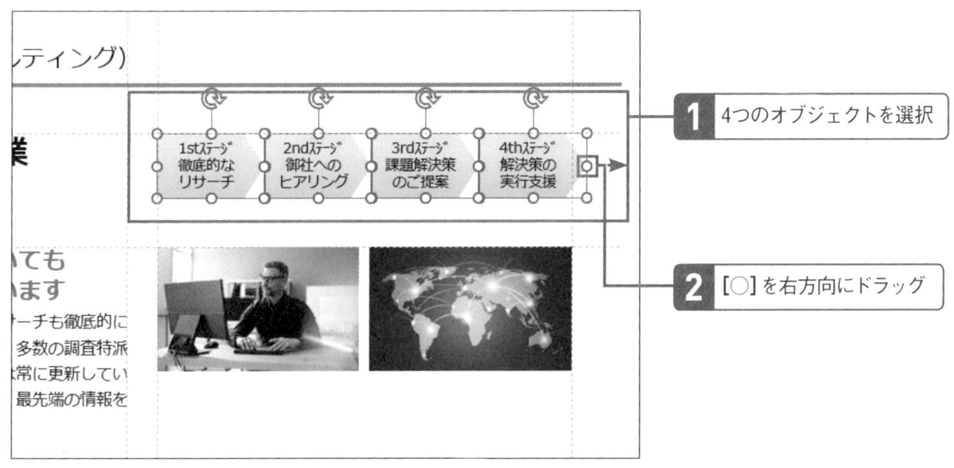

1 4つのオブジェクトを選択

2 ［○］を右方向にドラッグ

22 図形を整列する

4つの図形のオブジェクトすべてを選択してグループ化（Ctrl＋Gキー。Macの場合はcommand＋option＋Gキー）します❶。すると、4つの図形がひとまとまりとなり、全体のサイズを変更してもレイアウトが崩れなくなります。この状態で、グループ化した図形の横幅を決めてガイドに合わせます❷。

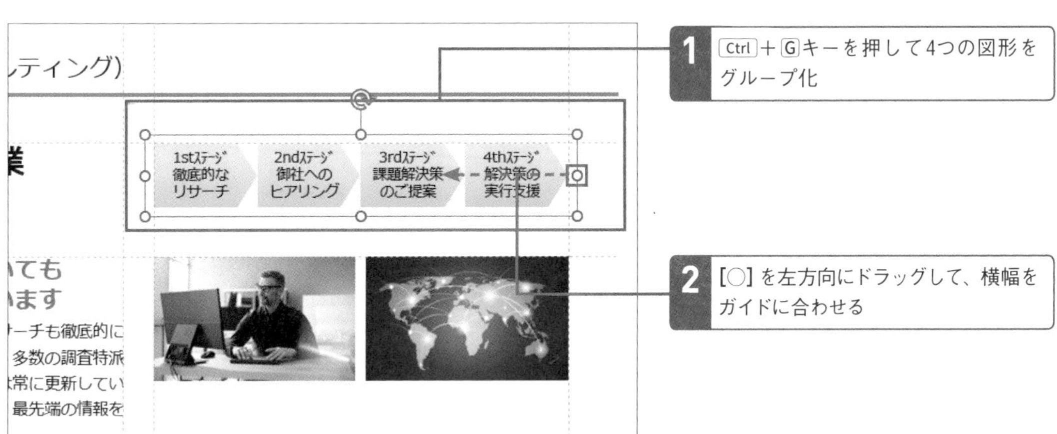

1 Ctrl＋Gキーを押して4つの図形をグループ化

2 ［○］を左方向にドラッグして、横幅をガイドに合わせる

23 図形の色を調整する

最後の仕上げとして、図形の色を調整します。全体的に青が多いので、同系色でまとめます。図形を選択し❶、[図形の書式]タブの[図形の塗りつぶし]をクリックして❷、薄い青をクリックします❸。

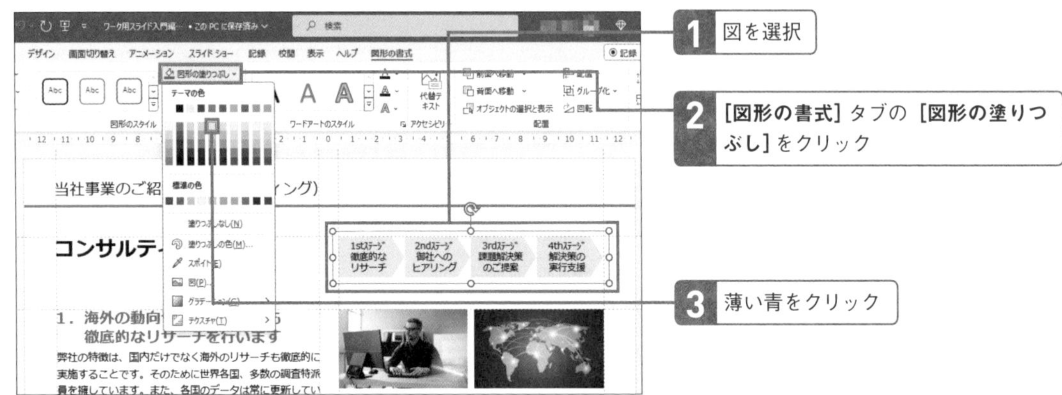

24 ブラッシュアップが完了

「強弱」「余白」「関係性」「整列」「一貫性」のルールを適用することにより、見やすいデザインにすることができました。オブジェクトをすべて整列できたので、最後にガイドを解除しましょう。[表示] タブの [ガイド] をクリックし、チェックを外します❶。

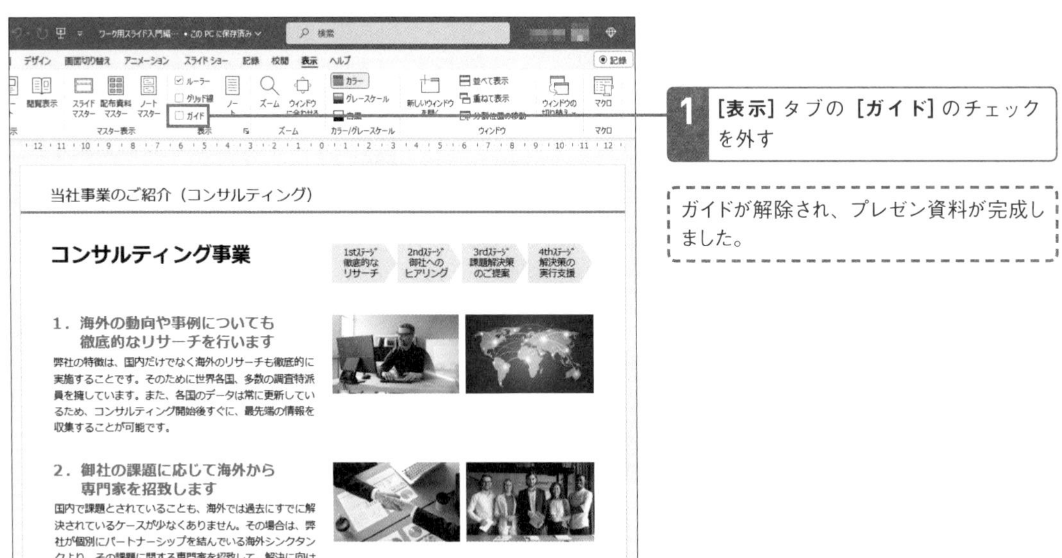

ガイドが解除され、プレゼン資料が完成しました。

Chapter 6

STEP3 実践練習

練習で確固たる"自信"をつける

Lesson 39

[プレゼンの伝え方]

「プレゼン技術」を磨いて伝達力をアップする

このレッスンのポイント

プレゼンの構成要素の1つ「伝達力」は、大きく「プレゼン資料」と「プレゼン技術」に分かれます。Chapter 6「実践練習」では、「プレゼン技術」にフォーカスして、伝達力を大幅にレベルアップする方法をお伝えします。

プレゼン技術を構成する3要素

プレゼン技術は「印象マネジメント」「伝達ワード」「発表ツール」の3つに分けられます。

「印象マネジメント」は、話し方やジェスチャーなどを意識して、**印象をマネジメントする技術**。話し手の印象は、聞き手への伝わり方に大きく影響を及ぼします。「伝達ワード」は伝わるプレゼンに欠かせない「**言葉」のテクニックです**。ある言葉を組み込むだけで、プレゼンが聞き手に響きやすくなります。

そして最後の「**発表ツール**」は、使いこなすと聞き手への伝わり方が変わる**PowerPointツール**について。知っておくとプレゼン資料を心強い味方にすることができる機能があります。

この3つの要素で、プレゼン技術をググっとレベルアップしましょう。

▶ プレゼン技術の構成要素

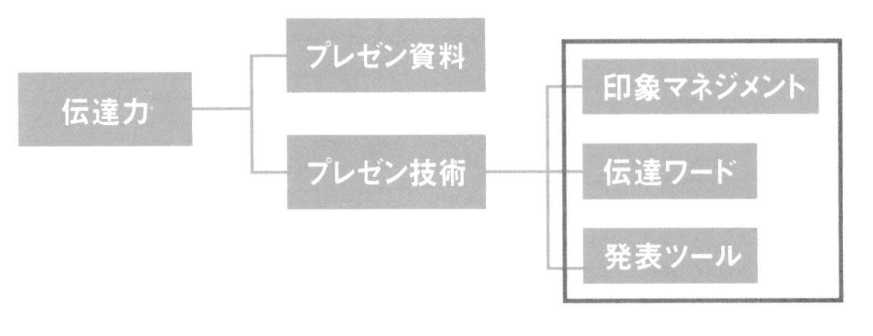

この3つは、ほとんどのプレゼンターが意識できていない部分です。習得できれば、大きな差をつけることができます。

COLUMN

「話し方」に自信がないのは「構成」に自信がないから

私は、1人ひとりのプレゼンの課題に応じてトレーニングを行う、パーソナルトレーニングも実施しています。そのパーソナルトレーニングでいちばん多いご依頼が「私は話すのが下手なので、プレゼンが伝わらないんです。今日は、話し方や伝え方についてトレーニングしてください」というものです。たしかに声の大きさや速さ、口ぐせなど、聞き手に伝わりづらい話し方をされる方がいらっしゃるのは事実です。しかし、その話し方を直せば本当にプレゼンは伝わるようになるのでしょうか？

答えはNOです。**たとえどんなにすらすら話せたとしても、プレゼンの構成がぐちゃぐちゃなら相手には伝わらない**からです。実際、このようなご依頼を受けた場合でも、私はまずそのプレゼン自体を拝見します。すると、やはり構成がよくないケースがほとんどです。

逆に言えば、少々話し方がたどたどしくても、**プレゼンの構成自体がしっかりしていれば、聞き手に伝わる**ものです。プレゼンの構成がしっかりしていれば、それが自信につながって、トレーニングをしなくても話し方も大きく改善されます。「自信」はプレゼンにおいてとても大切な要素なのです。

話し方に自信がない方は、まずはプレゼンの構成に疑問を持ってみましょう。Lesson12でお伝えした「**プレゼンの基本型**」にならってプレゼンをつくれば、構成に自信が持てて、話し方にも効果が出るはずです。

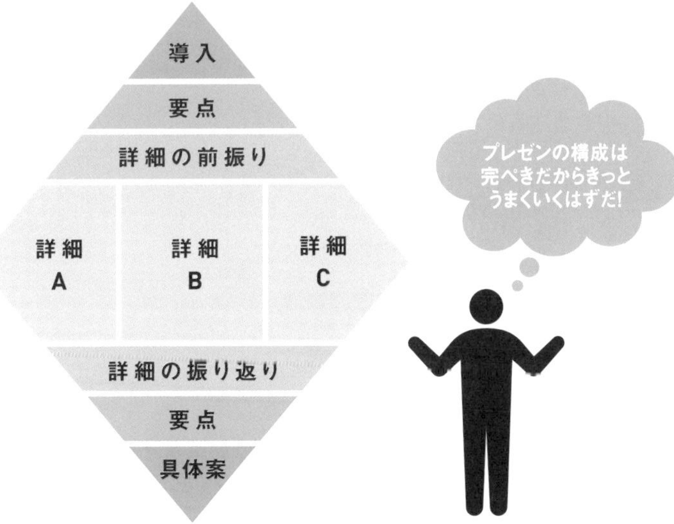

プレゼンの内容や構成に対する「自信」は、そのまま話し方に反映されます。
プレゼン自体に自信が持てなければ、うまく話せないのも当然です。

Lesson 40

[印象マネジメント]

プレゼンの成功を左右する2軸の印象の正体を知る

このレッスンのポイント

「印象がよい人」という言葉がありますが、これは具体的にどのような人のことを指すのでしょうか。このLessonでは、「印象がよい人」の正体を具体的に深掘りしていきましょう。そして、自分の印象をよくする方法を解説します。

信頼感と好感

印象には「**信頼感**」と「**好感**」の2軸があります。プレゼンを成功させるためには、どちらか一方ではなく、信頼感と好感の両方を聞き手に感じ取ってもらう必要があります。ただし、信頼感と好感は**シーソーのような関係**で、一方を上げれば他方が下がります。状況に応じてコントロールする必要があります。

▶ 信頼感と好感

信頼感

好感

私ははじめて会う方が多い「企業研修」では信頼感を出したいので、スーツを着て丁寧な言葉遣いで「信頼感」を高めます。しかし、すでに私のことを知ってくださっている可能性が高い「セミナー」では、カジュアルな服装で言葉遣いもラフにして「好感」を高めます。このように、状況に応じて印象をコントロールすることが大切です。

プレゼンの印象は「視覚」と「聴覚」で成り立つ

信頼感と好感をコントロールするためには、人がどのように印象を感じ取っているのかを知る必要があります。
人には「視覚」「聴覚」「嗅覚」「味覚」「触覚」の5つの感覚があります。たとえば「料理のプレゼン」で演出として実際にその料理を披露する場合は、「嗅覚」や「味覚」が使われるケースもあります。

しかし、**ほとんどのプレゼンでは「視覚」と「聴覚」の2つに絞られます**。つまり、聞き手は話し手から発せられる「視覚情報」と「聴覚情報」から、その印象を受け取っているのです。そしてこの2つを意識することによって、信頼感と好感をコントロールすることができます。

▶ 人間の五感

視覚　聴覚　嗅覚　味覚　触覚

プレゼンでは主に「視覚情報」と「聴覚情報」で印象がつくられます。

「自分が考える自分の印象」と、実際に「周りの人が感じている自分の印象」には、ギャップがある場合があります。自分では「情熱的」と思っていても、周りの人からは「冷静」に見られていることもあるのです。印象は客観的にコントロールしましょう。

ワンポイント まずは信頼感を重視する

「信頼感」と「好感」を同時に押し出すことはできません。ビジネスにおいては、まず「信頼感」で相手から信頼感を得ることをおすすめします。最初から「好感」の好感度押しで接してしまうと、相手によっては「なれなれしい」と感じられてしまうリスクがあるからです。相手に信頼してもらうことができてから、「好感」で好感度を高めましょう。

Lesson 41
[印象マネジメント]

「外見」と「動作」で視覚情報をコントロールする

このレッスンのポイント

信頼感と好感の印象をマネジメントするポイントは、「視覚情報」と「聴覚情報」の2つです。まず、聞き手が目から得る「視覚情報」について詳しく解説します。視覚情報は、「外見」と「動作」の2つの要素でコントロールすることができます。

視覚情報は「外見」と「動作」を意識しよう

視覚情報は、話し手の「**外見**」と「**動作**」の2つに分かれます。そして、外見は「**表情**」「**姿勢**」「**服装**」の3つに、動作は「**視線**」「**手ぶり**」「**立ち回り**」の3つにそれぞれ分類することができます。

▶「外見」と「動作」の3つの要素

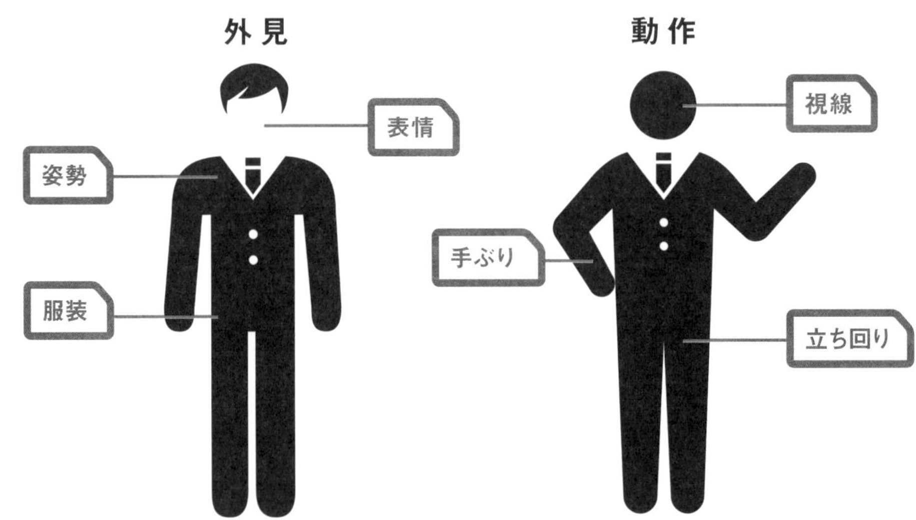

外見1「表情」のポイント

まず「表情」のポイントは、**「プレゼンの内容と表情を一致させる」**ことです。たとえば、楽しい企画をしかめっ面でプレゼンしたら楽しさは半減してしまいますし、真剣な内容をヘラヘラしながらプレゼンしたら真剣さが伝わりませんよね。楽しいプレゼンは笑顔で、真剣なプレゼンはシリアスな表情でプレゼンしましょう。特に男性は、真剣なプレゼンは得意ですが、感情を出すことが苦手な方が多いです。楽しいプレゼンはちゃんと笑顔でできるように、意識して練習しましょう。

外見2「姿勢」のポイント

「姿勢」は**「つむじと空が糸でつながっていて上に引っ張られているイメージ」**を持ちましょう。自然とあごが引けて、背筋もピンとします。また、手は背や体側ではなく、おへその前に。足は、男性は肩幅に、女性はかかとを揃えて、両足に体重を乗せましょう。片足に体重を乗せるとだらしなく見えるのでNGです。

外見3「服装」のポイント

「服装」のポイントは、**「聞き手に不快感を与えない」**ことです。ビジネスシーンではスーツ、カジュアルな場面であっても、だらしなかったり清潔感を損なうような服装は控えましょう。また、服装だけでなく、もちろん髪型も意識する必要がありますし、女性であればメイクにも注意しましょう。

▶「外見」のポイント

外見	ポイント
表現	プレゼンの内容と一致させる
姿勢	背筋を伸ばして、手は、へその前に
服装	聞き手を不快にさせない服装を。髪型やメイクも注意

大事な商談やプレゼンのとき、私は特にお気に入りのスーツやネクタイを身につけます。そうすると、自然と自信が湧いてくるからです。自信をつける1つの方法として、こういった「勝負服」を持つことをおすすめします。

動作1「視線」のポイント

やってはいけないプレゼンの典型として、「聞き手を置いてきぼりにしてしまうプレゼン」があります。PRESENTATION 3.0の主役は聞き手ですから、常に聞き手の状況は確認しなければなりません。その確認手段が、話し手の「**視線**」です。聞き手の目や表情を見て、プレゼンを理解してくれているか、伝わっているかを確認します。「**視線**」**は単なるテクニックではなく、聞き手とのコミュニケーションと捉えて実践しましょう。**

なお、「視線」は、基本的に「聞き手」に向けます。ただし、プレゼン資料をまったく見ずにプレゼンすることは現実的ではありません。プレゼン資料を見て話す内容を確認したら、聞き手のほうを見て話す。これを繰り返しましょう。

▶「視線」はコミュニケーション

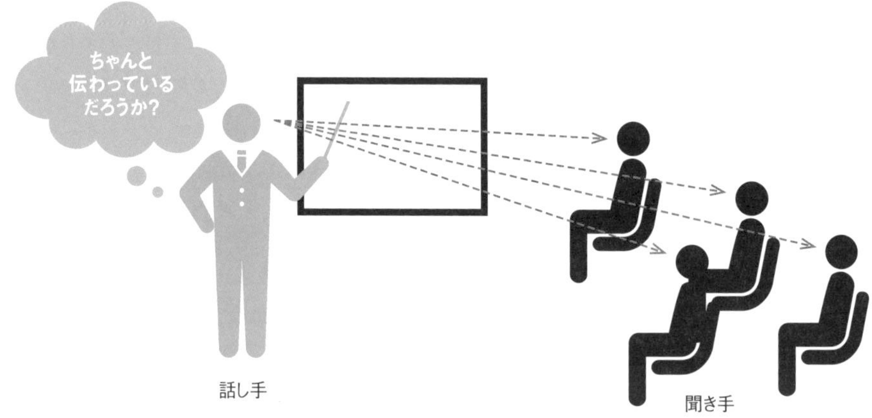

聞き手の目や表情を見て、プレゼンが伝わっているかを確認しましょう。

ちまたのプレゼン本では「ワンセンテンスにつき1人ずつ見る」「会場をZ字に見渡すと全体を見ているように見える」などのテクニックが紹介されていることがあります。しかし、視線を単なるテクニックとして捉えてはいけません。テクニックではなく、聞き手との大切なコミュニケーションなのです。

動作2「手ぶり」のポイント

人は、話していると自然に「手ぶり」が出ます。プレゼンをするときも、これを抑えることなく、自然に身ぶり手ぶりすればOKです。ただ、なかなか動きが出せないという方には、**3つの「手ぶり」**をオススメします。

1つ目は「**数字**」です。たとえば「今日のポイントは3つです」「大切なことはこの1つです」など、プレゼンで数字を示すときに、その数字を指で表現します。

2つ目は「**イメージ**」です。「高い／低い」「大きい／小さい」など、聞き手にイメージさせたいときに手ぶりを使います。そして3つ目は「**方向性**」です。たとえばプレゼン資料の一部分を指し示したり、聞き手の誰かを指す場合、指ではなく手のひらを向ける手ぶりをしましょう。

▶「手ぶり」の3パターン

「今日のポイントは3つ」のような数字を指で表現します。

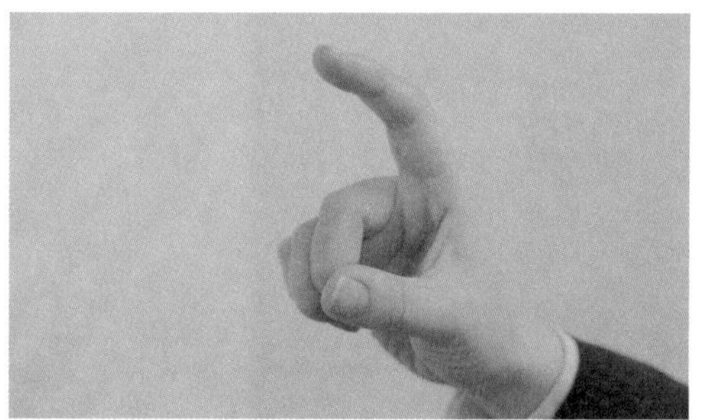

「たばこ1本くらいの大きさ」のような大きさの表現にも手ぶりは有効です。

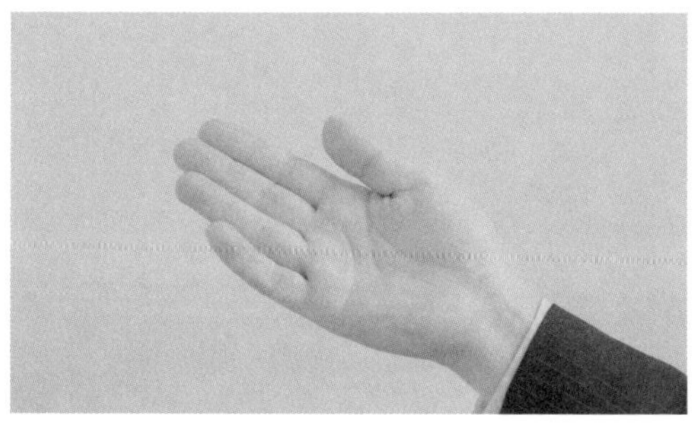

「2024年の数値をご覧ください」と、聞き手の視線を誘導したいときは、手でその部分を指し示しましょう。

ただ言葉だけで伝えるのと、これらの「手ぶり」を交えて伝えるのでは、プレゼンの伝わり方が大きく変わります。

動作3「立ち回り」のポイント

「立ち回り」のポイントは、フラフラしないことです。用意されたステージ上を歩くことは悪いことではありません。むしろ、ときにはプレゼン資料の左右を行き来したり、聞き手に近づいたりすることは、プレゼンに動きが出るので効果的です。ただし、動くこととフラフラすることは別物です。**動くときは動き、止まるときは止まる。このメリハリが大切なのです**。無意識に体がフラフラしないよう、しっかり意識しましょう。

▶「立ち回り」でプレゼンに動きを

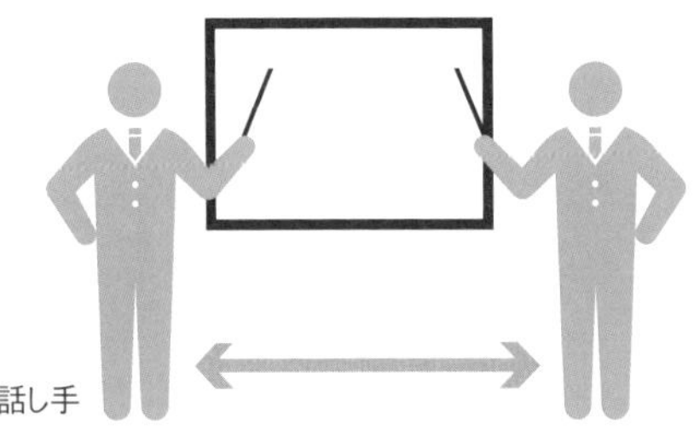

場合によって、プレゼン資料の左右を移動してみましょう。

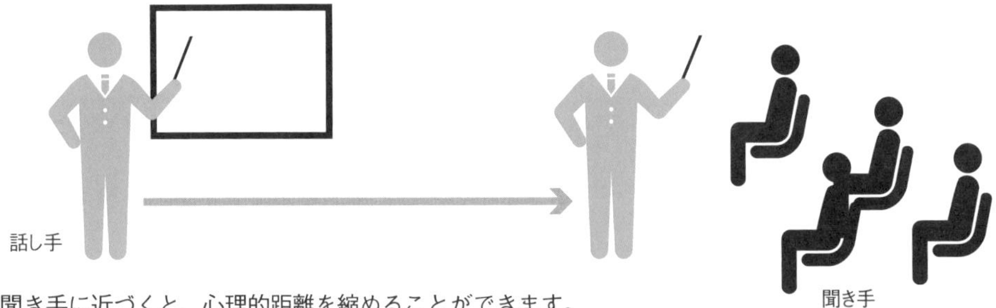

聞き手に近づくと、心理的距離を縮めることができます。

▶「動作」のポイント

動作	ポイント
視線	基本、聞き手に向ける。ときどきならスクリーンをチェックしてもOK
手ぶり	「数字」「イメージ」「方向性」の3パターンを意識
立ち回り	動くときは動き、止まるときは止まる。メリハリが大切

信頼感と好感での使い分け

視覚情報における信頼感と好感の使い分けは、外見においては「表情」と「服装」、動作においては「手ぶり」と「立ち回り」で、それぞれの特徴を出すことができます。
まず、信頼感を得たいときは、「表情」を変化させず、「服装」はスーツなどに。そして「手ぶり」は数字、イメージ、指し示すの3パターンをメインに、「立ち回り」は動きすぎないことがポイントです。動くとしてもゆっくり動きましょう。
また、好感を得たいときの「表情」の基本は笑顔で表情豊かに、「服装」はカジュアルにします。「手ぶり」は3パターン以外にも積極的に取り入れ、「立ち回り」もテンポよく、場を広く使うとよいです。
信頼感では「静・緩」、好感では「動・急」というイメージを持って、練習してみましょう。

▶「外見・動作」の信頼感／好感での違い

外見・動作		信頼感 「静・緩」	好感 「動・急」
外見	表情	変化させない	基本笑顔、表情豊かに話す
	服装	スーツなどにする	私服等カジュアルにする
動作	手ぶり	基本の3パターンをメインに使う	3パターン以外も積極的に使う
	立ち回り	ゆっくり。動き回らない	テンポよく。場を広く使う

実際のプレゼンでは、「信頼感100%」もしくは「好感100%」という場面はなかなかありません。「信頼感70%＋好感30%」など、それぞれの印象を組み合わせるケースがほとんどです。

Lesson 42 [印象マネジメント]
「抑揚」と「明瞭性」で聴覚情報をコントロールする

このレッスンのポイント

聴覚情報とは、つまり話の「声」のことです。話し手の「声」も、聞き手に与える印象をマネジメントする上でとても大切な要素です。このLessonでは「聴覚情報＝声」について解説します。カギとなるのは、抑揚と明瞭性のコントロールです。

聴覚情報では「抑揚」と「明瞭性」を意識しよう

聴覚情報は、話し手の声の「**抑揚**」と「**明瞭性**」の2つに分けられます。さらに抑揚は声の「**大きさ**」「**速さ**」「**間**」の3つに、明瞭性は「**ノイズ**」と「**表現**」の2つに分かれます。

▶「抑揚」と「明瞭性」

抑揚1「大きさ」のポイント

声の大きさは、当然ながら聞き手全員に聞こえるように調整しなければいけません。特に、声が小さい方は注意が必要です。マイクを使う場合であれば問題ありませんが、マイクを使わない場合は、**会場の奥まで声が届くか、事前に確認して**おきましょう。

抑揚2「速さ」のポイント

声の速さについては、一概に「速いほうがよい」「遅いほうがよい」とは言えません。聞き手にとって聞きやすければ、速くても遅くてもどちらでもOKです。ただし、人は緊張すると早口になります。緊張したときの速さは、聞き手にとって聞きやすいものではありません。**「今自分は緊張しているな」と思ったら、意識的にゆっくり話すように心がけましょう。**

抑揚3「間」のポイント

「間」とは、**話し手が声を発しない無声状態**のこといいます。「間」は話し手にとって恐怖の時間です。多くの話し手にとって、自分のプレゼン中に「シーン」となる状況は恐ろしいものなのです。そこで「シーン」を防ぐために、間を挟まずになんとか話し続けようとするわけです。
しかし、一方的に話を聞かされ続けるのは、聞き手にとっては苦痛です。 PRESENTATION 2.0の主役は聞き手ですから聞き手に苦痛を与えないために、自分が恐怖を感じるとしても「間」を積極的に取るようにしましょう。
「間」を取るタイミングは、重要なことを話す前後や、流れが変わるときなどです。1～2秒の間を挟むだけで、聞き手への伝わり方が大きく変化します。

▶「抑揚」のポイント

抑揚	ポイント
大きさ	聞き手全員に聞こえる大きさで
速さ	緊張すると速くなるので、ゆっくり目に
間	聞き手のために、積極的に間を取る

抑揚がないと「お経」のように淡々としたプレゼンになってしまって眠気を誘います（笑）
これら3つのポイントをしっかりコントロールしましょう。

明瞭性1「ノイズ」のポイント

「ノイズ」を直訳すると「雑音」となります。具体的には、**「口ぐせ」**や**「プレゼンに関係のない言葉」**のことを指します。プレゼンにノイズが混じると、当然ながらプレゼンの純度が下がり、伝わりづらくなります。ノイズは無意識的に出てしまうものなので、意識的になくす必要があります。

「ノイズ」をなくせば、必然的にそこに「間」が生まれます。一石二鳥ですので、この2つはセットで意識しましょう。

明瞭性2「表現」のポイント

人は緊張すると、下図のNG例のように回りくどい表現をしてしまいます。しかし、これをOKの例のようにシンプルな表現に変えることができれば、聞き手には自信があるように聞こえ、さらに時間も節約できますよね。プレゼンにおける表現は、できる限りシンプルにしましょう。

▶「ノイズ」をなくして「表現」をシンプルに

ノイズや回りくどい表現が多いプレゼンは、聞き手に伝わりづらくなってしまいます。

OK

今日は◯◯について
お話しいたします。

ノイズをなくすと聞きやすくなり、シンプルな表現は話し手の自信を感じさせます。

「ノイズ」をなくして「表現をシンプル」にするには、とにかく意識するしかありません。やみくもに練習するのではなく、課題を明確に意識して練習に臨みましょう。

信頼感と好感での使い分け

聴覚情報において信頼感と好感を使い分けるときは、抑揚を生む声の「大きさ」「速さ」「間」をコントロールします。
信頼感を得たいときは、声の「大きさ」を変化させず、声の「速さ」はゆっくりに。そして、「間」は一定のパターンで取るようにします。

一方で好感を得たいときは、声の「大きさ」や「速さ」はプレゼンの内容に応じて変化させます。テンポよく話せると、より好感度が上がります。さらに、時折不規則な「間」を取ると、プレゼンに動きを出すことができます。

▶「抑揚」の信頼感／好感での違い

抑揚	信頼感 「静・緩」	好感 「動・急」
大きさ	変化させない	内容に合わせて変化させる
速さ	ゆっくり。変化させない	テンポよく。変化させる
間	一定のパターンで間を取る	時折不規則な間もあり

視覚情報のコントロール同様、信頼感の場合は「変化させない」、好感の場合は「変化させる」と考えておけばOKです。

ワンポイント 動画撮影はとても有効な練習方法

印象マネジメントの練習をするときは、「動画撮影」が有効です。最近は、スマホで十分きれいな動画が撮れます。スマホを固定して、自分のプレゼンを動画撮影しましょう。
動画撮影をすると自分を客観視できるので、普段は気づけないクセを発見することができます。私も、この方法を使って、鼻を触るクセや、スーツのポケットをいじるクセに気づけました。
また、通常コンピタンスとライカビリティのどちらか100%の印象でプレゼンすることはまれですが、練習の際はどちらかに振り切ると効果的です。2つのパターンを動画撮影して、信頼感や好感を与えられるか、自分で確かめてみましょう。

Lesson 43 [伝達ワード]

5つの伝達ワードを入れれば伝わり方が大きく変わる

このレッスンのポイント

プレゼンに入れると、伝わり方が大きく変わる5つの「言葉」があります。これらの言葉は、プレゼンの原稿に記載しておけばよいだけですので、難しいことはありません。しっかりマスターして、伝わるプレゼンをつくりましょう。

5つの言葉でプレゼンをレベルアップ

伝わり方を大きく変える言葉は、**「つなぐ」「繰り返す」「呼びかける」「問いかける」「寄り添う」**の5つです。これら5つをプレゼンに組み込むだけで、伝達力をグググっとレベルアップできます。とはいえ、プレゼン本番中にアドリブで使いこなすには慣れが必要。最初は原稿にしっかり書き込んでおきましょう。

▶「5つの言葉」の種類

「つなぐ」言葉でプレゼンに流れを

「つなぐ」言葉は5つの言葉の中で最も重要です。ですが、ほとんどの話し手が意識できていません。「つなぐ」言葉をマスターできるかどうかは、そのプレゼンの伝達力に大きな差を生み出します。
よくあるダメなプレゼンを下図のNGに表しました。このプレゼンの問題点は「**流れがよくないこと**」です。「プロジェクト概要」のスライドと「メンバー紹介」のスライドにつながりがないため、プレゼン自体の流れがわかりづらくなってしまっています。これに対してOKが流れのあるよいプレゼンです。**スライド間に「つなぐ」言葉を挟んでいるため、聞き手はつながりを感じることができます。**
この例の「次にメンバー紹介です」という言葉でなくても、「そして」でも「しかし」でもよいです。接続詞が短い言葉でもOKなので、次のスライドにつなげるための言葉を挟みましょう。これだけで、プレゼンの流れが非常にスムーズになって、聞き手に伝わりやすくなります。

▶「つなぐ」言葉のポイント

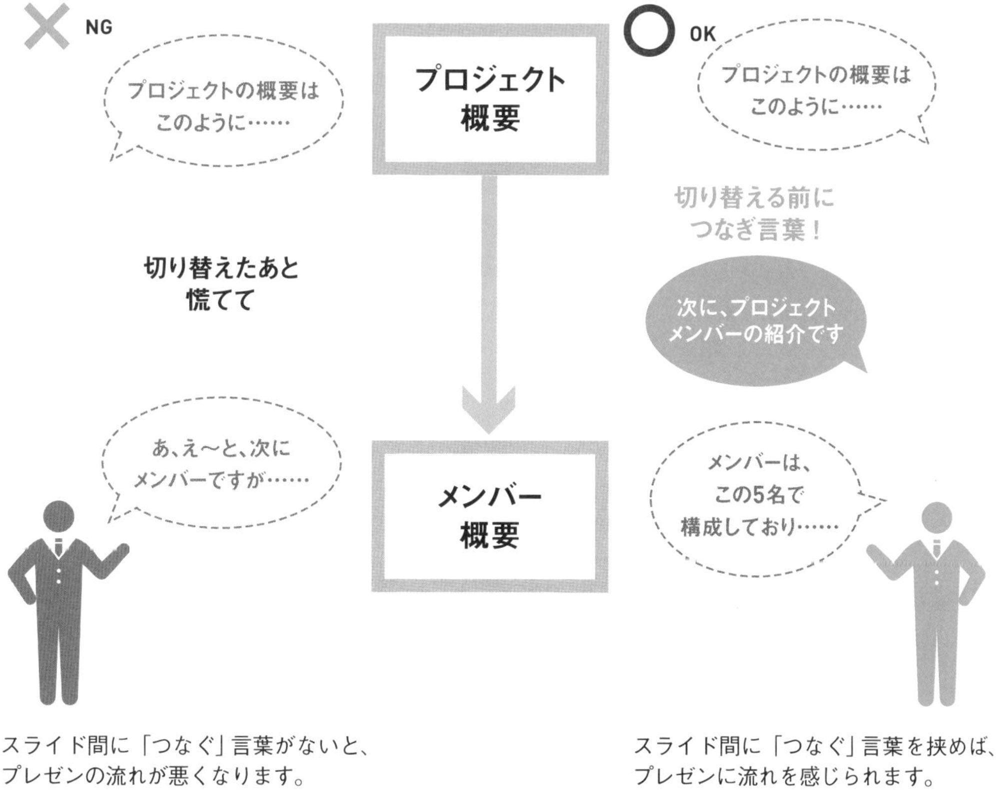

スライド間に「つなぐ」言葉がないと、プレゼンの流れが悪くなります。

スライド間に「つなぐ」言葉を挟めば、プレゼンに流れを感じられます。

大切なことは何回も「繰り返す」

「プレゼンの基本型」では、「要点」は2回出てきましたね。これとまったく同じことで、**大切なことは何回も繰り返して伝えましょう**。「1回話したから伝わっただろう」と思うのは話し手の思い込みです。人には、そんなに簡単に伝わりません。大切なことは、しつこいくらい繰り返しましょう。

▶「繰り返す」言葉のポイント

大切なことを何度も繰り返せば、聞き手の記憶に残すことができます。

「(上司)アレ、やっといてくれって言っただろう」
「(部下)え、そんな指示、聞いてませんが…」
会社でよく聞かれるやり取りですね（笑）　この場合、責任は上司にあります。指示は、相手に伝わってはじめて成り立ちます。部下に仕事を任せるならば、ちゃんと伝わるように指示出しするのが、上司の責任です。プレゼンもこれと同じです。伝わるように表現することが話し手の責任なのです。

「呼びかける」言葉で聞き手を巻き込む

プレゼンを聞いていて「私は」「私が」という言葉がよく出てきたら、あなたはどう感じますか？　「ああ、あなたの話ね。自分には関係なさそう」と思って、そのプレゼンを聞く気がなくなりませんか？

プレゼンは「聞き手に変化を求める行為」です。聞き手を巻き込んで変化させたいのであれば、聞き手が「**主体性**」を持って聞けるプレゼンにしなければいけません。つまり**「私は」「私が」ではなく、「あなたは」や「私たちは」という言葉を使えばよいのです。**

プレゼンの主役は聞き手、PRESENTATION 3.0を意識しましょう。

▶「呼びかける」言葉のポイント

プレゼンの主役は、話し手ではなく「聞き手」です。

オバマ元大統領の「Yes, we can!（私たちはできる）」というプレゼンは記憶に新しいと思います。あのプレゼンが「Yes, I can!（私はできる）」だったら、どうでしょう？　きっと、あそこまで聴衆を巻き込むことはできなかったでしょう。プレゼンでは、聞き手を巻き込むことが大切なのです。

「問いかける」ことで聞き手の集中力を高める

プレゼンでは、話し手が一方的に話す形式になりがちです。これは避けられません。しかし、聞き手からすると、一方的に話し手の話を聞くだけでは疲れますし、だんだんと集中力が落ちてきます。そこで、聞き手に質問して「**問いかけて**」みましょう。人は、質問されると自然にその答えを考えます。つまり、集中力が落ちて、止まりかけてきた脳が、また動き始めるわけです。脳が動き始めれば、また集中力を高めることができます。

また、問いかけには「**答えを求めるパターン**」と「**答えを求めないパターン**」の2種類があります。「答えを求めるパターン」とは、特定の聞き手に答えを求める場合のことをいいます。この場合は「**誰でも正解できる問いかけ**」か「**誰も正解できない問いかけ**」にしましょう。つまり、その問いかけに正解できなかった場合、**回答者が恥をかくような状況をつくってはいけない**、ということです。次に「答えを求めないパターン」というのは、回答者を特定しないで聞き手全員に問いかける質問のことです。この場合は、答えが返ってこないことがほとんどですので、問いかけのあと、聞き手が考える時間を取ってから、自分で回答します。

▶「問いかける」言葉のポイント

回答を求める場合

▶誰でも答えられる質問

▶誰も答えられない質問

回答者に恥をかかせたらダメ

回答を求めない場合

▶自分で答えを言う

問いかけは、プレゼン中に聞き手と話し手が双方向にコミュニケーションを取れる数少ない機会です。ぜひ積極的に取り入れましょう。

「寄り添う」言葉で聞き手と一体感を得る

下図をご覧ください。NGパターンとOKパターンどちらのほうが、印象がよいでしょうか？　NG、OKと書いているのでもうおわかりと思いますが……（笑）OKパターンのほうが自分（聞き手）に寄り添ってくれている感じがしますよね。着眼点はそれぞれの言葉の「**主語は誰か**」ということです。NGパターンの「お届けする」の主語は「話し手」ですよね。そして、OKパターンの「お使いいただける」の**主語は「聞き手」**です。

PRESENTATION 3.0では、聞き手が主役。だからこそ、使う言葉もなるべく「聞き手を主役」とすることが大切なのです。

▶「寄り添う」言葉のポイント

「聞き手」を主語にするだけで、印象がガラッと変わります。

ワンポイント PRESENTATION 3.0を意識する

「呼びかける」と「寄り添う」言葉は非常にわかりやすかったですが、本Lessonで紹介した5つの言葉のいずれにおいても重要なのは、PRESENTATION 3.0のスタンス。「聞き手」を主役として意識できるかどうかです。プレゼンをつくるときだけでなく、実際にプレゼンを行うときも、このスタンスが求められるのです。テクニックに走らず、「本質」を大切にしてください。

Lesson 44 [発表ツール]

アニメーションと画面切り替えで動きのあるプレゼンをつくる

このレッスンのポイント

プレゼン技術、最後の要素は「発表ツール」です。PowerPointにはいろいろな機能があります。もちろん、すべてを使いこなす必要はありませんが、知っておくとプレゼンが見違えるほど伝わるようになる機能があります。まずは「動きで伝える」テクニックについて解説します。

動きで伝える機能

絵がまったく動かないアニメがあったら、全然面白くないですよね。アニメは絵が動くから面白いのです。プレゼンも同じです。静止画で長時間説明されたら、聞き手は飽きて集中力を失います。**聞き手の集中力を保つために、「動きのあるプレゼン」をつくりましょう**。動きのつけ方にはオブジェクトを動かす「**アニメーション**」と、スライド送りの際の「**画面切り替え**」の2つがあります。

▶ プレゼンとアニメは同じ

アニメのように、動きのあるプレゼンをつくりましょう。

プレゼンはアニメと同様に、動きがあったほうが聞き手の集中を保てます。

アニメーションは「フェード」が基本

「アニメーション」は、オブジェクトを出現させたり、移動させたりすることができる機能です。ただ、中途半端にこの機能を知っていると、むやみやたらとアニメーションを使ってしまうことがあります。見たことありませんか？　文字や図形が、目的なく跳ねまわったりくるくる回ったりするスライドを……。
しかし、アニメーションは、オブジェクトをむやみに動かすための機能ではありません。「**見せる情報（視覚情報）**」と「**話す情報（聴覚情報）**」**を一致させるための機能**です。アニメーションでこれを実践するとプレゼンは飛躍的に伝わるようになります。

では、たくさん用意されているアニメーション効果の中からどれを選べばよいかというと、ずばり「**フェード**」です。フェードはオブジェクトがふわっと出現するアニメーションで、これを使うだけで印象が変わります。**基本的には「フェード」のみで十分**です。
ただ、プレゼンの中でも重要なポイントなど、印象付けたいテキストについては、通常のフェードではなく「**パラパラフェード**」がオススメです。テキストが一文字一文字出現するため、聞き手にインパクトを与えることができます。

▶アニメーション（フェード）の効果

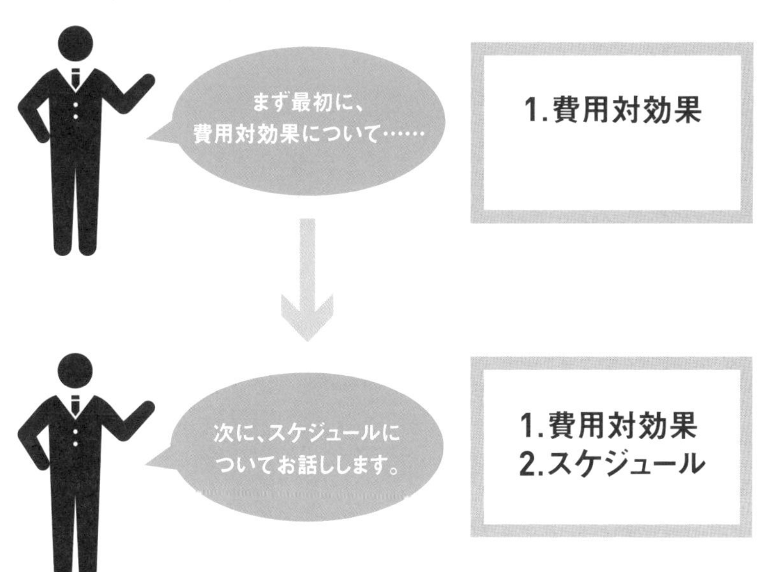

アニメーションを使えば、「見せる情報」と「話す情報」を一致させることができます。

オブジェクトに「フェード」を設定する

1 オブジェクトを選択する

フェードを設定したいオブジェクトを、クリック、もしくはドラッグで囲んで選択します❶。

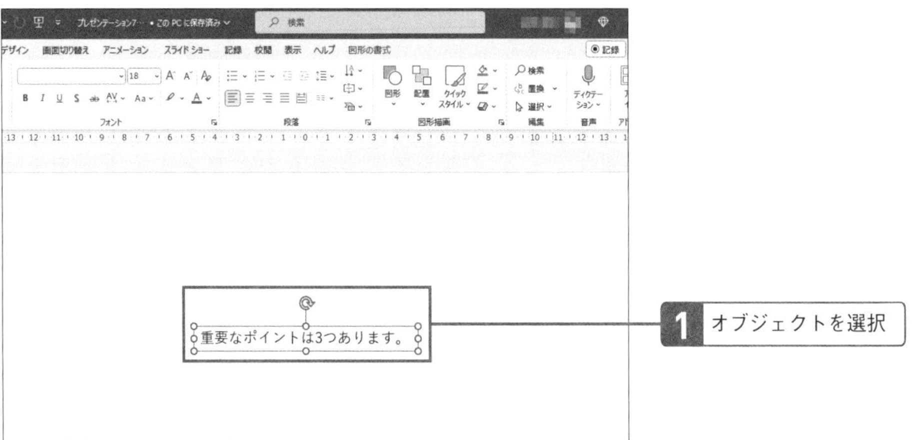

2 アニメーション機能を表示する

[アニメーション] タブをクリックして❶、[アニメーションの追加] ボタンをクリックします❷。アニメーション効果の選択画面が表示されます。

3 フェードを選択する

アニメーション効果の選択画面から［フェード］をクリックします❶。

4 フェードを設定できた

フェードのアニメーション効果を設定できました。［アニメーション］タブの［プレビュー］ボタンをクリックすると❶、適用したアニメーションの効果を確認できます。

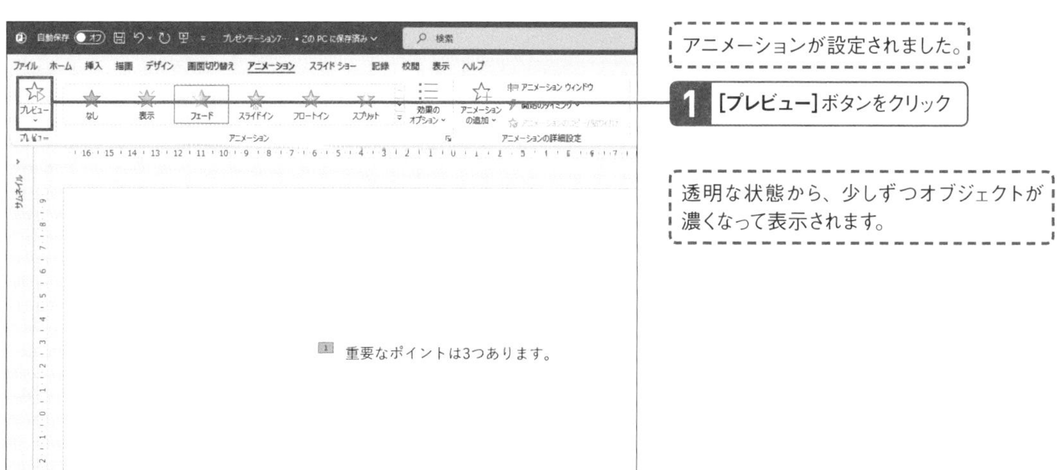

文字に「パラパラフェード」を設定する

1 オブジェクトを選択する

パラパラフェードは、すでにフェードを設定してあるオブジェクトに設定できます。パラパラフェードを設定したいオブジェクト（フェード設定済み）を、クリック、もしくはドラッグで囲んで選択します❶。

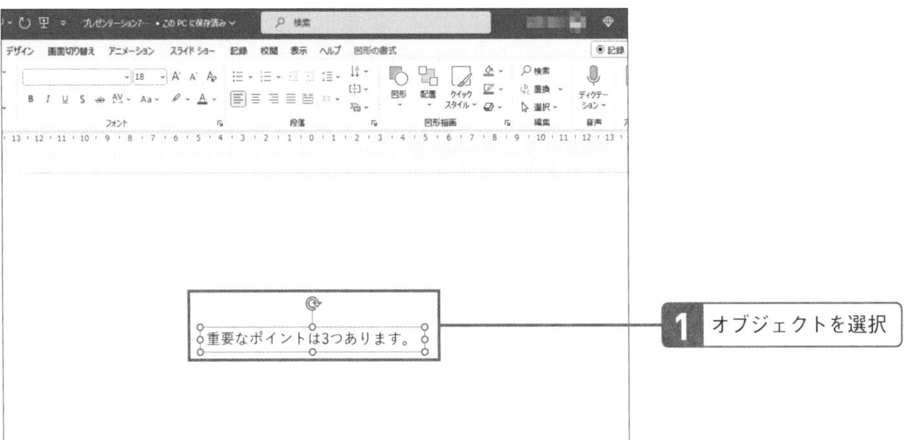

2 アニメーションウィンドウを表示する

［アニメーション］タブをクリックして❶、［アニメーションウィンドウ］ボタンをクリックします❷。アニメーションウィンドウが表示されます。

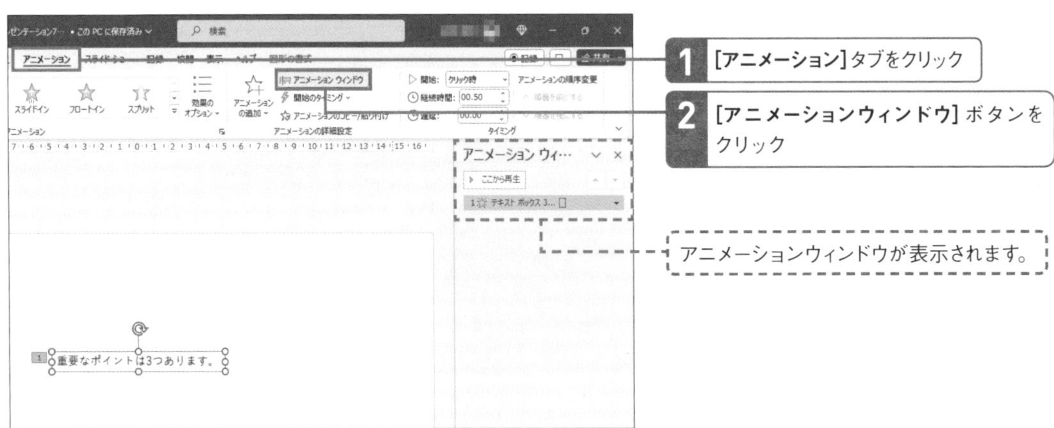

3 [効果のオプション]をクリックする

アニメーションウィンドウのプルダウンメニューをクリックして❶、[効果のオプション] をクリックします❷。

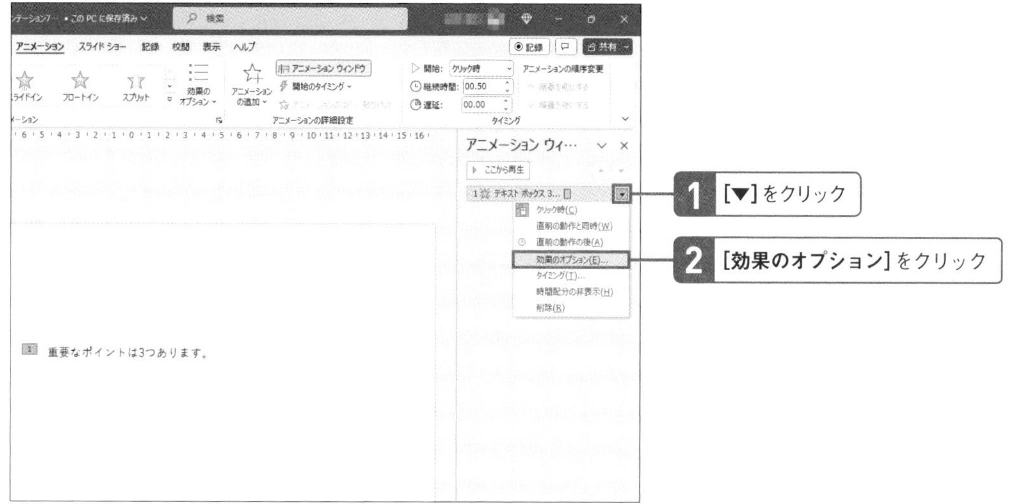

4 表示方法を選択する

[効果] タブの [テキストの動作] のプルダウンメニューをクリックして❶、[文字単位で表示] をクリックします❷。

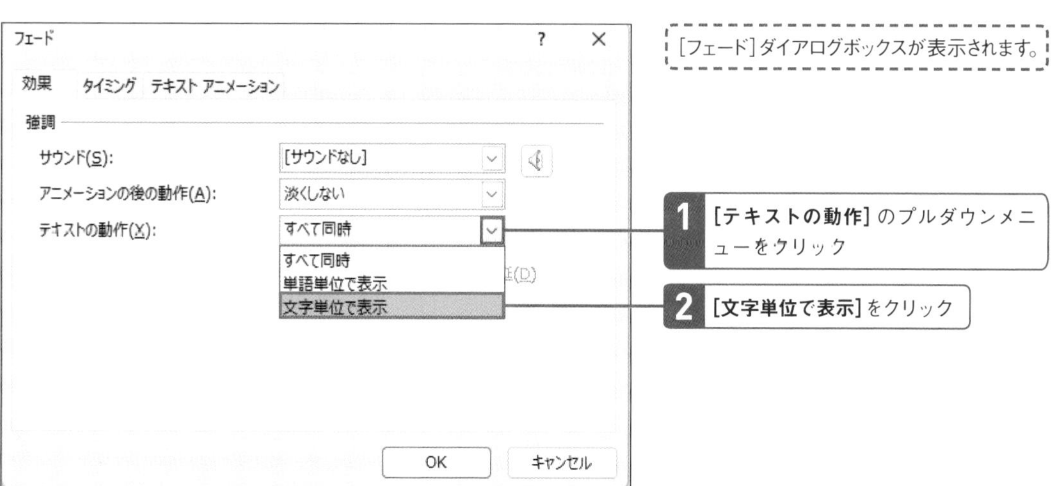

5 表示速度を調整する

パラパラフェードの表示速度を調整しましょう。入力欄に任意の数字を入力します❶。人の目で追える速度としては、15%程度がオススメです。入力が完了したら［OK］ボタンをクリックします❷。

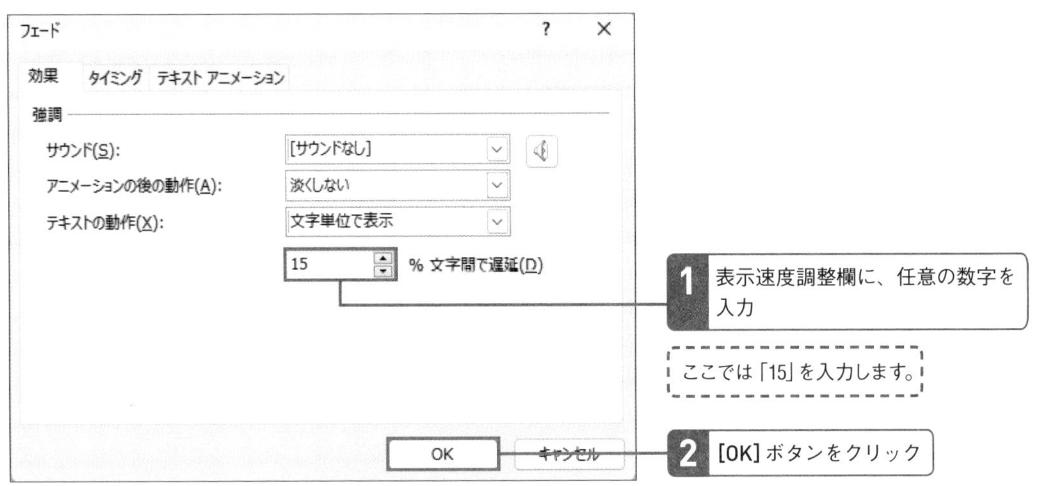

6 パラパラフェードを設定できた

パラパラフェードのアニメーション効果を設定することができました。［アニメーション］タブの［プレビュー］ボタンをクリックすると❶、適用したアニメーションの効果を確認できます。

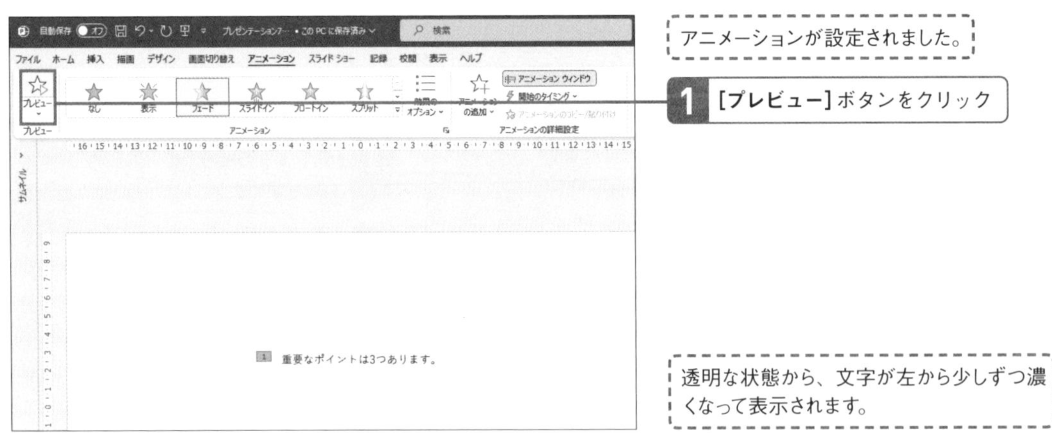

矢印のアニメーションは「ワイプ」がおすすめ

アニメーションは基本はフェード一択でかまいませんが、**矢印だけは例外で、「ワイプ」を使います**。ワイプを使うと、より方向性を示すことができますので、ぜひお試しください。

ワイプを使うときは、その矢印の方向に流れるように設定することを忘れないように注意しましょう。

▶フェードとワイプの違い

フェードを設定

「A」「→」「B」の3つのオブジェクトにそれぞれフェードを設定。スライドショーを開始すると、3つのオブジェクトが1つずつフェードで表示されます。

ワイプを設定

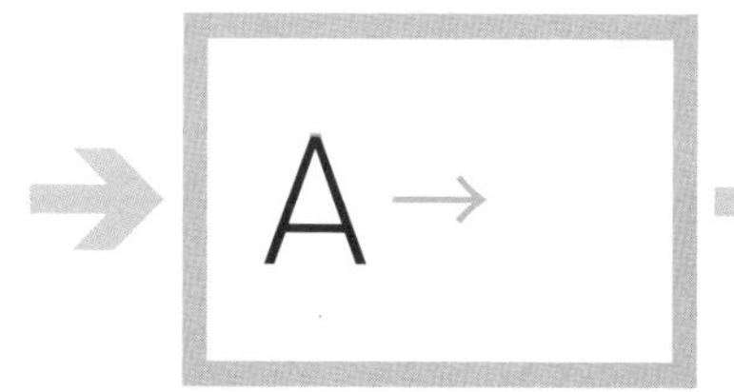

上の状態から「→」オブジェクトのアニメーションをワイプに設定。「→」オブジェクトが左端から少しずつ表示されるため、左から右への方向性をより強く示すことができます。

○ 矢印に「ワイプ」を設定する

1 オブジェクトを選択する

ワイプを設定したいオブジェクトを、クリック、もしくはドラッグで囲んで選択します❶。

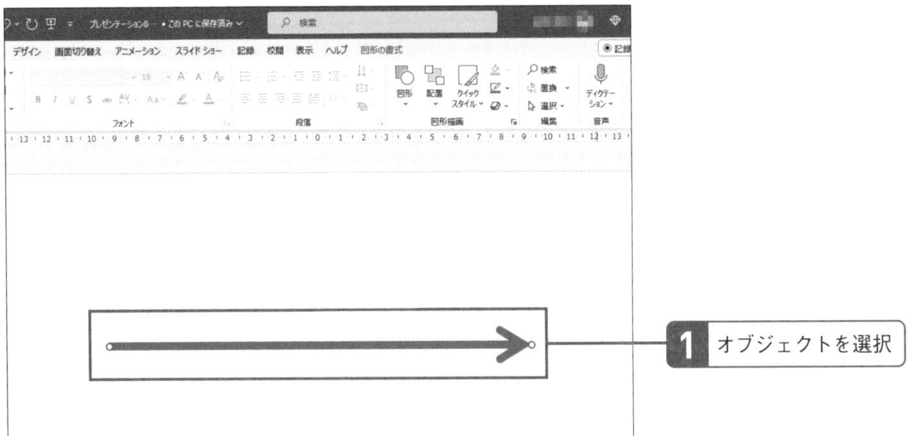

2 [ワイプ]をクリックする

[アニメーション] タブをクリックして❶、[アニメーションの追加] ボタンをクリックします❷。アニメーション効果の選択画面が表示されるので、[ワイプ] をクリックします❸。

3 矢印が流れる方向を選択する

[効果のオプション] をクリックして❶、矢印が流れる方向をクリックします❷。

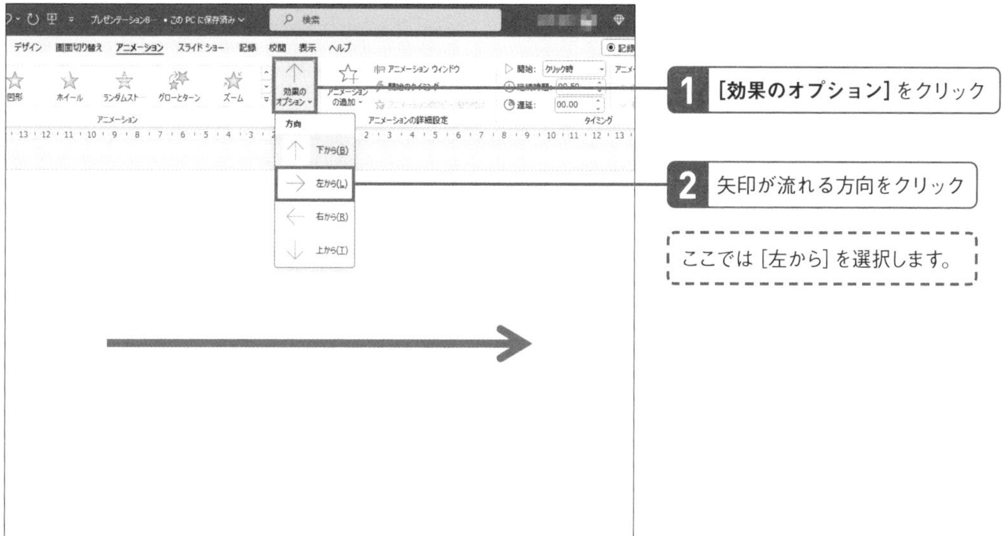

4 ワイプを設定できた

ワイプのアニメーション効果を設定することができました。[アニメーション] タブの [プレビュー] ボタンをクリックすると❶、適用したアニメーションの効果を確認できます。

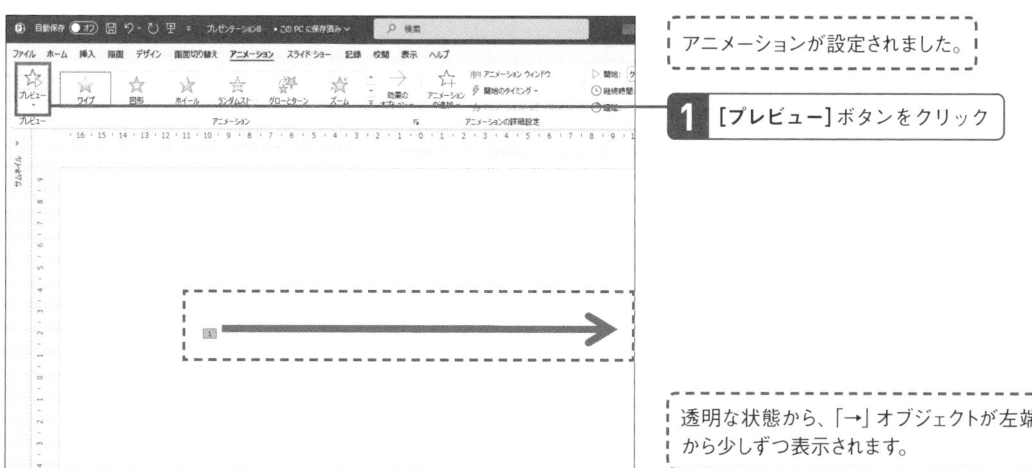

画面切り替えも「フェード」がおすすめ

アニメーションはオブジェクトを動かす機能でしたが、「**画面切り替え**」は次のスライドに遷移する際の効果をつける機能です。そして、画面切り替えでも、オススメは「**フェード**」です。画面切り替え効果が何も設定されていないと、スライドはパッパッと遷移しますが、フェードに設定するだけでふわっと切り替わります。アニメーションのときと同様、これだけで印象がずいぶん変わります。

▶画面切り替えの効果

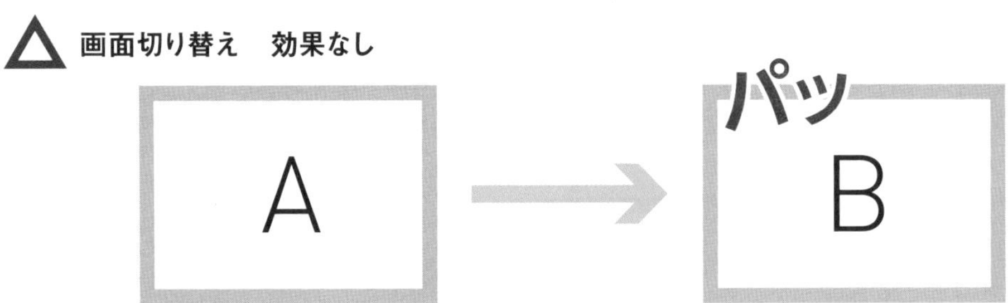

デフォルトの「効果なし」だと、スライドは「パッ」と切り替わります。

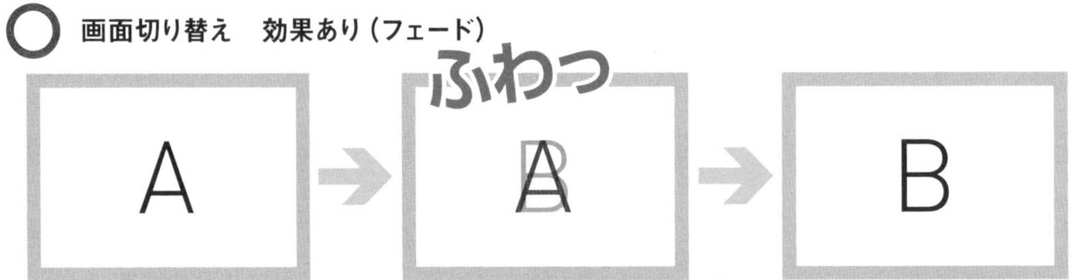

「フェード」を設定すると、残像を残しながら次のスライドに切り替わります。

「アニメーション」機能をご存じの方は多いですが、この「画面切り替え」機能はあまり知られていませんので、これを設定するだけでほかのプレゼンターに差をつけることができます。

画面切り替えに「フェード」を設定する

1 スライドを選択する

フェードを設定したいスライドをクリックします❶

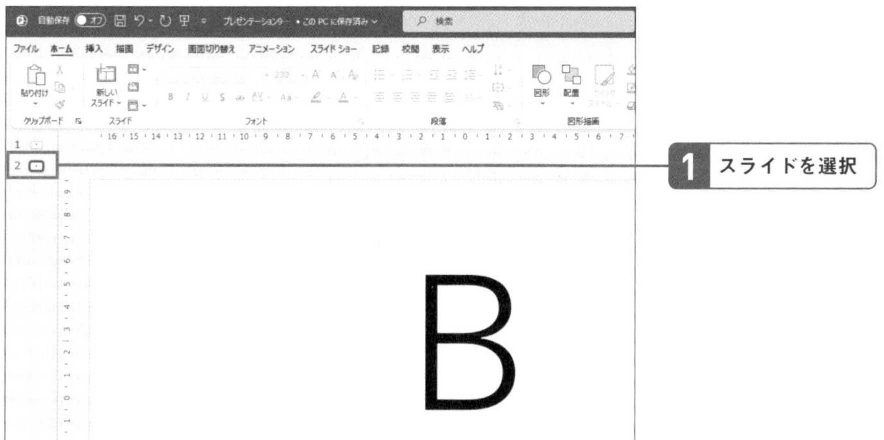

2 画面切り替え画面を表示する

［画面切り替え］タブをクリックして❶、画面切り替え効果選択を表示するプルダウンメニューの▽をクリックします❷。画面の切り替え効果の選択画面が表示されます。

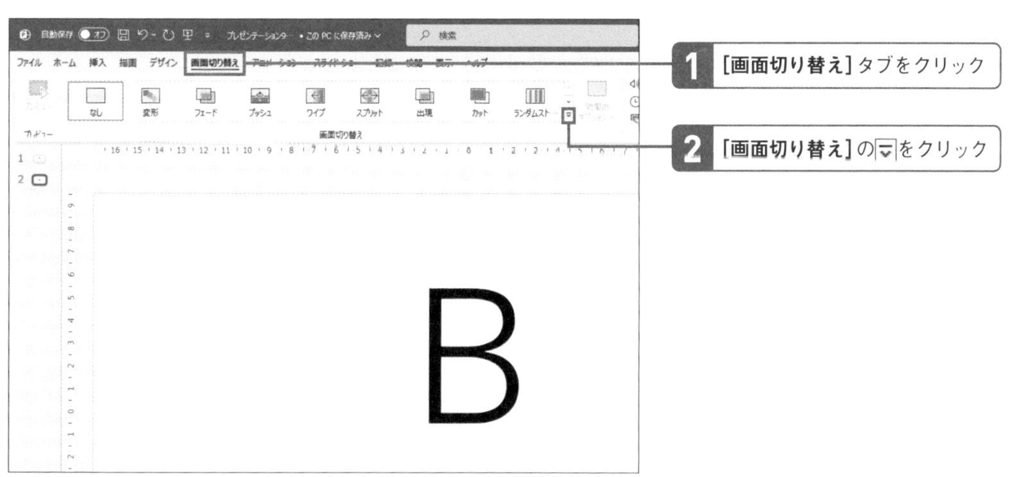

3 [フェード]を選択する

画面切り替え効果の選択画面が表示されるので、[フェード] をクリックします❶。

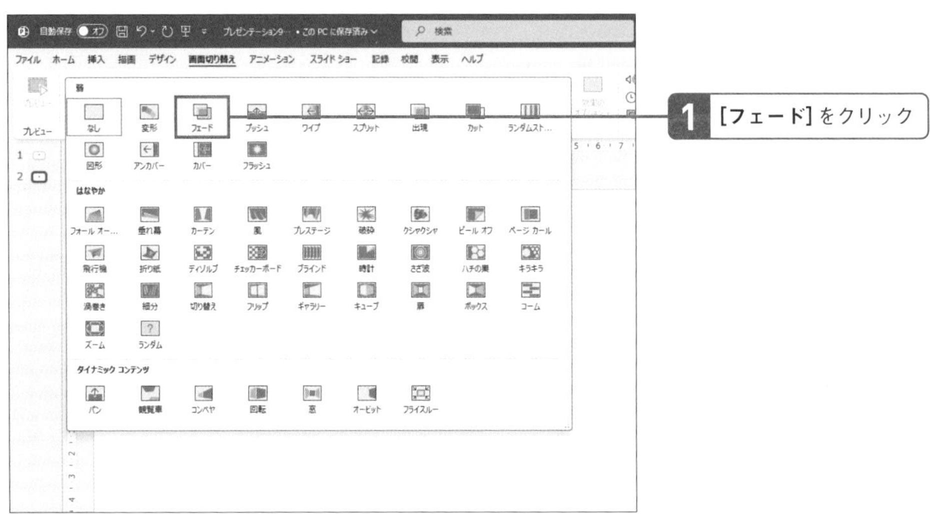

4 フェードを設定できた

フェードの画面切り替え効果を設定することができました。[画面切り替え] タブの [プレビュー] ボタンをクリックすると❶、適用した画面切り替えの効果を確認できます。

画面切り替えで「その他の派手な効果」はどう使う？

画面切り替えも基本的にフェード一択ですが、「**プレゼンの流れを変えるとき**」や「**スライドに注目させたいとき**」は、フェード以外の派手な効果を設定するのも有効です。たとえば、「カーテン」という効果を設定すると、まさにカーテンが開くような効果をつけることができます。フェードにはない派手さがあるので、聞き手の注目を集めることができるでしょう。

基本的には「フェード」、たまにそれ以外の画面切り替え効果を使うと、動きのあるプレゼンをつくることができます。ただし、中には「飛行機」のように使いどころのわからない、ただ派手なだけの効果も存在します。面白さではなく、そのプレゼンの内容に合った、適切な効果を選びましょう。

▶「カーテン」の効果

「カーテン」は画面が割れて、まさにカーテンが開くような効果をつけることができます。

▶「飛行機」の効果

「飛行機」を設定すると、画面が紙飛行機になって飛んでいきます。
面白い効果ですが、なかなか使いどころが見つかりません。

このような機能を覚えると、いろいろと試したくなってしまうものです。しかし、聞き手に「うっとうしいなぁ」と思わせてはいけません。伝わるプレゼンをつくるという目的を忘れずに、適切に利用しましょう。

Lesson 45 [発表ツール] 自分に注目させたいときは「非表示」を使う

このレッスンのポイント

「動き」で伝える機能の次は、まったく逆の「非表示」で伝える機能について学びましょう。アニメーションや画面切り替えほど使う機会は多くないものの、この機能もここぞという場面でうまく使えば非常に効果的です。

スライドを非表示にすれば視線は自然と話し手に

プレゼン中に聞き手が見る対象は、「プレゼン資料」か「話し手」の2つです。通常、聞き手はプレゼン資料を見ていますが、プレゼンには「とても重要な話をするとき」や「話し手にまつわる話をするとき」など、話し手自身に注目してもらいたい場面があります。そんなときはプレゼン資料を「**非表示**」にしてしまいましょう。そうすれば、**聞き手の視線はおのずと「話し手」に集まります。**

▶「非表示」の効果

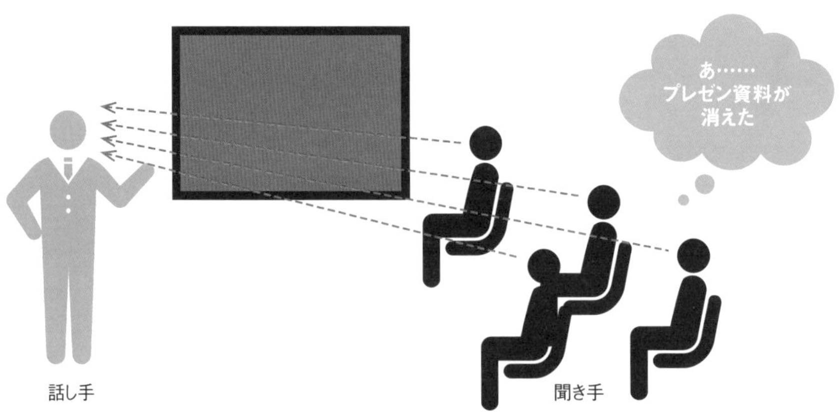

プレゼン資料を非表示にすると、聞き手の視線を話し手に集めることができます。

ブラックアウトとホワイトアウトを使い分ける

ブラックアウトはプレゼン資料の投影画面を「真っ黒」に、ホワイトアウトは「真っ白」にする機能です。**基本的にはブラックアウトの使用をオススメします**が、暗い会場でブラックアウトを使うと本当に真っ暗になってしまいます。もちろん、それでOKならよいのですが、**真っ暗は困る、という場合はホワイトアウト**を使いましょう。投影画面が真っ白になりますので、それ自体が照明の役割を果たしてくれます。ブラックアウトとホワイトアウトの使い方は、スライドショー実行中に、**ブラックアウトであればキーボードの**「B」を、**ホワイトアウトであればキーボードの**「W」を押せばOKです。ただし、この機能は、文字入力が「かな入力」の状態では起動しません。「アルファベット入力」になっていることを確認してください。

▶ホワイトアウトの効果

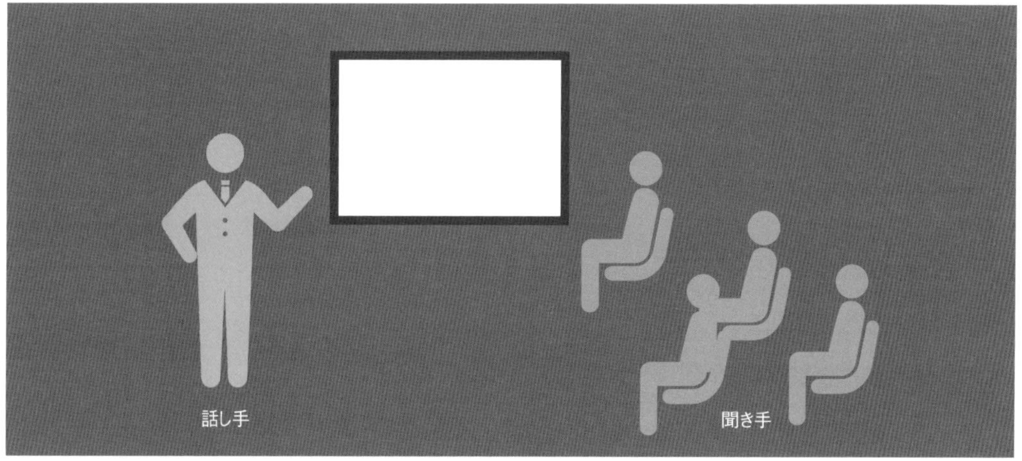

暗い会場では、ホワイトアウトした投影画面が照明の役割を果たします。

投影画面を非表示にすると、聞き手に「機器トラブルかな」と心配させてしまう可能性があります。これを回避するために、画面を非表示にするタイミングで通常の立ち位置から移動したり、聞き手に近づくなどして、トラブルが起きたのではないことを暗に示しましょう。

Lesson 46 ［発表ツール］

レーザーポインターで「指して」伝える

このレッスンのポイント

最後の発表ツールは「指して」伝える機能です。プレゼン資料を指す場合、指し棒や手に持って使うレーザーポインターを利用する方が多いと思いますが、PowerPointにはそれらよりも便利な機能が備わっています。

指して伝える機能

指し棒や通常のレーザーポインターを持っていると、ジェスチャーをするときに邪魔になります。また、レーザーポインターは、肝心なレーザーが小さすぎて、どこを指しているのかわからなかったり、チラチラ動きすぎて見づらい、ということがあります。そこで、「指して」伝えたいときは**PowerPointに備わっている「レーザーポインター」機能**を利用することをおすすめします。

▶指し棒や一般のレーザーポインターは使わない

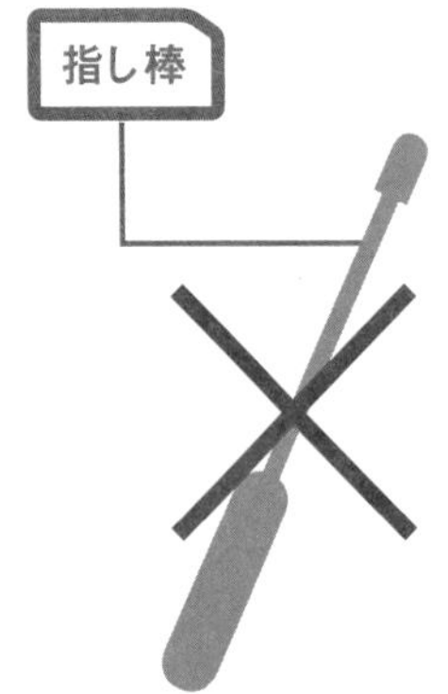

プレゼン中に邪魔になったり指しづらかったりするので、これらのツールは使いません。

発表者ツールのレーザーポインターを使おう

発表者ツールという、話し手の心強い味方になってくれるPowerPointの機能をご存じでしょうか。この機能の中にある「レーザーポインター」がとても使いやすいのでおすすめです。ポインターのサイズが大きいので聞き手からも見やすいですし、マウスで動かすのでチラチラしすぎることもありません。スライド上を指すときは、このレーザーポインターを使ってみましょう。

▶ 発表者ツールのレーザーポインター

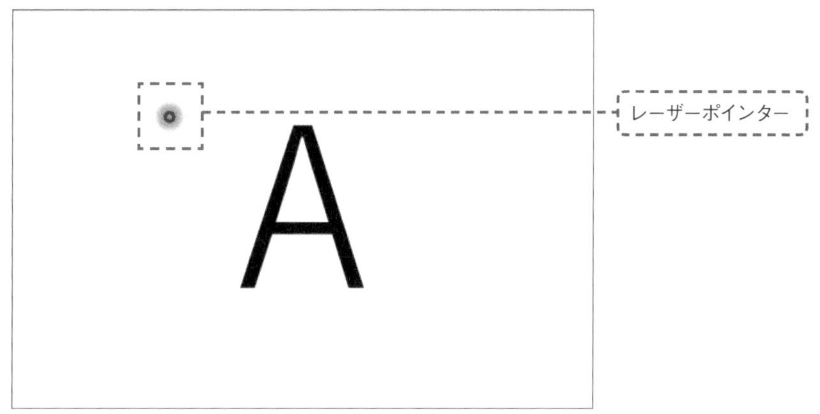

スライド上の赤い点が、PowerPointに備わっている発表者ツール版のレーザーポインターです。
大きくて見やすいため、使いやすいツールです。

この機能はPC操作が必要になるため、利用の際はPCの元に移動する必要があります。その点だけ注意してください。

発表者ツールのレーザーポインターを使う

1 発表者ツールを有効にする

[スライドショー] タブをクリックして❶、[発表者ツールを使用する] にチェックを入れます❷。[最初から] ボタンもしくは [現在のスライドから] ボタンをクリックして、スライドショーを開始します❸。

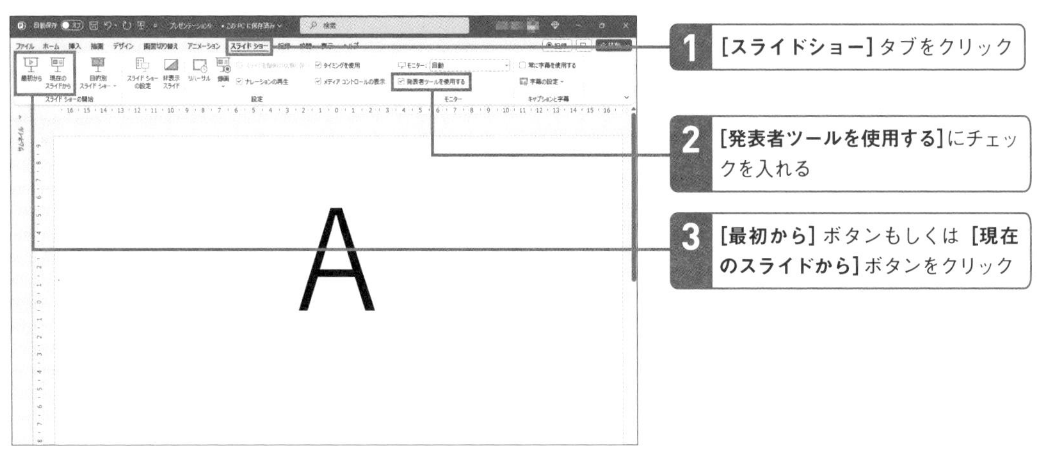

2 レーザーポインターボタンをクリックする

PCにディスプレイやプロジェクターを接続している場合、PCに発表者ツール画面が表示されます。発表者ツール画面上のレーザーポインターボタンをクリックします❶。

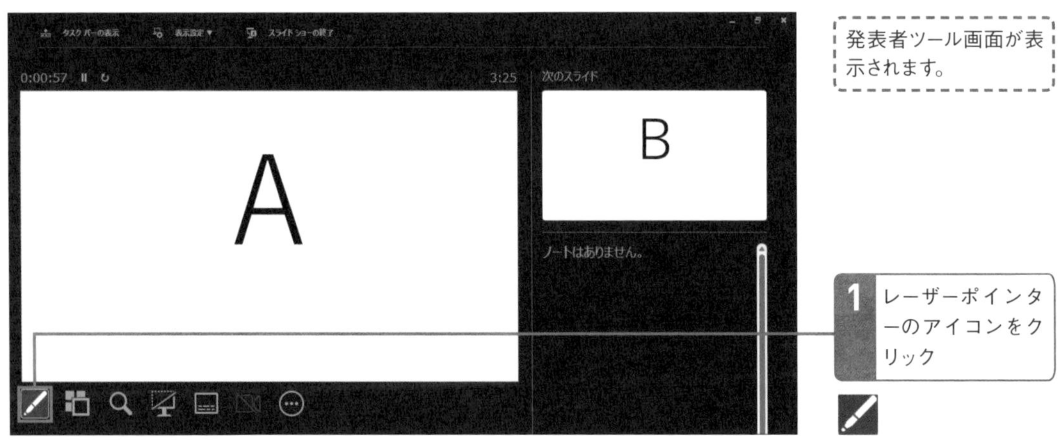

3 レーザーポインターを選択する

メニューが表示されるので［レーザーポインター］をクリックします❶。

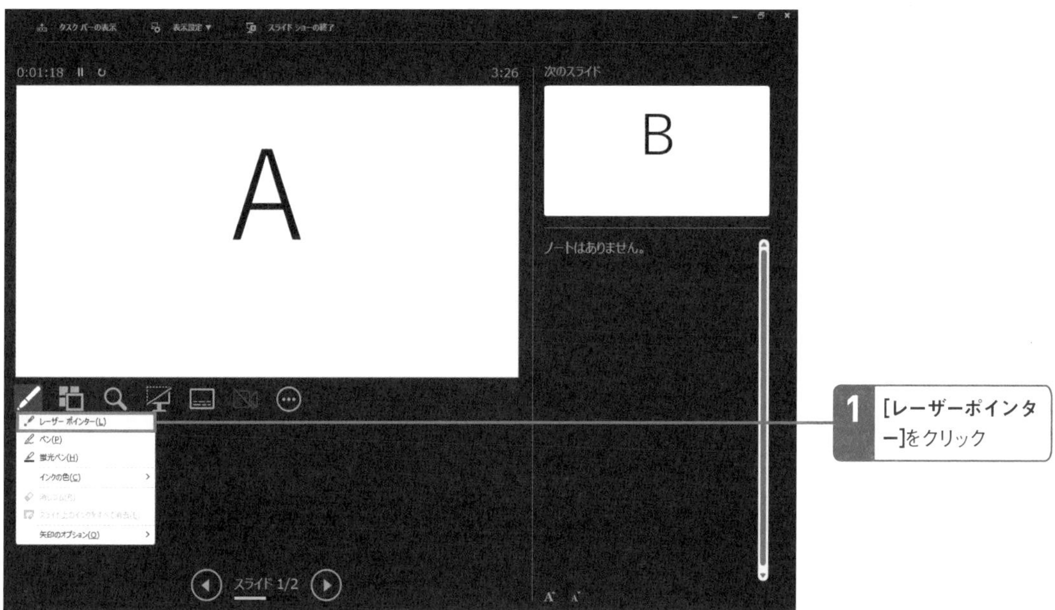

4 レーザーポインターが表示された

PCを接続しているディスプレイやプロジェクターの投影画面にレーザーポインターが出現します。レーザーポインターはマウスで自由に動かすことができます。

Lesson 47 ［プレゼンの練習］

プレゼンには正しい「練習方法」がある

このレッスンのポイント

プレゼンは「練習」が必須です。しかし、ほとんどの方が練習しません。「練習しないから」「プレゼンがうまくいかなくて」「自信がなくなって」「プレゼン嫌いになる」「だから、さらに練習しなくなる」。この負のスパイラルから抜け出すための練習方法を学びましょう。

原稿をつくる

プレゼンの練習をするときは、まず**原稿をつくります**。プレゼン慣れしていない方には、原稿づくりは特におすすめです。原稿があるとないとでは、プレゼン本番時の安心感が違うからです。
原稿づくりのポイントは、「箇条書き」ではなく「話し言葉」でつくること。箇条書きの原稿は、まさに「情報の羅列」になってしまいます。これではそれぞれの情報のつながりが見えづらく、プレゼンの流れがわからなくなってしまいます。話し言葉であれば、自然と接続詞やつなぎ言葉が入るので、プレゼンの流れがわかりやすくなります。また、強調する部分にマーカーを引いたり、間を取る部分にスペースを入れるなど、その原稿を見れば、完ぺきにプレゼンできるレベルのものをつくりましょう。

▶ 悪い原稿とよい原稿の違い

NG

・断捨離の話
・プレゼンテーマ「メルカリ」の提案
・3つのメリット
・メリット1：お小遣い稼ぎ
・古着屋の数倍の値段で売れる
・メリット2：断捨離
・部屋やクローゼットが片付く
・気分もスッキリ

箇条書きでは、情報の羅列になってしまいます。

OK

皆さんには、着なくなったけど捨てられない服や、
使わないけど取ってある物などはありませんか？
<1秒>
そんなあなたに「メルカリ」をおすすめします！今日は、
メルカリを使うことによって得られる3つのメリット、
ご紹介しますね。その3つとは、こちらです。
<1秒>

話し言葉で書けば流れがわかりやすくなります。

声に出して練習する

原稿を使って練習する際のポイントは、「**声に出す**」ことです。頭の中で練習するという方法もありますが、頭の中では細部までイメージすることが難しいので、プレゼンの問題点や違和感になかなか気づけません。一方、声に出して練習すると、いろいろな問題点に気づけたり、発表時間もより本番に近くなります。練習は声に出して行いましょう。

▶ 発声練習の効果

頭の中で練習しても、プレゼンの問題点には気づきづらいものです。

声に出して練習すると、プレゼンの問題点に気づきやすくなります。

実際にプレゼン資料を表示して、スライドを進めながら練習すると、より実践的になります。ご自身がプレゼンしやすいように、「アニメーション」や「画面切り替え」の機能を設定し直しましょう。

制限時間を守る

ほとんどの**プレゼンには制限時間があります**。しかし、その制限時間を守るプレゼンターはなかなかいません。つまり、制限時間を守るだけで、あなたはほかのプレゼンターに比べてアドバンテージを得ることができます。プレゼンではぜひ制限時間を守るようにしてください。
制限時間を守るためにも、もちろん練習が必要です。このとき、**10分のプレゼンに対して、10分で収まるように練習してはいけません**。それでは必ずオーバーします。プレゼン本番時には、話が想定外に脇にそれたり、聞き手から思いもよらぬ質問が飛び出したりするものです。10分のプレゼンであれば8分、20分のプレゼンであれば16分程度に収まるように練習しましょう。**練習時に「本番の8割程度の時間」に収める**ことができてはじめて、本番でもその時間内に収まります。

▶ 制限時間を守ればアドバンテージに

制限時間オーバーは、聞き手の集中を切らし、周りにも迷惑をかけます。

制限時間内に収めれば、それだけでアドバンテージになります。

「導入」に注力する

プレゼンの本体ともいえる「要点」や「詳細」に対して練習の時間を割く方は少なくないでしょう。ただし、冒頭の「導入」に時間を割く方は少ないです。「たかが導入」と軽んじてしまう方が多いのです。
しかし、**導入は、プレゼンをうまくスタートできるかどうかのとても大切な要素**。導入がうまくいけば、そのあともスムーズに進められる可能性が高いですが、導入でつまずいてしまうと、立て直すのに労力がかかり、その後のプレゼンのパフォーマンスに影響を及ぼします。「導入」は、話し手の「第一印象」が決まる部分でもあるので、練習を繰り返してしっかりと準備をしましょう。

▶「導入」をうまく始める

「導入」でつまずいてしまうと、その後のパフォーマンスに影響を及ぼします。

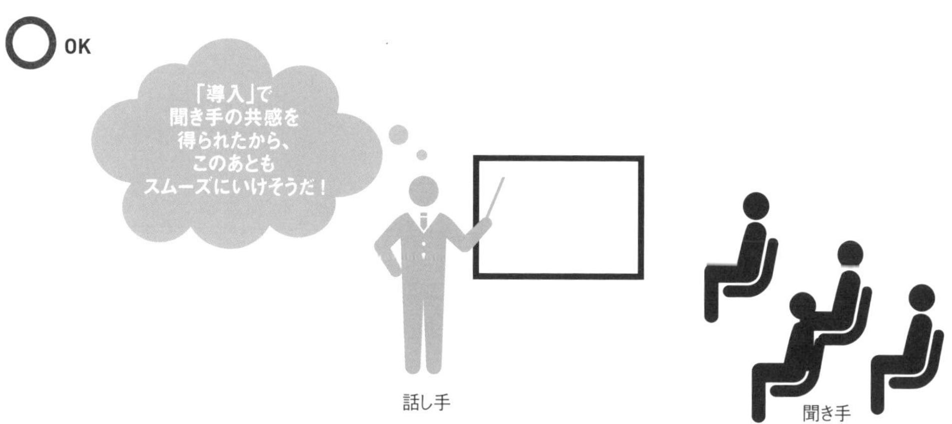

「導入」がうまくいけば、そのあとのプレゼンにも自信を持って臨めます。

Lesson 48

[質疑応答]

最後の関門「質疑応答」タイムは5つのポイントでしのぐ

このレッスンのポイント

プレゼンとセットにされていることが多い「質疑応答」。質疑応答もプレゼンの一部です。いかにプレゼンがよかったとしても、質疑応答で失敗したら、聞き手にはその印象が残ってしまいます。誠意ある対応で、プレゼンを締めくくりましょう。

質問を確認する

質疑応答でいちばん避けたいことは、質問に答え終わったときに、質問者から「そうではなくて、私が聞きたいのは…」と、質問を繰り返されてしまうことです。あなたの回答が無駄になってしまいますし、かつ、コミュニケーション能力を疑われてしまう可能性があります。この事態を防ぐため、少しでも筋がズレそうな質問に対しては、**その趣旨や目的を確認しましょう**。そうすれば、回答が大きく外れることはありません。

▶まず質問を確認する

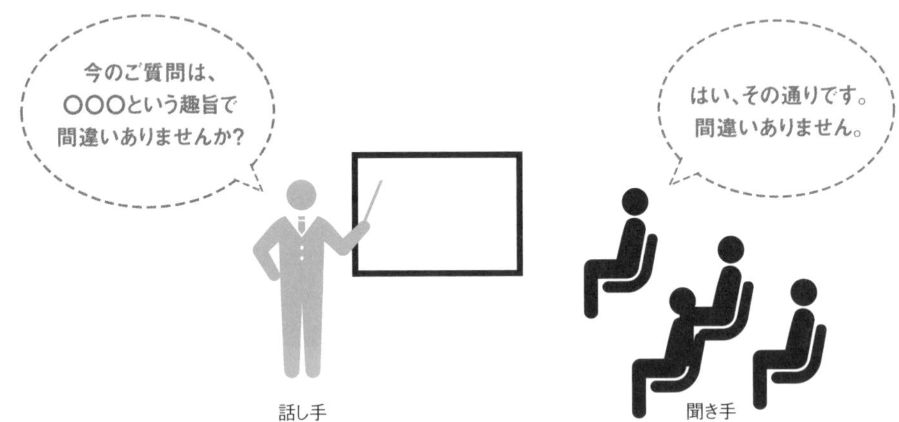

質問の趣旨や目的を確認すれば、的外れな回答を防ぐことができます。

端的に回答する

質問によっては、「待ってました！」とばかりに、質問された内容以外の部分も追加して答えたくなる場合もあるでしょう。しかし、その追加部分を聞き手が求めているとは限りません。まずは、**質問されたことに端的に答えましょう**。その回答に聞き手が満足できなければ、さらに質問を追加してくるはずです。プレゼンの主役は聞き手です。質疑応答においてもそのスタンスは変わりません。自分が話したいことではなく、聞き手が本当に聞きたい答えだけを回答しましょう。

▶ 端的に回答する

知りたいこと以外のことを聞かされるのは、聞き手にとってはありがた迷惑です。

端的に回答すれば、その後の質疑応答もスマートに進みます。

聞き手全体に答える

特に広い会場やたくさんの聞き手がいる場合は、**細部も含めて文全体を、聞き手全体に向けて回答する**ことが重要です。
たとえば、「このプロジェクトの予算はいくらですか?」という質問をされたとしましょう。狭い会場や聞き手が少ない場合は、「500万円です」というシンプルな回答でも、すべての聞き手に意味を理解してもらえるでしょう。質問と回答の全体を聞くことができるからです。しかし、会場が広くて聞き手がたくさんいる場合は、すべての聞き手に質問と回答が聞こえるとは限りません。すると、その全容がわからない聞き手にとっては、何が「500万円」なのか、シンプルな回答だけでは理解することができません。このような場合は、「このプロジェクトの予算は500万円です」というように、1つの文章として細部を省かずに回答しましょう。

▶細部も含め聞き手全体に答える

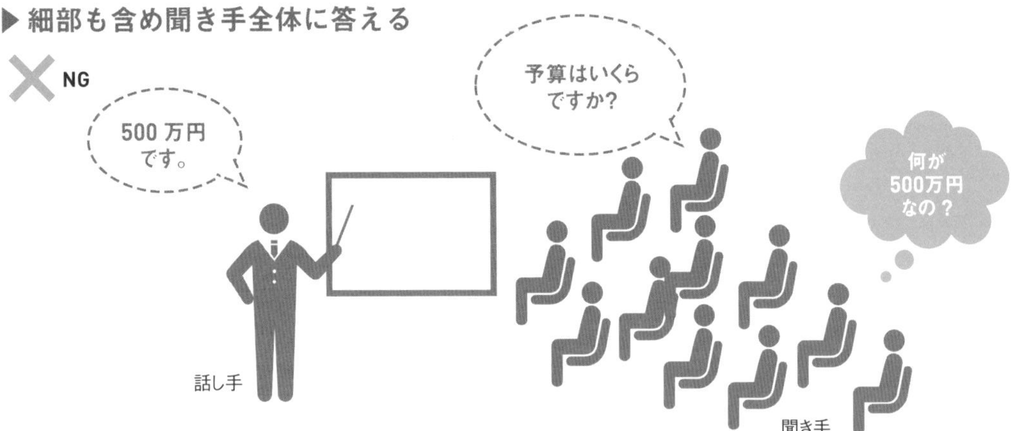

主語・述語を省いてしまうと、聞き手によっては意味が通じない場合があります。

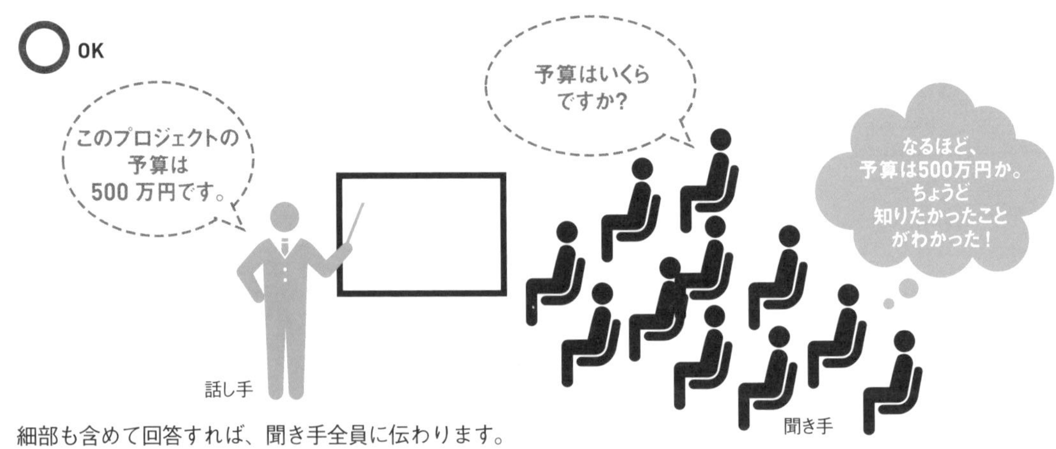

細部も含めて回答すれば、聞き手全員に伝わります。

回答を確認する

回答し終えたら、**その回答が質問者の疑問を解決したかどうか、確認しましょう**。万が一解決できていなければ、改めて質問の確認をします。「回答したから終わり」ではなく、「聞き手が抱える疑問をキチッと解決できたかどうか、解決できていなければ改めて答えますよ」というスタンスが大切です。

▶最後に回答を確認する

NG

一度の回答では聞き手の疑問を解決できないこともあります。

OK

回答を確認すれば、聞き手の疑問を確実に解決することができます。

答えられない質問にも誠実な対応を

プレゼンでは、質疑応答の想定問答を用意することもありますよね。特に大切なプレゼンでは、想定問答づくりも重要なタスクの1つです。ただ、どれだけ想定問答をつくっても、すべての質問に答えられるとは限りません。その場で答えられない質問が出る可能性もあります。そんなときの最もよくない対応が、根拠のない自分の考えを述べる回答です。質問者は、一個人の「意見」を聞きたいのではなく、「事実」を確認したいのです。**質問に対する回答＝事実を用意できていないのであれば、正直に状況を伝えましょう**。そして、回答を確認後、改めて連絡する旨を伝えましょう。

▶答えられない場合は誠実に

その場しのぎの回答は、聞き手にいいかげんな印象を与えます。

誠実な対応をすれば、答えられなくても評価が下がることはありません。

Chapter

7

STEP3 実践練習 オンライン編

失敗しない オンライン プレゼンのコツ

感染症の世界的な蔓延により、私たちの生活は大きくオンラインにシフトしました。プレゼンもそれに漏れず「オンラインプレゼン」が定着しつつありますので、ここでは、オンラインでプレゼンする際のコツを解説します。

Lesson 49 [オンラインプレゼンのコツ]

「オンラインプレゼン」と「オフラインプレゼン」の違い

このレッスンのポイント

聞き手と対面して行う「オフラインプレゼン」と、画面を通して聞き手と向き合う「オンラインプレゼン」では、意識すべきポイントが少々異なります。このLessonでは、オフラインプレゼンを成功に導くためのポイントを解説します。

視覚情報に「新たなチェックポイント」が追加

オフラインプレゼンにおいて、視覚情報で意識すべきポイントは「表情」「姿勢」「服装」「視線」「手ぶり」「立ち回り」の6つでした。しかし、**オンラインプレゼン**では、「姿勢」や「立ち回り」は、オフラインプレゼンほど意識する必要がなくなったものの、**新たに「画角」と「背景」というチェックポイントが加わりました。**

「視線」と「手ぶり」においても、オフラインと少し異なった意識が必要になりますので、この点について説明します。

▶ オンラインプレゼンの視覚情報のチェックポイント

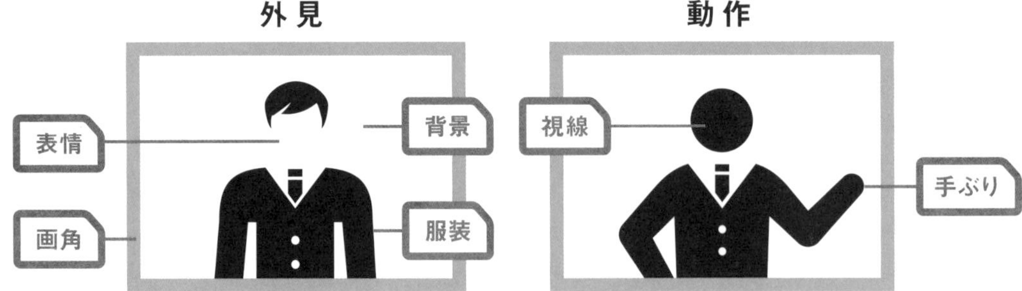

外見1「表情」、外見2「服装」のポイント

「表情」と「服装」に関しては、オンラインでもオフラインでも、意識すべきポイントに違いはありません。プレゼンの内容にあった表情と、聞き手を不愉快にさせない服装を心がけましょう。

外見3「背景」のポイント

オンラインプレゼンにおいて、オフラインプレゼンと意識を変えなければいけない点の1つ目が**「背景」**です。
オフラインプレゼンでは、プレゼン会場や会議室など、背景については特にプレゼンターが意識する必要はありませんでした。しかし、自宅やカフェなど、さまざまな場所で行う可能性のあるオンラインプレゼンでは、背景にも気を配る必要があります。特に、自宅でプレゼンを行う場合、テレビや冷蔵庫など、生活感のある背景が映り込んでしまうと、プロフェッショナル感を著しく損ねてしまいます。自宅でプレゼンをする場合は、**会議室やオフィスなどのバーチャル背景を使うことをおすすめします。**
また、自宅以外でプレゼンをする場合でも、ゴチャゴチャとした背景は避けて、スッキリと整った印象の背景を意識しましょう。

▶ オンラインプレゼン時の「背景」はプロフェッショナルに

電子レンジや換気扇など生活感が出てしまっている

バーチャル背景を使えば引き締まった印象に

外見4「画角」のポイント❶

オンラインプレゼンで意識すべき2つ目のポイントが**「画角」**です。オンラインプレゼンの場合、プレゼンターは四角い枠の中でプレゼンをすることになりますが、その際の四角い枠の中での映り方のことです。
オンライン会議などでは、顔だけが映っている方をよく見かけます。会議であればそれほど大きな問題ではありませんが、プレゼンの場合は致命的です。
オンラインプレゼンの際は、胸から上が映るようにしましょう。なぜなら、顔だけ映るような状態では、ジェスチャーが画面に映らないからです。**胸から上を映すように意識すると、きちんとジェスチャーも見えるようになります。**

外見4「画角」のポイント❷

画角において、もう1つ意識すべきポイントがあります。それは、**カメラの位置**です。
たとえば、何も意識せずにノートPCの内蔵カメラを使うと、プレゼンターがあおり気味に映るはずです。そうすると、聞き手を上から見下ろすような構図になり、ジェスチャーする場合にも、手が大きく映ることになって圧迫感を与えかねません。
ですので、**カメラは目線と同じ高さに設置するようにしましょう**。そうすれば、プレゼンターが自然な構図に収まるため、聞き手に圧迫感を与えることもありません。
デスクトップPCの場合は、ディスプレイの上にWebカメラを設置すればOKですし、ノートPCをお使いの場合でも、台などにPCを載せることで高さ調整は可能です。

▶ オンラインプレゼンでは「胸から上」を映す

×

顔だけでは、ジェスチャーが見づらく伝わらない

○

胸から上を映せば、ジェスチャーもちゃんと見える

動作1「視線」のポイント

オンラインプレゼンにおいていちばん難しいのが、**「視線」**かも知れません。オフラインプレゼンでは、とにかく聞き手を見るようにすれば0Kでしたが、オンラインプレゼンはそう一筋縄にはいきません。なぜなら、オンラインプレゼンで聞き手を見るということは、具体的にはディスプレイに映る聞き手を見ることになります。そうすると、実際には聞き手と目を合わせることができないので、不自然な印象になってしまいます。
オンラインプレゼンで聞き手と目を合わせるためには、カメラを見る必要があります。ただし、オフラインプレゼンの際のコツでご説明した通り、聞き手の状況も確認しなければいけません。
つまり、**基本的にはカメラを見つつ、それと同時に、ディスプレイに映る聞き手にも目を配る必要がある、**ということです。
カメラを見ることに慣れない場合は、付箋や写真などを貼るなど工夫して、カメラを見るクセをつけましょう。

動作2「手ぶり」のポイント

オンラインプレゼンでは、小さい四角い枠の中でプレゼンをすることになります。ですので、小さな動きでは、聞き手にその意図がなかなか伝わりません。そこで、オンラインプレゼンの場合は、少し大きめに動いてみましょう。**四角い枠からはみ出ない程度に、かつ大きめのジェスチャーをすれば、ちゃんと聞き手に伝わるプレゼンが可能です。**

▶ オンラインプレゼンでは「視線」を3か所に配る

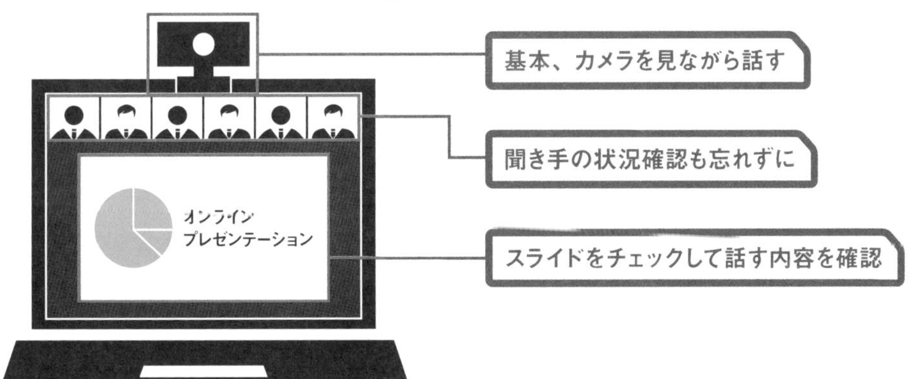

Lesson 50

[ライバルと差をつける]

ワンランク上のオンラインプレゼン環境をつくる

このレッスンのポイント

ノートPC1台だけでもオンラインプレゼンは可能ですが、ここぞのプレゼンであれば環境にもこだわりたいもの。実際に私が使用している機材も含めて、オンラインプレゼンのクオリティをワンランクアップするための環境づくりをご紹介します。

機材を厳選してオンラインプレゼンのクオリティアップ

オンラインプレゼンでは、プレゼンターを「映像」として聞き手に届けるため、オフラインプレゼンでは使うことのなかった道具がいろいろと必要になります。
まず、当然ながらプレゼンターを映すための「カメラ」。そして、多くの場合、できれば「マイク」も別で用意した方が良いです。さらに、「ライト」も部屋に常設されているものとは別に用意することで、オンラインプレゼンのクオリティがグンとアップします。
1つずつ、これらの機材のポイントを解説します。

▶ オンラインプレゼンで用意すべき機材

「カメラ」のポイント

デスクトップPCの場合、ディスプレイにカメラが内蔵されている機種は多くないため、別途Webカメラを用意する必要があります。また、ノートPCの場合でも、内蔵カメラは品質が良くないものが多いので、その場合は別途用意した方が良いでしょう。
カメラを選ぶ際のポイントは、「解像度」と「フレームレート」と「色味」です。それぞれ、解像度は「1080P以上」、フレームレートは「30FPS以上」、色味は「自然」なモノを選びましょう。
とはいえ、現状、市場に出回っているWebカメラのほとんどは、これらの条件を満たしています。ですので、あとは、予算やデザインなど、ご自身のこだわりで選んでしまって問題ありません。
また、ミラーレスカメラなどをお持ちの方は、そのカメラを利用するのも1つの手です。

「マイク」のポイント

映像というとどうしてもカメラに注目しがちですが、実はカメラよりも重要なのが「マイク」です。多少見づらい画像でも大きな問題にはなりませんが、音声が聞き取りづらいと、途端に聞き手の集中力が低下してしまうからです。
マイクを選ぶ際のポイントは、「マイクとの距離」です。マイクを自分から40〜50cm以上離して使う場合は「コンデンサーマイク」、それより近くで使う場合は「ダイナミックマイク」がオススメです。
コンデンサーマイクは、集音力が強いため、距離が離れていてもプレゼンターの声をしっかり拾ってくれます。ただし、その分周囲の環境音も拾いやすいという注意点があります。
またダイナミックマイクは、集音力が弱いため、近づかないと声を収録できませんが、逆に環境音は拾いづらいというメリットがあります。ご自身の環境に応じて、適したマイクを選びましょう。

私はもともとコンデンサーマイクを使っていましたが、自宅で使用する機会が多く、しばしば環境音を拾ってしまうことがあったので、現在はダイナミックマイクを使用しています。ただ、静かな環境であれば、距離の取れるコンデンサーマイクの方が便利なこともあります。

「ライト」のポイント

カメラとマイクは揃えても、意外と「ライト」を忘れがちな方が多いです。光の当たり方によって、プレゼンターの印象は大きく変わりますので、必ずライトを用意するようにしてください。

ライトは、色温度が太陽光と同程度（5000〜6000K）のものを選びましょう。電球などを使ってしまうと、不自然な色味になってしまいます。Webカメラによってはホワイトバランスを調整できる機種も多いですが、最初から適切な色温度で映す方がベターです。

また、ライトを置く位置も大切で、目線の高さ、もしくは少し上の位置に調整して、ご自身の顔にちゃんと光が当たるようにしましょう。ライトの位置が高すぎたり低すぎたりすると、不自然な印象を与えてしまいます。

こだわりたい方は「グリーンバック」も

自宅でオンラインプレゼンする場合、背景を隠したいときはバーチャル背景を使いましょう。最近は、各オンライン会議システムのバーチャル背景機能の性能も高まっており、基本的にはこの機能を使うだけでも十分ですが、さらにこだわりたければ、「グリーンバック」をおすすめします。自分の後ろにグリーンバックを設置すれば、より一層細やかに背景を抜くことができます。

グリーンバックを選ぶ際のポイントは、「自立型」です。自立型スクリーンと同じ要領で、サッと準備して、サッとしまうことができます。

ただしグリーンバックを活用するためのクロマキー機能は、すべてのオンライン会議システムで使えるわけではないため、その点は注意してください。

グリーンバックは、比較的リーズナブルな「組み立て式」もありますが、経験上、組み立てが面倒で使わなくなってしまいました。友人にも同じような方がいるので、個人的には組み立て式ではなく「自立型」をおすすめします。

おすすめの機材たち

オンラインプレゼンをワンランクアップするための機材のポイントをご紹介してきましたが、コロナ禍以降、多くの製品が発売されて、いったい何を選べばいいのか分からない！　という方もいらっしゃるかも知れません。

そこで、私が実際に使ってきてオススメできる機材を具体的にご紹介します。機材選びの参考にしてみてください。

▶おすすめ機材リスト①

はじめて機材を揃える方向けのリストです。リーズナブルにオンライン環境を構築することができます。

	メーカー	商品名	価格 ※
カメラ	ロジクール	C922n PRO HDストリーム ウェブカメラ	10,010円
マイク	ロジクール	YETI NANO BM300BK	15,510円
ライト	エツミ	VLOGスターターキットΔ （デルタ） E-2277	7,150円

※執筆時（2024年1月）のメーカーのオンラインショップの税込価格

▶おすすめ機材リスト②

すでに機材を持っていて、さらにステップアップしたい方向けのリストです。実際に私が使っている高性能な機材で、オンライン環境がとても快適になります。

	メーカー	商品名	価格 ※
カメラ	Insta360	Insta360 Link	45,800円
マイク	SHURE	MV7	39,600円
ライト	Elgato	Key Light MK.2	24,062円
グリーンバック	Elgato	Green Screen	24,062円

※執筆時（2024年1月）のメーカーのオンラインショップの税込価格

Lesson 51

[オンラインプレゼンTIPS]

知っておくと便利なオンラインプレゼンTIPS

このレッスンのポイント

ここまで、オンラインプレゼンを成功させるためのポイントや機材をご紹介してきました。このLessonでは、私がオンラインプレゼンをするようになってからこれまでに習得した、オンラインプレゼンをより円滑に進めるためのTIPSをご紹介します。

オンラインプレゼンにおける適切な「フォントサイズ」

オフラインプレゼンでは、前席や後席など、聞き手によってスライドまでの距離が異なりました。しかし、オンラインプレゼンにおいては、聞き手は一律ディスプレイに映るスライドを視聴することになりますので、距離は関係ありません。

そのため、適切なフォントサイズもオフラインとは異なります。具体的には、**オンラインプレゼンで使うフォントサイズは「18pt以上」と覚えておきましょう**。オンラインプレゼンでは、オフラインプレゼンよりも少し文字が小さくてもOKです。

▶ プレゼンによって適切なフォントサイズを使い分ける

リアルのプレゼンでは、後列を意識したフォントサイズ選びが必要

オンラインプレゼンでは、リアルよりも小さめのフォントサイズでもOK

プレゼン開始前に「注意事項」を流しておく

プレゼンを聞くためにオンライン会議に入室したのはいいけれど、まだ開始まで時間があって、なんとなく居心地が悪い……。こんな経験はありませんか？
オンラインプレゼン開始前に、オーディエンスだけを手持無沙汰にさせてしまう状況は避けたいものです。

そこで、**オンラインプレゼン開始前には、「注意事項のスライド」をループ再生しておきましょう**。プレゼン前に注意事項を伝える手間が省けますし、何よりオーディエンスが手持無沙汰になりません。
可能であれば、スライド再生とともに音楽も流しておくと、より効果的です。

質疑応答には「チャット」を使う

プレゼンには質疑応答がつきものですが、それはオンラインでも変わりません。一方的にプレゼンするのではなく、オーディエンスからの質問を受け付ける機会をつくりましょう。
ただ、オンライン上では、オフライン以上に他のオーディエンスからの注目を集めやすいため、なかなか質問が出づらい傾向にあります。ですので、**オンラインプレゼンでは、積極的に「チャット機能」を使いましょう**。
プレゼンの冒頭に、「質疑応答の時間は取るけど、プレゼン中に何か気になることがあったら、チャットに書き込んでおいてください」と伝えておけばOKです。実際に発言するよりも、チャットの方が発言しやすいので、質問も出やすくなります。

▶ オンラインプレゼン開始前から聞き手に気を配る

音楽を流しつつ注意事項スライドをループ再生させれば、プレゼン開始前の聞き手の緊張を解消することができる

Zoom画面共有「詳細＞画面の一部分」で表示領域を広く使う

スライドショー中にオンライン会議システムの1つ「Zoom」で画面共有機能を使うと、スライドが自身のディスプレイ全体に表示されます。そのため、プレゼン以外の操作をすることができなくなり、若干不便に感じことがあると思います。

そんなときは、今回ご紹介する「画面の一部分」の共有機能を使ってみましょう。ディスプレイの一部にスライドショーを表示するため、他の領域を有効に活用することができます。

表示領域を広く使う方法

1 スライドを閲覧表示する

プレゼンするスライドのステータスバーから［閲覧表示］をクリックします❶。スライドが全体に広がることなく、ウィンドウ内でスライドショーが始まります。

1 ［閲覧表示］をクリック

最初に、スライドを表示させる領域を決めておきましょう。

2 Zoomの画面共有を開始する

Zoomのツールバーから［画面共有］をクリックします❶。画面共有する対象を選択するウィンドウが開きます。

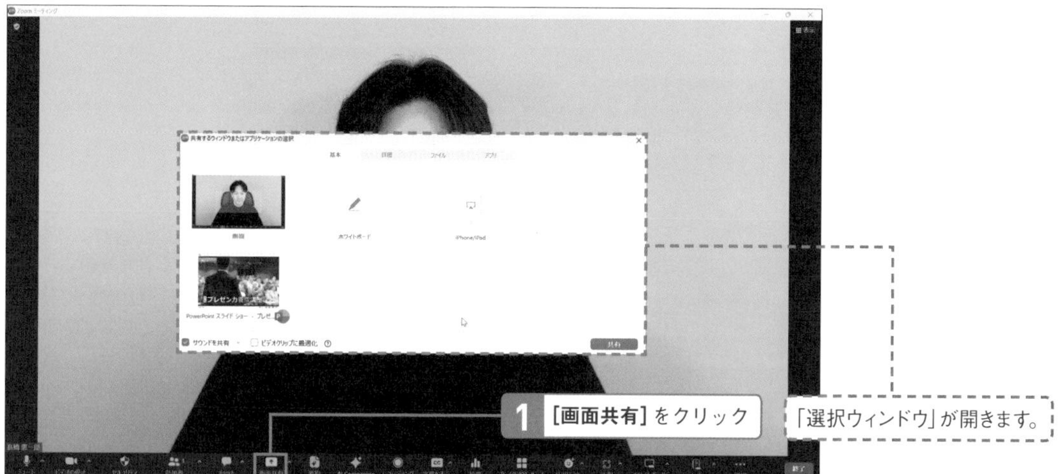

3 画面の一部分を選択する

［詳細］タブをクリックして❶、［画面の一部分］をクリックします❷。必要に応じて［サウンドを共有］をクリックして❸、［共有］をクリックします❹。

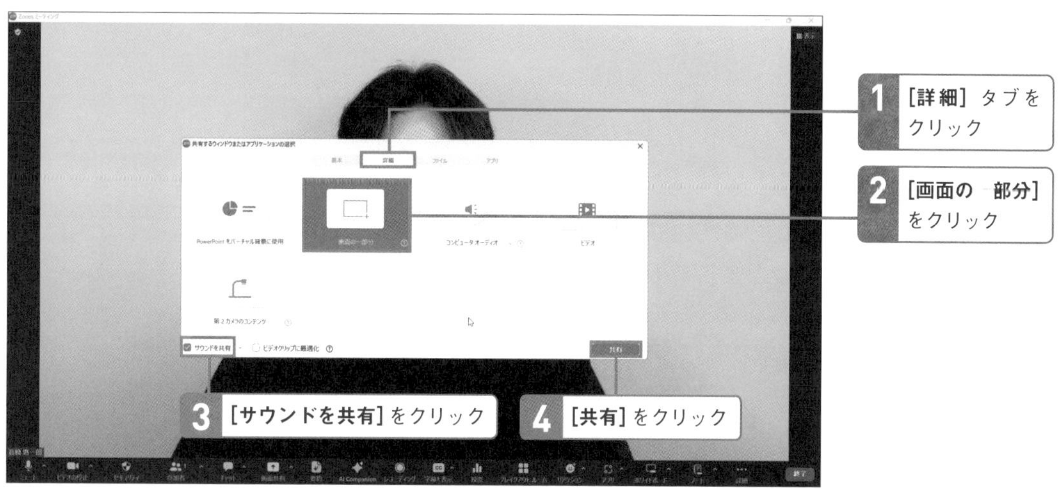

4 共有領域の選択枠を調整する

画面が切り替わり、共有領域を選択するための緑色の枠が表示されます。この枠は、大きさや縦横比を自由に調整できます。もともと表示しておいたウィンドウ内のスライドショーのサイズに合わせて、選択枠を調整します❶。調整中はオレンジ色に変わります。

5 画面の一部分の共有が設定できた

共有領域が設定され、枠外の領域を自由に使えるようになりました。

共有領域が設定できました。

Chapter

8

プレゼンには“真剣”かつ“気楽”に臨もう

プレゼンに対する考え方やテクニックなど、プレゼンを成功に導くための方法を事細かにお伝えしてきました。最後に、プレゼン当日のプレゼンターの心がまえについて解説します。

Lesson 52

［プレゼンの心がまえ］

プレゼンは「真剣」にやろう

このレッスンのポイント

プレゼンは、聞き手を動かすための行為ですから、当然ながら真剣に取り組みましょう。意識したいのは「情熱を持つ」ことと「能動的に取り組む」こと。この2つを意識できれば、あなたの真剣さが聞き手に伝わります。

「情熱」を持つ

自分のプレゼンに「**情熱**」を持つことは、とても大切です。話し手の情熱は聞き手に波及するので、あなたの情熱が大きければ大きいほど、聞き手に伝わりやすくなります。「情熱」、そして「PRESENTATION 3.0のスタンス」さえあれば、ほかのテクニックがなくてもある程度聞き手を動かすことができる、それくらい大切な要素です。

とはいえ、もともと情熱を持っている内容についてプレゼンできるのであればよいのですが、実際には、どうがんばっても情熱を持ちづらいプレゼンというのもあるはず。それでも、聞き手に「私（話し手）はこのプレゼンに情熱がありません」と感じさせてはいけません。そういうときは、「自分はこのプレゼンに情熱を持っているんだ」という「**演技**」をしましょう。自分に「このプレゼンは大切なんだ、重要なんだ」と思い込ませることで、情熱が湧いてきます。見せかけの情熱だとしても、情熱ゼロに比べれば、伝わり方は大きく変わります。

「演技をするなんて聞き手に失礼だ」と思いますか？いいえ、情熱を持てないプレゼンを聞かせるほうが、聞き手に対してよっぽど失礼です。聞き手は、わざわざ時間を取ってあなたのプレゼンを聞きに来ている、ということを忘れないようにしましょう。

「能動的」にプレゼンに取り組む

あなたは、「やらされている」という気持ちでプレゼンに臨んでいませんか？　やらされ感から受動的にプレゼンに臨むと、聞き手にもその感覚が伝わるものです。あなただったら、プレゼンに能動的に臨んでいる話し手と、受動的にやらされている話し手、どちらからプレゼンを聞きたいですか？　当然、能動的に臨んでいる話し手ですよね。どんな姿勢であろうと、あなたがプレゼンをすることは決定しています。であれば、**ぜひ能動的にプレゼンしてください**。実際プレゼンをしている最中は、その「時間」や「空間」は、あなたがコントロールしています。プレゼンの主役は「聞き手」ですが、その**プレゼンをコントロールしているのは「あなた＝話し手」なのです**。

▶「能動的」に取り組む効果

NG

話し手の受動的な気持ちは、聞き手に伝わってしまうものです。

OK

プレゼンに能動的に臨めば、聞き手にその気持ちが伝わって成功率もアップします。

Lesson 53 [プレゼンの心がまえ]

プレゼンは「気楽」にやろう

このレッスンのポイント

プレゼンには「真剣」な心がまえが欠かせませんが、ただ真剣なだけでもうまくいきません。よい意味で肩の力を抜いて、「気楽」に臨みましょう。「気楽」に臨むことで、プレゼンに柔軟性が生まれ、より聞き手を引きつける魅力的な内容にすることができます。

ネガティブリスナーに気を取られない

プレゼンをするときは「**2：6：2の法則**」を覚えておきましょう。最初の2は、プレゼンを笑顔で聞いてくれたり、よくうなずいてくれる聞き手＝ポジティブリスナーの割合です。そして、最後の2は、スマホをいじったり、居眠りをしていたりする聞き手＝ネガティブリスナーの割合です。真ん中の6は、ポジティブでもネガティブでもない、中間の聞き手の割合です。話し手は、ネガティブリスナーに気を取られがちですが、それにより、焦ってパフォーマンスを落としてはもったいないです。「今日もネガティブリスナーがいるな」くらいの受け止め方にして、**ポジティブリスナーにフォーカスするようにしましょう。**

▶ポジティブリスナーにフォーカスする

非完ぺき主義で臨む

プレゼン中、頭の中が真っ白になって話が飛んでしまった、という経験はありませんか？　このようなとき、むやみに慌てる必要はありません。**あなたのプレゼンの原稿はあなたしか知りません**から、もし話が飛んでしまったとしても、聞き手に気づかれることはないのです。ですので、話が飛んでしまったとしても、サラッと次のパートに飛ばすか、もし飛ばしてはいけない部分だったら原稿を見直すなりして、淡々とプレゼンを進めましょう。**プレゼンを一語一句完ぺきに覚えて、漏れなく話す必要はない**のです。

逆に、照れ笑いをしたり慌てた様子を見せてしまうと、聞き手に自信のなさを露呈してしまいます。「特に問題はありませんよ」という態度で、堂々とプレゼンしましょう。

▶大切なことを飛ばしてしても慌てずに

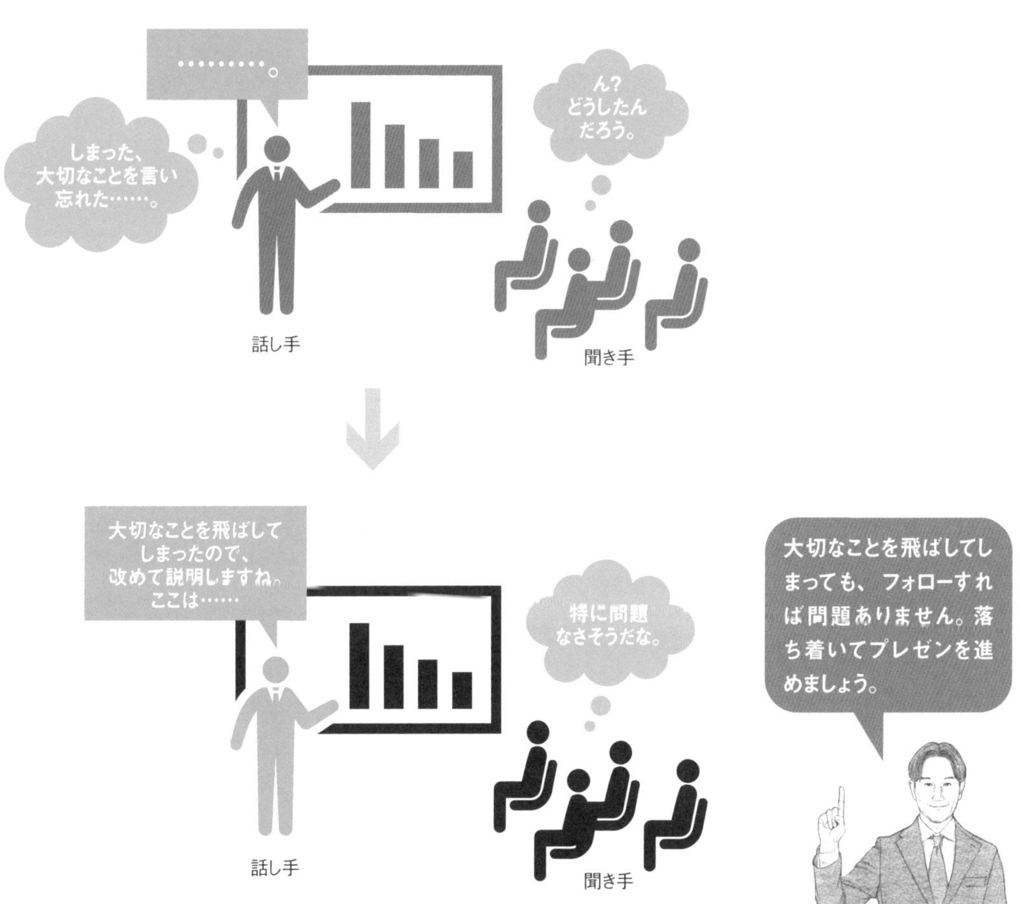

開き直ってプレゼンを楽しむ

プレゼン当日の前日までは、徹底的に内容を確認して、資料も完ぺきにつくり込んで、自信が持てるまでしっかり練習を繰り返しましょう。しかし、当日プレゼンが始まってしまったら、もうそのプレゼンを修正することはできません。どんなに不安がっても仕方ありませんので、**よい意味で開き直って、プレゼンを楽しむ気持ちで臨みましょう。**

▶ 当日はプレゼンを楽しもう

内容設計
資料作成
実践練習

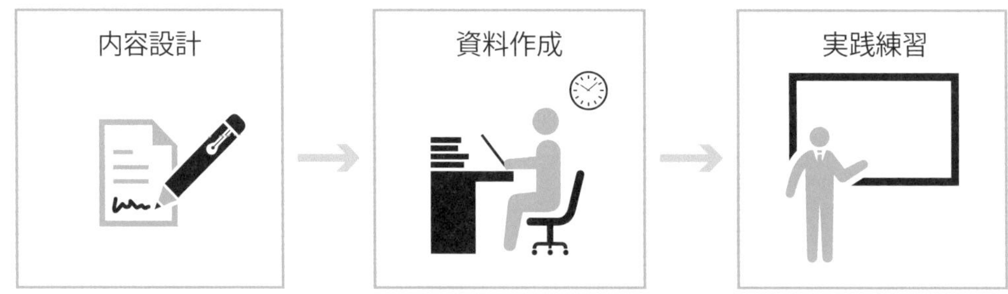

本番の前日まで、徹底的に準備して自信が持てるまで練習を重ねましょう。

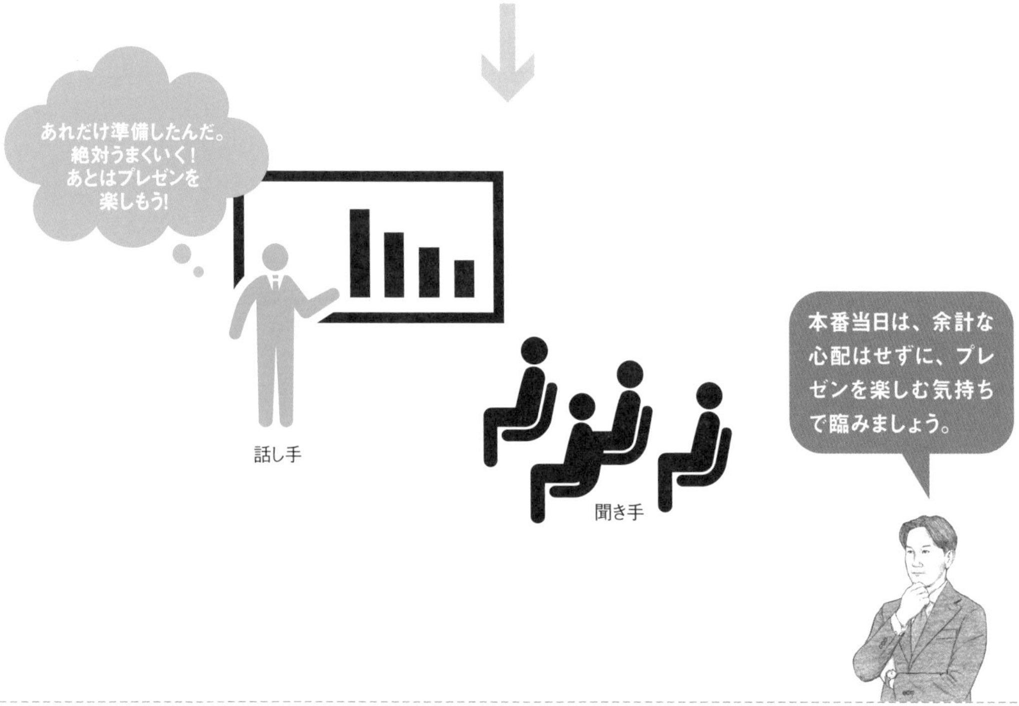

あれだけ準備したんだ。
絶対うまくいく！
あとはプレゼンを
楽しもう!
話し手
聞き手
本番当日は、余計な心配はせずに、プレゼンを楽しむ気持ちで臨みましょう。

成功体験を積む

「プレゼンを楽しもうと言われても、それがなかなか難しい」と思われる方も少なくないと思います。どうしたら、プレゼンを楽しめるようになるのでしょうか。その答えは「**プレゼンの成功体験を積む**」に尽きます。プレゼンで成功すると、聞き手の喜びや感謝をヒシヒシと感じることができます。感じるだけでなく、実際に「ありがとう」と声をかけていただけることもあるでしょう。この経験が、あなたのプレゼン力を大きく引き上げます。プレゼンで成功すると、プレゼンが楽しくなるのです。

どんなプレゼンでも結構です。ぜひ成功体験を積み重ねてください。そのために、ぜひ真剣かつ気軽にプレゼンに取り組んでください。そうすれば、あなたのプレゼン力は必ずレベルアップして、聞き手に喜んでもらえて感謝される日が来るはずです。

▶ 成功体験を積めば楽しくなる

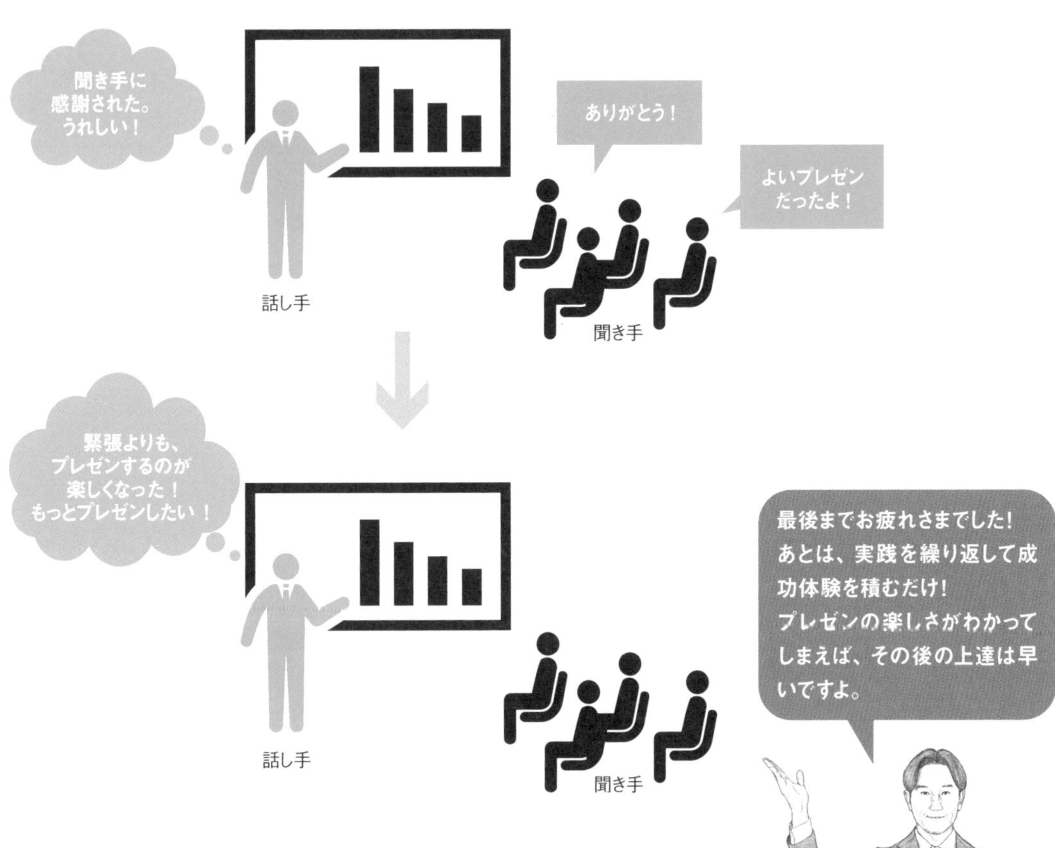

付録

Lesson 21で紹介した「プレゼンの基本型ワークシート」です。このページをコピーして、プレゼンの内容をワークシートに書き込んでみましょう。

<table>
<tr><th colspan="2">項目</th><th colspan="3">内容</th></tr>
<tr><td colspan="2">導入</td><td colspan="3"></td></tr>
<tr><td colspan="2">要点</td><td colspan="3"></td></tr>
<tr><td rowspan="4">詳細</td><td></td><td>A</td><td>B</td><td>C</td></tr>
<tr><td>前振り</td><td></td><td></td><td></td></tr>
<tr><td>説明</td><td></td><td></td><td></td></tr>
<tr><td>振り返り</td><td></td><td></td><td></td></tr>
<tr><td colspan="2">要点</td><td colspan="3"></td></tr>
<tr><td colspan="2">具体案</td><td colspan="3"></td></tr>
</table>

索引

索引

○ 本書サポートページ

https://book.impress.co.jp/books/1123101080

※Webページのデザインやレイアウトは
変更になる場合があります。

○ スタッフリスト

カバー・本文デザイン	米倉英弘（細山田デザイン事務所）
カバー・本文イラスト	東海林巨樹
DTP	リブロワークス・デザイン室
デザイン制作室	今津幸弘 鈴木 薫
編集	リブロワークス
編集長	柳沼俊宏

■商品に関する問い合わせ先
このたびは弊社商品をご購入いただきありがとうございます。本書の内容などに関するお問い合わせは、下記のURLまたは二次元バーコードにある問い合わせフォームからお送りください。

https://book.impress.co.jp/info/

上記フォームがご利用いただけない場合のメールでの問い合わせ先
info@impress.co.jp
※お問い合わせの際は、書名、ISBN、お名前、お電話番号、メールアドレス に加えて、「該当するページ」と「具体的なご質問内容」「お使いの動作環境」を必ずご明記ください。なお、本書の範囲を超えるご質問にはお答えできないのでご了承ください。

●電話や FAX でのご質問には対応しておりません。また、封書でのお問い合わせは回答までに日数をいただく場合があります。あらかじめご了承ください。
●インプレスブックスの本書情報ページ https://book.impress.co.jp/books/1123101080 では、本書のサポート情報や正誤表・訂正情報などを提供しています。あわせてご確認ください。
●本書の奥付に記載されている初版発行日から 3 年が経過した場合、もしくは本書で紹介している製品やサービスについて提供会社によるサポートが終了した場合はご質問にお答えできない場合があります。

■落丁・乱丁本などの問い合わせ先
FAX 03-6837 5023
service@impress.co.jp
※古書店で購入された商品はお取り替えできません。

いちばんやさしい資料作成 & プレゼンの教本 第２版
人気講師が教える「人の心をつかむプレゼン」のすべて

2024 年 3月11日 初版発行

著 者 髙橋惠一郎
発行人 高橋隆志
発行所 株式会社インプレス
〒 101-0051 東京都千代田区神田神保町一丁目105 番地
ホームページ https://book.impress.co.jp/
印刷所 株式会社リーブルテック

ISBN 978-4-295-01853-7 C3055